计算机技术导论

主　编　庄伟明　陈章进

上海大学出版社
·上海·

内 容 摘 要

本书分为9章，主要内容包括计算机基础课程体系介绍、数制与编码、计算机硬件系统、计算机软件系统、计算思维、数据统计与分析工具介绍、工具软件的使用、计算机系统安全知识及计算机新技术介绍等。

本书的特点是内容取材新颖、重点突出、逻辑性强，注重系统性、科学性和实用性，符合当今计算机科学技术发展趋势。本书可以用作为全日制本科各大类专业的计算机基础课程的教材。

图书在版编目(CIP)数据

计算机技术导论/庄伟明，陈章进主编．—上海：上海大学出版社，2012．8（2014．9重印）

ISBN 978-7-5671-0137-1

Ⅰ．①计…　Ⅱ．①庄…②陈…　Ⅲ．①计算机技术　Ⅳ．①TP3

中国版本图书馆CIP数据核字(2012)第044227号

编辑/策划：洪　鸥　江振新
封面设计：柯国富
责任出版：金　鑫　章　斐

计算机技术导论

主编　庄伟明　陈章进

上海大学出版社出版发行
（上海市上大路99号　邮政编码200444）
（http://www.shangdapress.com　发行热线021-66135112）
出版人：郭纯生

*

南京展望文化发展有限公司照排
叶大印务发展有限公司印刷　　各地新华书店经销
开本787×1092　1/16　印张15　字数365千字
2012年8月第1版　2014年9月3次印刷
印数：11201～16300
ISBN 978-7-5671-0137-1/TP・052　定价：30.00元

编委会名单

主　编　庄伟明　陈章进

参　编　(按姓氏笔画排序)

马剑峰　王　萍　严颖敏　吴亚馨

佘　俊　邹启明　宋兰华　单子鹏

徐　琳　高　珏

前　言

《计算机技术导论》是高等学校面向大一新生开设的一门计算机公共基础课程，旨在引导刚入学的大学生了解计算机基础课程体系、掌握必要的计算机基础知识，为后续课程的学习做好必要的知识准备，使学生在各自的专业中能够有意识地借鉴、引入计算机科学中的一些理念、技术和方法，能在一个较高的层次上利用计算机、认识并处理计算机应用中可能出现的问题。

本书共分为9章，主要介绍计算机课程体系、编码、软/硬件知识、计算思维、信息安全、计算机发展新技术等内容。

第1章计算机基础课程体系，主要介绍计算机基础课程体系的架构，课程体系中每门核心课程的主要内容及作品展示，使学生了解每门课程教什么，学了该门课程后能干什么，以便学生根据自己的实际情况、个人爱好、专业发展需要选择相应的课程进行学习。

第2章数制与编码，主要介绍数制的基本概念及各进制之间的相互转换，计算机中数据、西文字符、汉字的编码。为了激发学生的学习兴趣，本书还配套了数制转换游戏程序供学生练习使用。

第3章计算机硬件系统，主要介绍了计算机硬件系统的组成及工作原理，新一代计算机的研究及其未来。

第4章计算机软件系统，主要介绍了计算机软件系统的概念及组成、操作系统的基本原理，并对目前市场中最流行的移动平台操作系统作了简要介绍。

第5章计算思维，本章适合理工类学生学习，主要介绍计算思维的概念、不插电的计算机案例及生活中的计算思维。其目的是使学生能够运用计算机科学概念去思考问题和解决问题。

第6章数据统计与分析，本章适合经管类学生学习，主要介绍数据统计与分析的基本概念，常用的统计分析软件。

第7章工具软件，主要介绍一些常用的电子阅读器、媒体工具、光盘工具及系统安全工具的使用方法。

第8章计算机系统安全，主要介绍计算机病毒、防火墙技术、系统漏洞与补丁、系统备份与还原等方面的知识。

第9章计算机新技术，主要介绍了云计算、物联网和电子商务基本概念及应用实例。

为了强调理论联系实际，提高学生的动手能力，本书还附录了微型计算机的安装与设置、虚拟机安装与设置、工具软件使用3个实验，并且配置了相应的实验录像。

本书由庄伟明、陈章进主编，参加编写的还有徐琳、单子鹏、高珏、吴亚馨、王萍、严颖敏、邹启明、马剑峰、佘俊、宋兰华，最后由庄伟明负责统稿。

由于计算机科学技术在不断发展，计算机学科知识不断更新，加之作者水平有限，书中难免存在疏漏和不足之处，敬请读者批评指正。

编　者

2012年2月于上海

目　录

第1章 计算机基础课程体系

在教育部《关于进一步加强高等学校计算机基础教学的意见暨计算机基础课程教学基本要求》的基础上，结合计算机课程的特点，确定了计算机基础教学的计算机课程体系，包含4个层次6个课程群。其功能定位是“面向应用、突出实践”，目的是培养大学生信息素养的能力，即以信息技术为工具的理解、发现、评估和利用的认知能力。

1.1 计算机课程体系介绍

计算机基础课程的课程体系如图1-1所示，包含4个层次6个课程群。

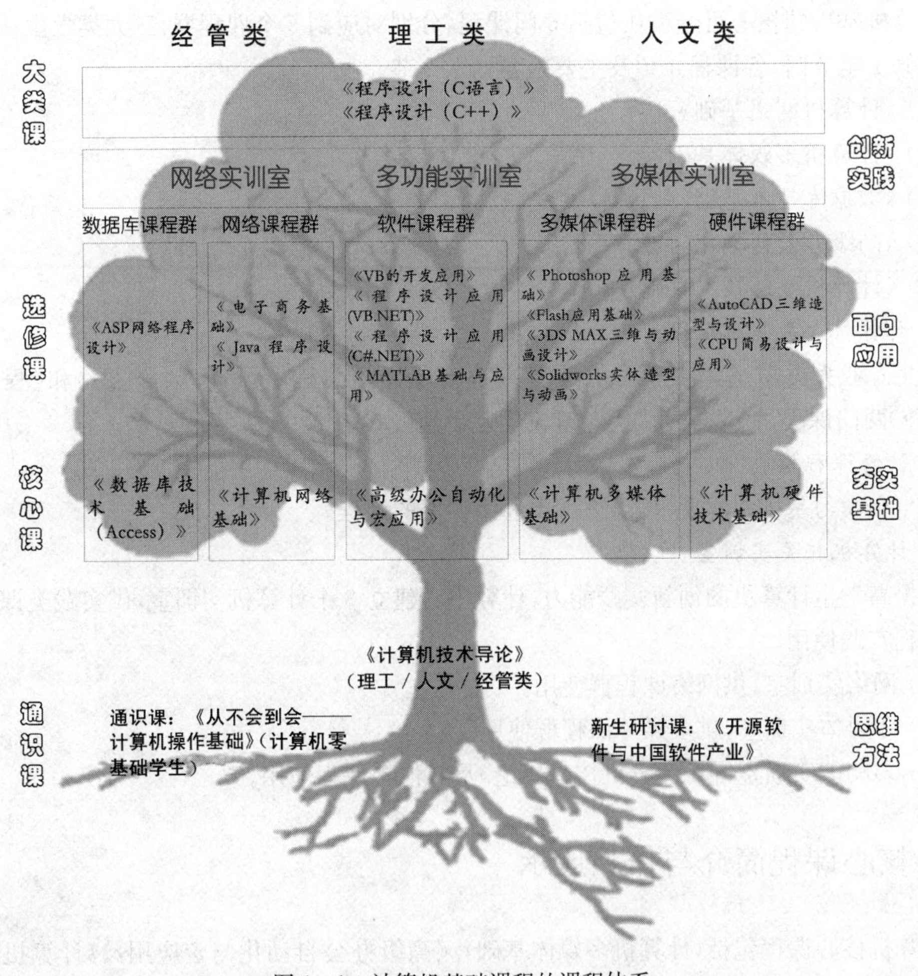

图1-1 计算机基础课程的课程体系

1. 计算机基础层面及对应课程

(1) 通识类课程。

课程《从不会到会——计算机操作基础》介绍计算机的基础操作,包括 Windows 及使用、Internet 及使用、Office 办公自动化软件使用等,主要针对大学生入学时计算机知识零基础学生,需要补充该课程的知识才能跟上《计算机技术导论》、《计算机多媒体基础》等课程的学习。

(2) 新生研讨课。

开源软件是当今互联网、云计算、物联网等新技术发展的必然趋势。开源软件可以提升信息安全,并不受先进的垄断国家牵制,有利推进开放标准,促进市场公平竞争。

课程《开源软件与中国软件产业》内容包括:开源技术国内外现状、开源技术与信息化建设以及开源平台在信息化建设中的案例介绍等。

(3) 计算机基础导论课。

课程《计算机技术导论》是计算机基础学习的公共课程,按学生的专业大类分理工类、人文类和经管类 3 个子课程,课程引导学生了解计算机相关课程体系及其主要内容,内容包括:课程体系、计算机软硬件基础、计算思维、工具软件使用、计算机新技术等。

2. 计算机核心课程层面

计算机基础的核心可选模块包括 5 门课程,分别对应到 5 个课程群,三大类学生从 5 门课程中选修 1 至 3 门,各课程介绍及主要内容见 1.2 节。

(1)《计算机网络基础》。

(2)《计算机多媒体基础》。

(3)《数据库技术基础(Access)》。

(4)《高级办公自动化与宏应用》。

(5)《计算机硬件技术基础》。

3. 计算机大类基础课程

学生专业大类需进一步学习的计算机基础课程,含《程序设计(C 语言)》和《程序设计(C++)》两门课程,针对理工大类与理工类基础班开设。

4. 选修课程模块

学生在学习基础课程后,可以进一步选修学习的课程。

5. 计算机相关实训室

为提高学生计算机的创新实践能力,计算中心建立 3 个计算机实训室,供实践类课程以及基础课程实践使用。

(1) 网络实训室,供网络课程群使用。

(2) 多媒体实训室,供多媒体课程群使用。

(3) 多功能实训室,供《计算机技术导论》及其他等课程使用。

1.2 核心课程简介与作品展示

计算机核心课程包括《计算机多媒体基础》、《高级办公自动化与宏应用》、《计算机网络基础》、《数据库技术基础(Access)》和《计算机硬件技术基础》。理工类、人文类和经管类学生从

5门课程中选修1至3门,各课程介绍及主要内容如下:

1.2.1　计算机多媒体基础

《计算机多媒体基础》是一门理论知识与实际应用紧密结合的课程,注重创新能力、创业能力、实践能力和自学能力等各种应用能力的培养。本课程旨在从需求出发,让学生亲历多媒体采集、加工与作品创作的全过程,利用多媒体表现创意、表达思想、实现直观有效的交流。

本课程理论与实践性结合较强。在掌握基本概念、基本原理等理论知识后,还注重学生动手能力的培养,使学生掌握一些实用软件的使用方法和技巧的同时,能进行多媒体综合应用开发与制作。

1. 内容简介

《计算机多媒体基础》课程教学内容主要分为多媒体基础理论知识、多媒体信息采集、多媒体信息加工、综合应用等模块。通过理论与实践的结合,在掌握了多媒体基本知识后,让学生掌握常用多媒体实用软件(Audition、Photoshop、Flash/3Ds Max、Premiere/AE、Director)的使用方法和技巧,并利用"开放式多媒体综合实验室"进行多媒体综合应用开发与制作。

《计算机多媒体基础》课程教学内容主要分为四大模块。

(1) 理论部分。

理论部分内容主要包括:多媒体基本概念、多媒体的基本体系结构、多媒体原理基础、各种媒体信息的表示和编码方法、多媒体系统关键技术、多媒体作品素材的制备、多媒体作品开发应用。

(2) 多媒体信息采集部分。

运用操作演示的方法,让学生了解多媒体信息采集的设备和方法。通过实践(如使用数码相机、扫描仪等采集图像信息;使用多媒体计算机录制声音;使用数码摄像机采集视频素材等)让学生亲历信息采集的过程,同时提高学生的动手能力。

(3) 多媒体信息加工部分。

本模块是相应教学内容的延续和拓展,在教学中根据信息需求,结合典型实例,运用有关专业工具,处理各种媒体信息。

在本模块的教学中,可以根据实际情况选用多媒体信息处理工具,如使用 Audition 处理音频素材;使用 Photoshop 处理图像;利用 Coreldraw 进行矢量化的平面设计;使用 Flash 制作二维动画;使用 3Ds Max(或 Maya)制作三维动画;使用 Premiere(或会声会影、After Effect)处理视频;使用 Director 制作交互式平台。

① 音频处理软件——Audition。

Adobe Audition 是一款功能强大的数字音频处理软件,其前身为 Cool Edit Pro。2003 年 Adobe 公司收购了 Syntrillium 公司的全部产品,用于充实产品线中音频编辑软件的空白。Adobe Audition 功能强大,控制灵活,使用它可以录制、混合、编辑和控制数字音频文件。也可轻松创建音乐、制作广播短片、修复录制缺陷。

② 图像处理软件——Photoshop。

Adobe Photoshop 是目前最流行的图像处理软件之一,它由 Adobe 公司在 1990 年首次推出,随着公司的发展,Photoshop 的功能也被不断地完善,使用户更方便地利用 Photoshop 编辑和处理图像。

Photoshop 被广泛应用于平面设计、广告制作、数码照片的处理、网页开发和动画制作等领域。其基本功能包括:图像编辑、图像合成、校色调色、特效制作、文字处理、动画制作和 3D 功能等。

③ 平面设计软件——Coreldraw。

Coreldraw 是 Corel 公司推出的一款深受欢迎的矢量图形创作软件,它集绘图、排版、图像编辑、网页及动画制作为一体,其超强的功能和独特的魅力吸引了众多的电脑美术爱好者和平面设计人员。目前,Coreldraw 被广泛地应用于插画绘制、特效字设计、文字处理和排版、平面广告设计、VI 设计、包装设计、书籍装帧设计等众多领域。

④ 二维动画制作软件——Flash。

Flash 是目前非常流行的二维动画制作软件,具有强大的动画制作功能,可以生动地表现各种动画效果,广泛应用于网页设计、动画短片制作、游戏开发等领域。

Flash 制作的动画是矢量格式的,动画内容丰富,数据量小,特别适合在网络中传播。Flash 动画表现形式多样,可以包含图片、声音、文字、视频等内容。Flash 具有强大的交互功能,开发人员可以轻松地为动画添加交互效果,使观众可以参与或控制动画。

⑤ 三维动画制作软件——3Ds Max 和 Maya。

3Ds Max 是 Autodesk 公司开发的三维物体建模和动画制作软件,它具有强大、完美的三维建模功能,是当今世界上最流行的三维建模、动画制作及渲染软件。3Ds Max 有多种建模的方式,通过各种方式的组合可以建立与现实世界基本相同的三维模型结构。为了使模型更加逼真,还可以对模型进行贴图和材质处理,然后再进行光线处理。最后对建立好的模型设置动画效果。在建立三维模型时,其处理过程涉及数学、材料学、动力学等多种学科知识。3Ds Max 通过计算机内部算法为用户提供了简单的处理方法。为了较好地模拟现实世界的运动,3Ds Max 除了支持关键帧动画,还支持动力学动画、运动学动画等多种产生动画的方法,为此 3Ds Max 提供了空间扭曲与粒子系统,用于模拟爆炸、喷火等效果。3Ds Max 被广泛应用于广告的片头字幕、影视特效、虚拟现实、建筑装潢和三维动画以及游戏开发等领域。

Maya 是美国 Autodesk 公司出品的世界顶级的三维动画软件,应用对象是专业的影视广告,角色动画,电影特技等。Maya 功能完善,工作灵活,易学易用,制作效率极高,渲染真实感极强,是电影级别的高端制作软件。Maya 声名显赫,是制作者梦寐以求的制作工具,掌握了 Maya,会极大地提高制作效率和品质,调节出仿真的角色动画,渲染出电影一般的真实效果,向世界顶级动画师迈进。Maya 集成了 Alias、Wavefront 最先进的动画及数字效果技术。它不仅包括一般三维和视觉效果制作的功能,而且还与最先进的建模、数字化布料模拟、毛发渲染、运动匹配技术相结合。Maya 可在 Windows NT 与 SGI IRIX 操作系统上运行。在目前市场上用来进行数字和三维制作的工具中,Maya 是首选解决方案。

⑥ 视频处理软件——Premiere、会声会影和 After Effect。

Adobe Premiere 是 Adobe 公司推出的一款面向广大视频制作专业人员和爱好者的非线性编辑软件。它具有兼容性较好的操作界面以及强大的视音频编辑功能,能对视频、声音、动画、图像、文本进行编辑加工,满足大多数低端和高端用户的需要,并可以最终生成电影文件。

会声会影是 Corel 公司出品的视频编辑软件,使用户能快速编辑高品质的视频文件,利用软件提供的启动影片向导或者通过捕获、编辑和共享三大步骤，创建高清或标清影片、相册和DVD光盘。

After Effects是Adobe公司开发的完全着眼于高端视频系统的专业型非线性编辑软件，汇集了当今许多优秀软件的编辑思想和现代非线性编辑技术，融合了影像、声音和数码特技的文件格式，并包括了许多高效、精确的工具插件，可以帮助用户制作出各种赏心悦目的动画效果。After Effects具有优秀的跨平台能力，很好地兼容了Windows和Mac OS X两种操作系统。After Effects可以直接调用PSD文件的层，同时也与传统的视频编辑软件Premiere具有很好的融合，另外还有第三方插件的大力支持。After Effects具有高度灵活的2D与3D合成功能，数百种预设的效果和动画影视制作，可以同时进行剪辑编辑和后期视觉特技制作。

⑦ 交互处理软件——Director。

Director是一款非常优秀的多媒体创作软件，被广泛地应用于制作交互式多媒体教学演示、网络多媒体出版物、网络电影、网络交互式多媒体查询系统、动画片、企业的多媒体形象展示和产品宣传、游戏和屏幕保护程序等。另外，Director还提供了强大的脚本语言Lingo，使用户能够创建复杂的交互式应用程序。

Director的基本功能主要体现在以下几个方面：

(a) 支持40多种文字、图形、图像、声音、动画和视频格式，可以方便地将这些多媒体元素集成起来。

(b) 近100个设置好的Behaviors(行为)，只要拖放Behaviors就可实现交互功能，同时支持JavaScript和Lingo编程语言，使多媒体开发人员能够创作出具有复杂交互功能的多媒体作品，如游戏程序。

(c) 最多可设置1 000个通道，也就是说在舞台上同时可有1 000个演员在表演，可以制作场面十分壮观的多媒体作品。

(d) 强大的声音控制能力。在时间轴有两个声道，再通过Lingo语言，最多可以同时控制八个声音。

(e) 支持大量的第三方插件Xtras，极大地提高了Director的创作功能，如数据库查询。

(f) 可以跨平台发布多媒体作品，Director同时支持Windows和Macintosh两种操作系统平台。

(4) 综合应用实验部分。

本模块内容是利用“开放式多媒体综合实验室”，由学生课外按学习团队组队，通过围绕贴近学生生活实际的主题，利用所学的音频、图像、视频和动画等软件制作一份健康、有意义、主题明确的多媒体作品，在制作过程中让学生经历并体验多媒体作品的一般创作流程——规划、设计、采集、制作、集成、调试等，掌握多媒体技术的综合运用能力。

同时，根据多媒体作品制作过程撰写一篇1 500字左右的论文。

2. 作品展示——虚拟节目主持人

虚拟节目主持人就是预先在蓝幕背景前将主持人的相关视频录制好，然后结合片头、欢迎词、倒计时、题目视频、回答正确(错误)等视频制作一个完整的视频，再通过计算机与工控机配合，根据现场观众实际答题情况进行程序控制，从而达到观众与主持人现场问答题目的模拟真实效果。预先制作的视频完整序列如图1-2所示。

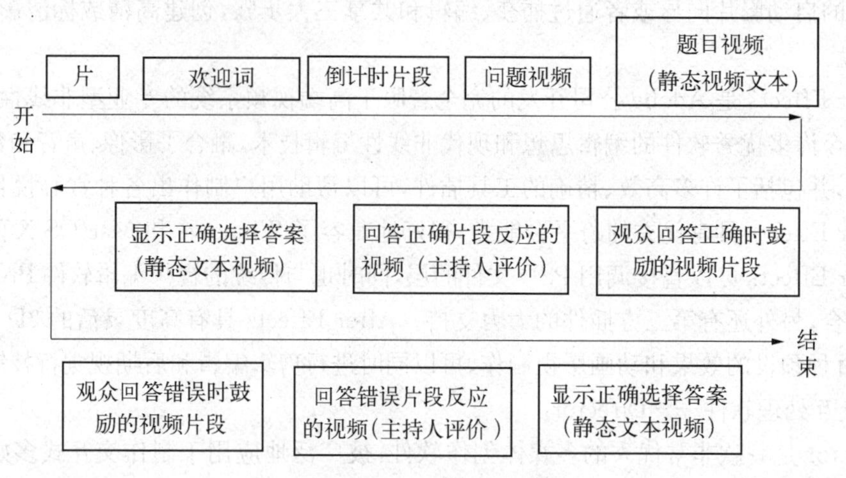

图 1-2　虚拟主持人视频序列

(1) 题目准备。

① 根据项目所涉及的内容准备题目,将每道题目制作成卡片,以方便主持人阅读。

② 利用 Photoshop 将每道题目文字图片化,作为显示在屏幕上的内容,如图 1-3 所示。

(2) 蓝幕拍摄。

在展示现场,主持人单独进行节目拍摄,主持人在拍摄的过程中要感觉旁边有参与观众的存在,这样拍摄的结果展示在虚拟表演现场就比较逼真。

(3) 后期制作。

① 利用 Audition 制作声音,利用 Photoshop、Premiere、Flash、3Ds Max 等制作片头。

② 利用 Premiere 制作主持人问答视频(正题—视频)。

③ 利用 Premiere 制作主持人给观众题目回答的判定(对或错视频)。

④ 利用 Audition 制作声音,Photoshop、Premiere、Flash、3Ds Max 等制作结果视频。

⑤ 利用 Premiere 进行综合合成。

(4) 实时合成效果。

现场实时抠像合成的捕捉视频打印的结果如图 1-4 所示。用户可以使用自己的视频或照片素材替换图片中的女孩。

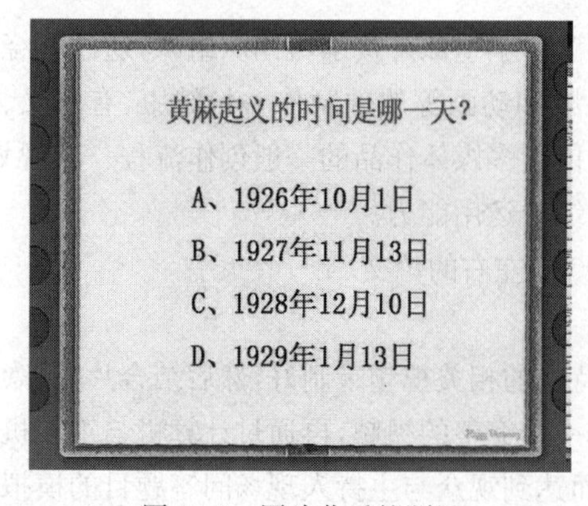

图 1-3　图片化后的题目

图 1-4　现场与虚拟主持人合成的效果

1.2.2　高级办公自动化与宏应用

Office是使用频率最高的办公软件，本课程主要通过案例来介绍VBA程序设计概述；Word中的域、样式、大纲、目录及宏在Word中的应用；Excel中数据分析工具、宏在Excel中的应用；宏在PowerPoint中的应用等方面的内容。

1. 内容简介

本课程各章节主要内容如下：

（1）Word案例应用。

Word是现代人都非常熟悉的文字处理软件，看似简单，实质却是"博大精深"。本节主要通过案例使读者系统地掌握Word软件功能，能够利用Word软件进行复杂版面的设计与排版，如毕业论文的排版。

（2）Excel应用案例。

Excel是微软办公套装软件的一个重要的组成部分，它可以进行各种数据的处理、统计分析和辅助决策操作，广泛地应用于管理、统计财经、金融等众多领域。本节主要通过案例使读者掌握使用Excel中的各种数据分析工具。

（3）VBA程序设计概述。

在Microsoft Office办公软件中，除了常用的应用功能外，还提供了可以供用户进行二次开发的平台和工具。通过二次开发，用户可以根据不同的需要，定制出各种不同的应用程序。

本节主要介绍Office VBA应用程序开发的基本知识，包括宏与VBA、OfficeVBA开发环境、Office控件与用户窗体、对象、属性、方法和事件、VBA编程基础、流程控制语句、过程、Function过程、用户窗体及窗体控件。

（4）Word VBA常用对象与应用案例。

对象是一些相关变量和方法的集合。Office VBA是一种面向对象的编程语言。对象是VBA的结构基础，VBA应用程序由许多对象组成。

本节主要通过案例介绍Word中的常用对象的使用方法。

（5）Excel VBA常用对象与应用案例。

在Excel中有许多对象，如菜单栏、工具栏、Excel工作簿、窗体、图形及图表等。

本节主要通过案例介绍Excel中的常用对象的使用方法。

（6）PowerPoint应用案例。

在录制宏与VBA编程过程中，经常会用到PowerPoint应用程序对象，这些对象是Office在应用程序中提供给用户访问或进行二次开发使用的。

本节主要通过案例介绍PowerPoint中的一些常用的应用程序对象，其中DocumentWindow对象、SlideShowWindow对象、Slide对象、Shape对象在课件制作过程中会经常用到。

2. 作品展示

（1）《商务世界》用户调查表。

在数据录入过程中会遇到像学历、性别、部门等内容，这些内容需要重复的输入，如果完全通过键盘来输入，不仅录入时间长，而且容易出错。利用 Word 的窗体域制作的这类表格，可以实现正确、快速输入数据的目的。

图 1－5 是利用 Word 窗体域制作的《商务世界》用户调查表。

《商务世界》用户调查表

亲爱的读者，为使《商务世界》能更好地为您服务，敬请您认真填写此表，并及时反馈给我们。

一、填表人详细信息：

姓名：王小小　　性别：男　　年龄：

所从事行业：教育　　电子邮箱：zyydxcd@163.com

二、读者调查表：

1、您通过什么方式阅读《商务世界》的？订阅

2、您希望在哪些场所方便的购买《商务世界》？

报刊亭☒　机场☐　地铁☐　书　店☒　邮　局☐

3、您喜欢这本杂志哪个榜上的内容？

封面故事☐　对话☐　创业☐　淘金之路☐　诚　信☒

产　业☐　企业☒　消费☐　生　活☒　跟我学☐

4、在您所关注的领域中最关心的哪些问题（或感兴趣的问题）？

油价为什么总是要和国际接轨？

图 1－5 《商务世界》用户调查表

(2) 电子教学考核表。

为了掌握学生学习情况，老师可用“电子教学考核表”来记录学生平时学习情况，如出勤和作业提交情况等，并在期末完成统计结果，作为学生综合成绩的一部分。

图 1－6 是包含宏按钮的电子教学考核表。

电子教学考核表.xls

	A	B	C	D	E	F	W	X	Y	Z	AA	AB
1	2008年春季期教学考核表											
2	上课时间:星期一第1、2节　上机时间：星期三第1、2节											
3	学号	姓名	考核内容	周次			出勤		作业			
4				1	2	3	旷课	请假	优	良	中	差
5	0701101	黄俊杰	上 课	3月3日	3月10日	3月17日	0	0				
6			上 机	3月5日	3月12日	3月19日	0	0				
7			作 业	优	优	良			2	1	0	0
8	0701102	陈振希	上 课	3月3日	3月10日	3月17日	0	0				
9			上 机	3月5日	3月12日	3月19日	0	0				
10			作 业	良	中	差			0	1	1	1
11	0701103	郭晶晶	上 课	3月3日	3月10日	3月17日	0	0				
12			上 机	3月5日	请假	3月19日	0	1				
13			作 业	良	良	中			0	2	1	0
14	0701104	孙星月	上 课	3月3日	3月10日	3月17日	0	0				
15			上 机	3月5日	3月12日	旷课	1	0				
16			作 业	优	良	良			1	2	0	0

管理1 / 管理2 / 管理3 / 管理4 / 管理5

图 1－6 电子教学考核表

(3) 查询长途电话区号。

打长途电话时，一般要知道对方的长途电话区号。本作品是一个利用 VBA 编写的程序，

用于全国长途电话区号的查询。程序运行界面如图 1－7 所示。

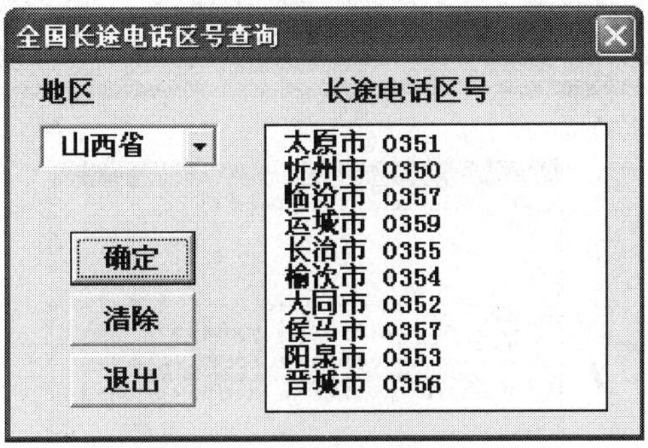
全国长途电话区号查询
地区
长途电话区号
山西省
确定
清除
退出
太原市 0351
忻州市 0350
临汾市 0357
运城市 0359
长治市 0355
榆次市 0354
大同市 0352
侯马市 0357
阳泉市 0353
晋城市 0356

图 1－7　查询长途电话区号

（4）考试成绩分析。

本作品以高校的某个班级为单位，对某课程的成绩进行统计分析。包括统计出实考人数、各分数段人数、百分比，求出最高分、最低分、平均分，画出成绩分布曲线图。

图 1－8 是考试成绩分析结果表。

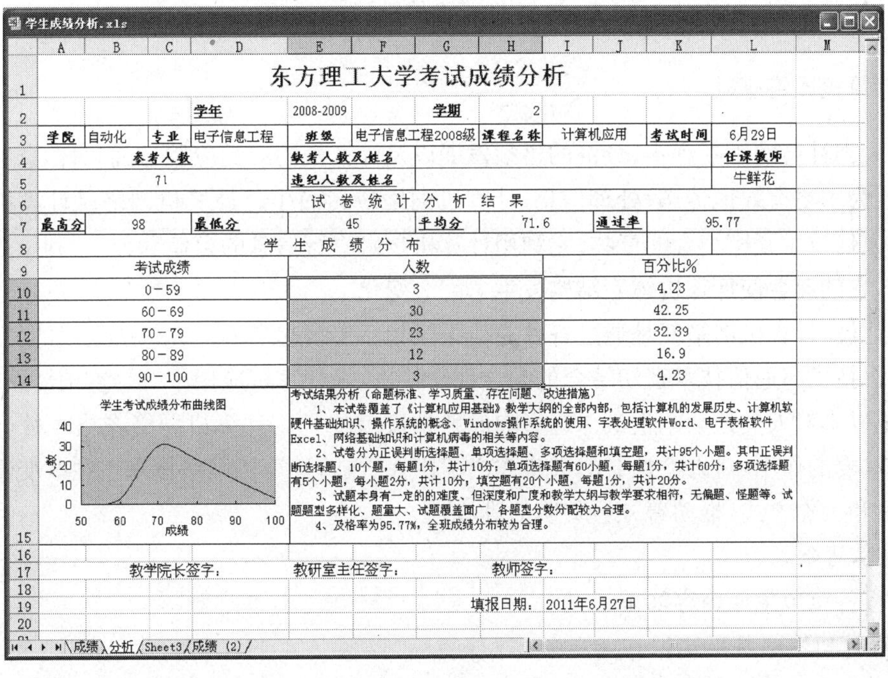
学生成绩分析.xls
东方理工大学考试成绩分析
学年 2008-2009 学期 2
学院 自动化 专业 电子信息工程 班级 电子信息工程2008级 课程名称 计算机应用 考试时间 6月29日
参考人数 缺考人数及姓名 任课教师
71 违纪人数及姓名 牛鲜花
试 卷 统 计 分 析 结 果
最高分 98 最低分 45 平均分 71.6 通过率 95.77
学 生 成 绩 分 布
考试成绩 人数 百分比%
0－59 3 4.23
60－69 30 42.25
70－79 23 32.39
80－89 12 16.9
90－100 3 4.23
学生考试成绩分布曲线图
人数
成绩
考试结果分析（命题标准、学习质量、存在问题、改进措施）
1、本试卷覆盖了《计算机应用基础》教学大纲的全部内容，包括计算机的发展历史、计算机软硬件基础知识、操作系统的概念、Windows操作系统的使用、字表处理软件Word、电子表格软件Excel、网络基础知识和计算机病毒的相关等内容。
2、试卷分为正误判断选择题、单项选择题、多项选择题和填空题，共计95个小题。其中正误判断选择题、10个题，每题1分，共计10分；单项选择题有60小题，每题1分，共计60分；多项选择题有5个小题，每小题2分，共计10分；填空题有20个小题，每题1分，共计20分。
3、试题本身有一定的的难度、但深度和广度和教学大纲与教学要求相符，无偏题、怪题等。试题题型多样化、题量大、试题覆盖面广、各题型分数分配较为合理。
4、及格率为95.77%，全班成绩分布较为合理。
教学院长签字：
教研室主任签字：
教师签字：
填报日期：2011年6月27日
成绩 分析 Sheet3 成绩（2）

图 1－8　成绩分析表

（5）模拟考试系统课件。

本作品是一个利用 VBA 制作的模拟考试系统课件。学生完成该课件中的测验题后，系统会显出学生的答案情况及最终测验成绩。

图 1－9 是模拟考试系统界面。

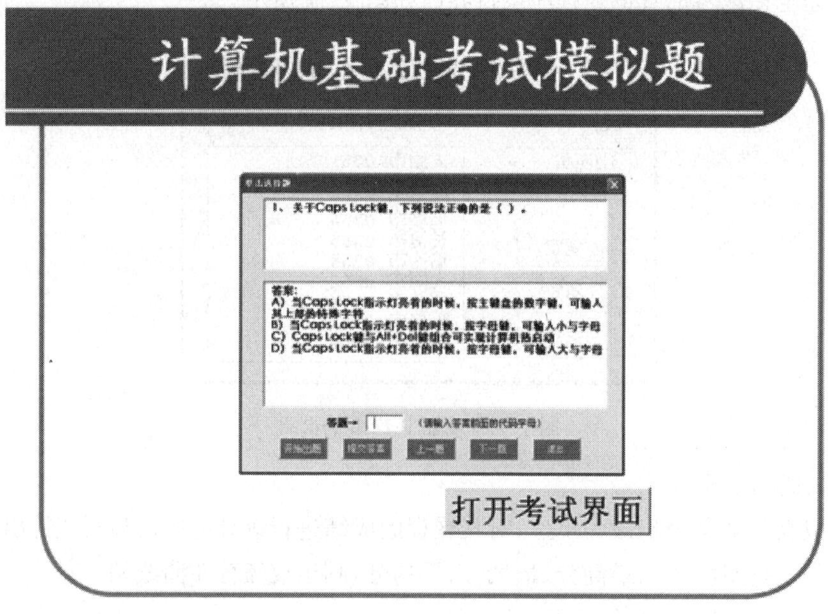

图 1 - 9　模拟考试界面

1.2.3　计算机网络基础

随着人类社会的不断进步、经济的迅猛发展以及计算机的广泛应用，人们对信息的要求越来越强烈，为了更有效地传送、处理信息，计算机网络应运而生。计算机网络是计算机科学技术与现代通信技术紧密结合的产物，它利用计算机技术进行信息的存储和加工，利用通信技术传播信息，它的诞生使计算机体系结构发生了巨大变化。

概略地说，计算机网络就是通过各种通信手段相互连接起来的计算机所组成的复合系统，它是计算机技术与通信技术密切结合的综合性学科，也是计算机应用中一个空前活跃的领域，是 20 世纪以来对人类社会产生最深远影响的科技成就之一。计算机网络在当今社会经济中起着非常重要的作用，对人类社会的进步作出了巨大贡献，计算机网络技术正在改变着人们的生活、学习和工作方式，推动着社会文明的进步。

1. 内容简介

本课程各章节主要内容如下：

(1) 计算机网络基础知识。

在 Internet 上冲浪是现代人生活中不可缺少的一项内容，用手机浏览、更新微博是大多数年轻人都做过的事，在方便、快捷地访问网络应用的背后到底隐藏着哪些知识，遵循着什么原理，到底是如何实现的呢？这些问题可以通过这部分计算机网络基础知识的学习找到答案，原来计算机网络并没有我们想象的那么神秘。

(2) 联网方式与局域网，无线网络。

在家里，老爸有一台电脑需要上网炒股，老妈也有一台电脑用来玩游戏，我的本本也需要连上学校的课程网站进行学习，妹妹新买的 IPAD 也要联网才会比较好用，大家有时又会用手机看看微博，或者去人家的微博串串门，可是家里只有一条ADSL线路，能不能大家都能连在网上呢？答案当然是可以的，稍微咨询一下懂计算机的老师、朋友或同学，他们都会告诉你去买一个无线路由器装到家里就行。

可是问题又来了，无线路由器买是买来了，不会设置呀，什么ADSL、FTTB、FTTH、HFC上网，完全没有概念啊，只能请会摆弄的人来设置，这些可能是很多人都经历过的吧。通过这一章的学习之后，我们完全有能力组建小型企业网或者家庭无线网络，组个局域网不在话下，轻松就能搞定互联网接入的问题。

(3) TCP/IP协议。

怎么有些网站是通过域名访问的，而有些是输入一串类似202.120.127.78的数字来访问的呢，为什么有个网站不能访问时老哥让我在命令行上输入“ping www.xxx.com”呢，还要让我告诉他“tracert www.xxx.com”的结果，然后他告诉我家里的路由器死掉了，去断电过五分钟再开。

要搞明白这些事儿，那么就不得不提到最著名的ISO制定的OSI模型和TCP/IP协议了。了解TCP/IP协议后，那些原先要计算机专业毕业的老哥才能解决的网络问题我也能解决了。老爸在家里打电话过来说怎么今天股票软件中的数据怎么老是出来的那么慢？哈哈，我立马打开电脑，登录到家里的路由器上看个究竟，哦，原来是老妈今天在看网络视频占用了太多的带宽，呵呵，把老爸炒股的优先级提高一点吧。

(4) 互联网应用。

现在的网络应用真是五花八门，上网找资料更是现代人的必修课，有什么不会的都可以上网查一查，连老妈要烧个新菜品她都上网查怎么个烧法，还可以由她远在哈尔滨的姐姐远程视频指导。大夏天的太热了，想买条今夏流行的裙子却又不愿出去逛街，直接上购物网站Shopping，用不了多久就有快递员送货到家。忽然想起来上周还问小张借了八百块钱没还，直接登录网银转账给他，还可以自动发短信提示小张……

网络带给我们的不仅仅是一些概念，而是一种全新的生活方式，网络给我们的生活带来了史无前例的便捷。这一章通过对传统网络应用以及对现行网络应用的介绍，可以使我们能更好地发挥网络的作用，能把网络这个20世纪最伟大的工具在生活中运用的淋漓尽致。

(5) 网络服务配置。

网络服务配置其实和大部分人没什么关系，这些应该都是网管员的事情。今天公司的邮件服务器发不出邮件了，碰巧网管员昨天生病住院了，老板又急着要发一封重要的邮件出去，而且也需要收一些重要的邮件。如果这些服务器的事你也懂个七七八八，在这个关键时刻，你打电话咨询网管员，在他的简单指导下把问题解决了，老板是不是对你刮目相看啊，说不定明天就提你做项目组长了。其实很多网络服务都是非常容易配置的，通过这一章的学习，可以让我们学会WWW服务、FTP服务、EMAIL服务、DHCP服务等网络服务的简单配置，为我们今后可能遇到的网络故障的解决提供技术保证。

(6) 网页设计与制作。

最近中学同学聚会，有人提议要做一个班级网站，纪念这段过去的美好时光。大家把这个艰巨的任务交给了班长——我，这可难倒我了，请人做吧，需要付出大量的金钱，随便用类似QQ空间这类现成的东西整一个吧又太没有特色……还好有门课中介绍网站制作的，学习一下，自己整一个吧……在岁末的再次聚会上，同学们都用诧异眼神看着我，称赞我说："真看不出来，你小子能整出这么好看一个网站来，啥时候学的，这个悬浮条怎么实现的……"

（7）信息安全。

怎么今天整个公司的电脑上网都那么慢？为什么我一打开邮件，我的小红伞就报警？怎么我银行里的钱都被转走了？我魔兽争霸中的装备怎么都不见了？某某大学招生办的主页被篡改了……这些问题在现实生活中可能经常会听到，有些是由于蠕虫造成的，有些是由于病毒或者木马造成的，有些是黑客造成的。这些问题都归根到信息安全这一个有了互联网之后才出现的新概念，信息社会中信息安全是必然出现的问题，如何保护我们的隐私不被窃取，如何保护网络银行交易的安全等等。通过这章的学习，我们基本可以做到防患于未然，能够尽可能减少信息泄露，确保信息系统安全。

2. 作品展示

《梦里江南》网站设计。

图 1－10 是利用 Dreamweaver 网页设计工具制作的《梦里江南》网站。

图 1－10 《梦里江南》网站设计

1.2.4 数据库技术基础(Access)

社会中的人每时每刻都与数据发生着千丝万缕的关系。数据有多种形式，如文字、数码、符号、图形、图像以及声音等。数据库系统不从具体的应用程序出发，而是立足于数据本身的管理。它将所有数据保存在数据库中，进行科学的组织，并借助于数据库管理系统，以它为中介，与各种应用程序或应用系统接口，使之能方便地使用数据库中的数据。数据库具备了很多优点：如减少了数据的冗余度，从而大大地节省了数据的存储空间；实现数据资源的充分共享等。此外，数据库技术还为用户提供了非常简便的手段使用户易于编写有关数据库应用程序。

《数据库技术基础(Access)》课程主要讲授数据库技术相关的基本概念，包括数据库系统的产生与发展、数据库系统的特点、数据库系统的数据模型、数据库系统体系结构等。并以当前流行的数据库管理系统 Access 2007 为例，在力求概念清晰的基础上，通过实例进一步阐述数据库系统的相关知识内容。

1. 内容简介

本课程教学内容主要分为两大模块。

(1) 理论部分。

理论部分内容主要包括：数据库基本概念，数据库系统的产生与发展，数据库系统的特点，数据库系统的数据模型，数据库系统体系结构，关系数据库的相关概念，如关系、函数依赖、范式等。

(2) Access 部分。

Access 是微软办公套装软件的一个重要的组成部分，也是一个简便易用功能强大的桌面数据库管理系统，它可以进行各种数据的处理、分析。本课程主要通过案例使读者了解、熟悉、掌握、使用 Access 的基本应用及其各种高级应用。

从最初的表的设计、创建、编辑到数据的录入、关系的创建和应用，从简单的数据查询到复杂的参数查询、SQL 查询，从窗体的创建到报表的设计和输出，从 Access 宏的创建到在命令按钮中调用宏，从熟悉 VBA 编程环境到利用各种程序控制结构、过程、函数包括使用 ADO 访问数据库来进行数据库应用系统的开发，这些内容都将在 Access 部分予以详细介绍。

2. 作品展示

教师信息管理系统是以 Access 为基础，利用表、查询、窗体、报表、宏等进行开发。该系统包含了一个数据库应用软件的各个部分，如注册、登录、数据录入、数据编辑、数据查询、数据统计、数据分析、数据输出等。

(1) 注册登录。

图 1－11 是利用 Access 窗体制作的教师信息管理系统注册及登录界面。

(2) 主控面板。

主控面板如图 1－12 所示，其包含了教师信息管理系统的所有功能窗体入口，用户可以从这里进入相关模块进行操作。

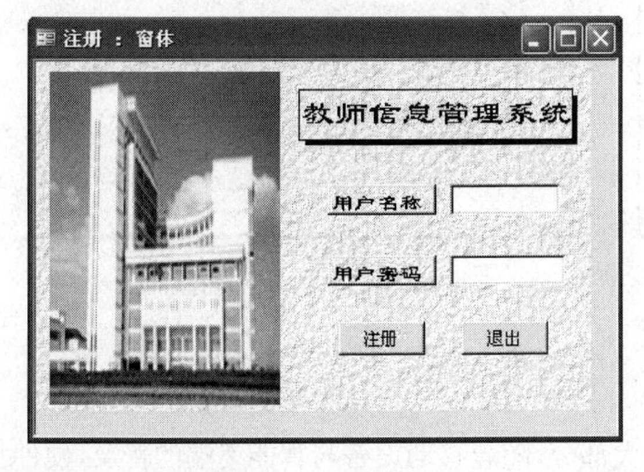

图 1－11　注册界面

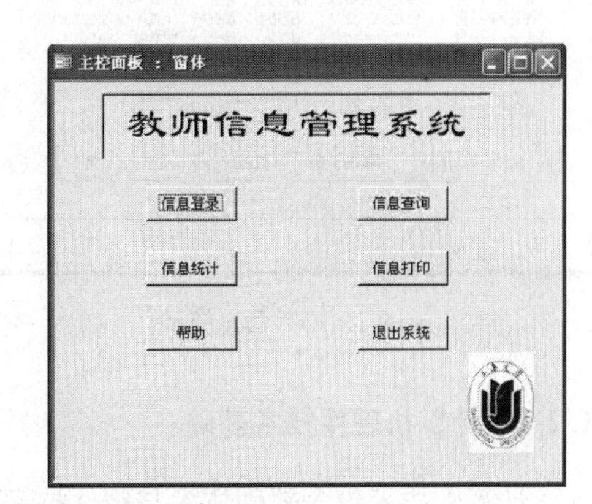

图 1－12　主窗体

(3) 信息登录。

信息登录主要包含登录教师档案、授课信息、课程信息等内容，界面如图 1-13 所示。

(4) 信息查询。

信息查询可以设置各种查询条件查询教师的基本情况，也可以查询教师的授课信息，界面如图 1-14 所示。

图 1-13　信息登录

图 1-14　信息查询

(5) 信息统计。

信息统计可以对数据库中的各种数据按照不同条件进行统计分析，界面如图 1-15 所示。

(6) 信息打印。

信息打印可以先预览教师的基本信息，也可以直接打印教师基本信息，界面如图 1-16 所示。

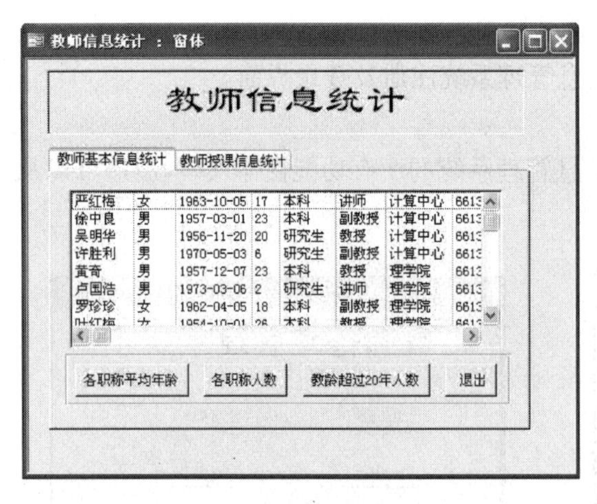

图 1-15　信息统计

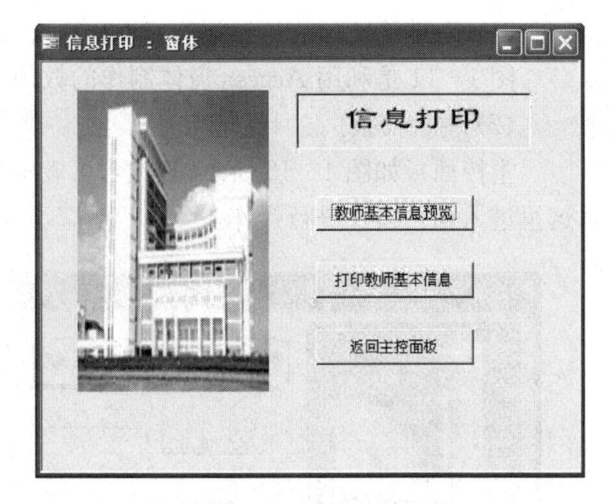

图 1-16　信息打印

1.2.5　计算机硬件技术基础

计算机技术包含软件技术与硬件技术两大部分，随着移动设备与智能终端的普及，硬件技术与嵌入式系统的应用越来越受到人们的重视。在计算机教育中，除掌握必要的软件及其应用外，还需要对计算机硬件的相关技术有更多的了解与认识。课程《计算机硬件技术基础》包含以下一些内容。

1. 控制电路的模块化

计算机硬件在本质上是个复杂的电路系统。由于硬件控制的多样性，从灵活性和规模效应考虑，电路设计需要模块化。图1-17表示了一个常规的电路去掉电源、地与电阻后模块化的过程。

(1) 图1-17(a)是个常规的控制电路，开关K1与K2并联，控制灯亮或暗，该电路强调电路的回路特性，用于分析电路中的电压与电流值等。

(2) 图1-17(b)将电源与地分开表示，强调电流的流通或关断等特性，弱化电源与地对电路的影响，用于分析控制对象(开关)对受控对象(灯)的作用。

(3) 图1-17(c)与(a)、(b)功能一致，表面看起来电路变得更复杂了，这是模块化过程中的关键一步，强调控制与受控的独立性，使用控制点电压值的高或低对应控制效果，引入高电平与低电平概念，为二进制控制打下基础。具体分析一下电路功能，先将虚框部分隐藏起来，余下3个互不相连的子电路(电源与地的相连除外)。

① 分析K1子电路，当开关K1闭合时，A点接地，电压值为零，称A为低电平；当K1断开时，A点与地隔开，而与电源VCC通过电阻相连，在孤立情况下，A点的电压值为VCC，称A为高电平。

② 分析K2子电路，开关K2对应B点电平，K2闭合则B为低电平，否则B为高电平。

③ 分析灯子电路(从VCC到C点)，当C点为低电平时(即C点与地相通)，则灯上电流通过，灯亮；当C点为高电平时(即C点不与地相通)，则灯两端电压值相等，没有电流通过，灯暗。

④ 当3个子电路通过虚框将A、B、C相连(短路)时，若开关K1或K2闭合，则A点或B点低电平，由A、B、C短路连接，C点为低电平，故灯亮。反之，若K1与K2均断开，则A点与B点均为高电平，C也为高电平，灯暗。整个电路的功能等价并联电路。

(4) 在图1-17(c)的基础上，将3个子电路与虚框部分抽象出来，得到图1-17(d)，强调控制与受控对象的独立性与地位，淡化控制与受控对象的具体电路，消除电源、地、电阻等对电路功能没有直接关联的电路器件，同时突出中间控制器的核心作用。

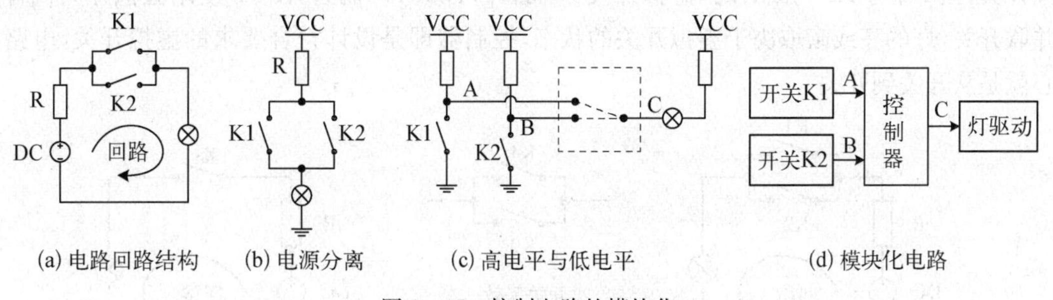

图1-17　控制电路的模块化

电路的模块化设计具有优点：

(1) 便于电路设计者从高层分析电路目标与功能，并设计顶层电路模块，即电路设计者可以采用自顶向下方式设计电路，便于从总体上把握设计，避免过早陷于电路细节。

(2) 模块的控制状态通过电压值传递，便于扩充电路规模与电路功能，即易于“做大”电路，如能否让开关K1参与控制多个灯，而不仅仅只用于一个回路中。

(3) 关键控制点的电平只有高低两种状态，电路回路也只有流通或关断两种状态，便于分析电路功能，也为二进制的引入与控制打开大门。

2. 数字电路概要

(1) 继电器原理。

如图1-18所示，A、B、C、D分别表示电磁铁、衔铁、弹簧和触点，图1-18(a)表示控制电路断开时，A无电流通过，由弹簧C作用，衔铁B弹起，触点D连接至上方。图1-18(b)表示控制电路通电时，电磁铁A通电，吸住衔铁B，触点D连接至下方，使电机通电运转。

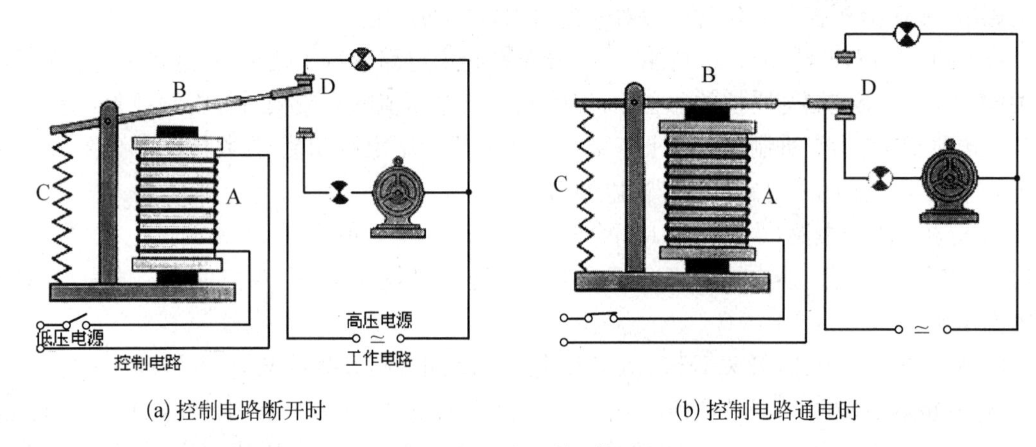

(a) 控制电路断开时　　(b) 控制电路通电时

图1-18　继电器工作原理

(2) 开关特性。

继电器的电磁铁A受控制电路的开关控制，继电器带多路常开或常闭触点，可在不同电路回路中做开关使用，即继电器可由一个受控开关得到多个控制开关，称继电器具有开关特性。具有开关特性的器件还有电子管、晶体管、CMOS管等，开关特性是计算机器件中的最主要特性。

(3) 开关电路。

如图1-19所示，其中图(a)为原始的并联连接的电路，图(b)将K1与K2等效为一个虚拟开关，当K1与K2均断开时，虚拟开关Kv断开，否则Kv闭合，图(c)使用虚拟开关代替原并联开关，灯的亮或暗取决于虚拟开关的状态，控制器即是设计符合要求的虚拟开关，电路核心就是从开关到开关。

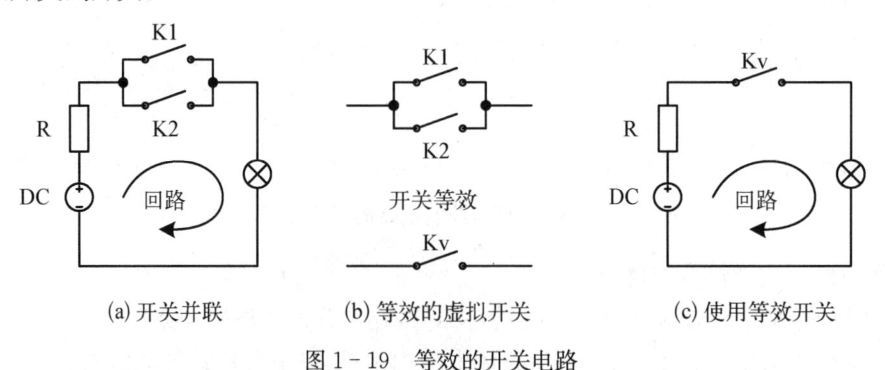

(a) 开关并联　　(b) 等效的虚拟开关　　(c) 使用等效开关

图1-19　等效的开关电路

(4) 门电路。

将开关的闭合与断开转换为电平的高与低，再进一步转换为二进制的0与1，从开关到开关的开关电路等效为从二进制到二进制的门电路，开关之间有串联、并联、旁路等多种连接方式，门电路也有与门、或门、非门等基本方式，如图1-20所示。

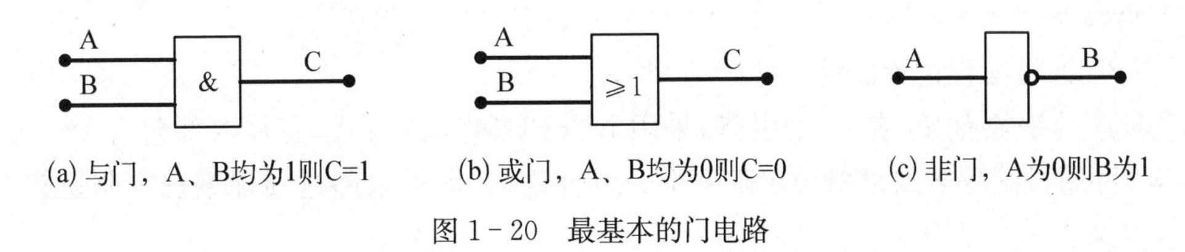

(a) 与门，A、B均为1则C=1　(b) 或门，A、B均为0则C=0　(c) 非门，A为0则B为1

图1-20 最基本的门电路

(5) 组合电路。

多个门电路相互连接组成的电路网络，输入端控制状态发生变化，输出端的电平也随之改变。通过门电路可以设计二进制加法器、乘法器、门禁、电梯控制等计算或控制功能。

(6) 时序电路。

在组合电路的基础上增加时钟控制，使电路带有时间特性，可以计数与计时，使控制更加有序化，以完成更复杂电路功能，如设计计算机的处理器(CPU)。

3. 电路系统的一般结构

一般地，一个数字电路具有如图1-21所示的电路结构。

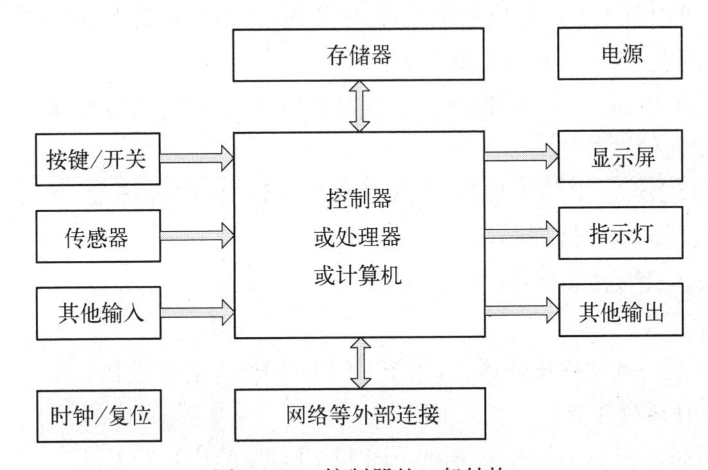

图1-21 控制器的一般结构

(1) 电路核心。

电路核心也称为控制器，控制器可以是一般的数字电路，也可以使用处理器作为核心控制器(如单片机、数字信号处理器DSP或ARM系列嵌入式处理器等)，也可以直接使用一台计算机或微系统作为控制器。

(2) 存储器。

存储器用于存储系统中的数据或运行程序，可以是RAM、ROM、EEPROM、Flash、SD卡、USB存储、硬盘等。

(3) 输入设备。

输入设备包括时钟晶振、复位键、开关、温度传感器等。

(4) 输出设备。

输出设备包括板级指示灯、LED数字码、外部显示屏等。

(5) 其他设备。

包括网络连接、USB连接、串行口连接等。

4. 电路系统的一般结构

(1) PLD(可编程逻辑器件)

PLD芯片一般有20或24个引脚,采用EEPROM写入方式,芯片内部包含"与—或—非门"矩阵,可通过编程方式自由设定阵列中的组合逻辑,即可以通过硬件编程定制逻辑芯片的功能。

(2) CPLD(复杂可编程逻辑器件)

CPLD芯片一般具有44到240个引脚,与PLD相比,可编程的功能更多。

(3) FPGA(现场可编程门阵列)

FPGA芯片一般具有44到近2 000个引脚,采用RAM写入方式,可能包含内部RAM、内部乘法器、内部时钟锁相环PLL、LVDS高速串行连接等,甚至包含内部32位处理器功能,处理功能更加强大。

(4) 单片机

单片机有8或16位两种类型,芯片内部集成处理器、RAM、程序ROM、定时/计数器、串行口、看门狗等,可由单个芯片组成系统,故称单片机,常用单片机为Intel的8051系列。

(5) DSP处理器(数字信号处理器)

DSP处理器有16或32位两种类型,处理器包括浮点运算、信号处理相关运算指令等。

(6) ARM系列处理器

ARM系列处理器是32位处理器,集成液晶显示输出、USB连接、网络连接等,是嵌入式系统、移动智能设备的主要处理器。

5. 硬件开发工具与语言概要

(1) Verilog语言。

Verilog语言是一种硬件描述语言,用于CPLD/FPGA芯片设计。

(2) QuartusII软件工具。

QuartusII软件工具是Altera公司的CPLD/FPGA芯片开发工具。

(3) ModelSim软件工具。

ModelSim软件工具是硬件Verilog语言运行仿真工具。

(4) C51语言。

C51语言是单片机上的软件开发语言。

6. 硬件设计体验

课程将完成两类实验:FPGA与单片机实验。

(1) FPGA实验。

以Altera的EP2C8为核心芯片,开发板带有8M SDRAM、2M Flash、8个LED八段码、6个按键、红外接收、蜂鸣器、SD卡座、液晶显示屏接口、VGA输出接口等。如图1-22所示。

(2) 单片机实验(简易摇摇棒实验)。

摇摇棒又称魔棒、闪光棒、星光棒等，常用在明星演唱会等场所，歌迷不断快速摇晃手中发光的棒体，在其划过的轨迹上留下一幅发光的图案或文字，给人们以新奇而夺目的视觉效果。这看似神奇的东西原理很简单，发光部分仅仅是一排发光LED灯，控制核心是一块8051单片机，另有一个用于捕捉晃动位置的传感器。摇摇棒晃动时，发光部分可覆盖一块平面区域，通过传感器单片机可以计算出当前发光部分在显示区域中的相对位置，由此控制发光体显示单排，由于人眼视觉的暂留效应，在大脑里留下图案连贯的错觉，如图1－23所示。

实验包含以下内容：

(1) 摇摇棒控制器的基本原理。

(2) 相关器件列表。

(3) Protel原理图、印板图设计概览。

(4) 印制板焊接，或面包板焊接与跳线。

(5) 单片机控制程序概览。

(6) 图案选择与程序的编译、下载。

(7) 验证实验效果。

图1－22　FPGA实验开发板

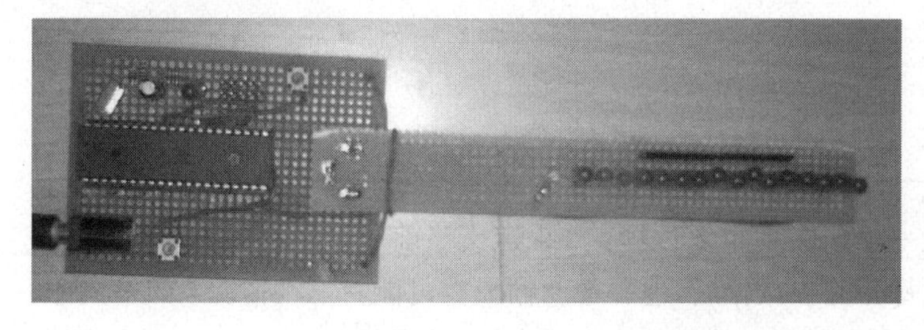

图1－23　单片机焊接与演示效果

1.2.6　程序设计(C语言)

《程序设计(C语言)》是计算机大类基础课程，其主要内容如下：

1. 什么是程序设计语言

程序设计语言是表达软件的工具，任何软件都是计算机系统行为的预先规划，这个规划就是用某种语言编写的程序系统。计算机系统理解了程序并按程序的规定完成一步步的动作。所以说，程序设计语言其实就是一种人—机通信的工具。

自从1945年有现代计算机以来，人们研究开发出一种又一种程序设计语言，每种语言的版本一次又一次的升级，所以程序设计语言研究一直是最活跃的领域，到目前为止，一直没有趋于稳定，因为它研究人们计算表达的形式。计算机科学的本质就是研究如何把问题世界的对象及其运动映射为程序对象及交互通信，从计算的角度观察、模拟客观世界，然后在模糊理论的基础上建立表达、实施计算。程序设计语言不涉及模型理论本身，但它是表达成果的手段，例如模糊逻辑要求模糊程序设计语言，函数式模型要求表达高阶函数的函数式语言，所以，随着人们对计算本质的认识加深，新类型语言总在不断出现。

21世纪以来，基于语言的相关技术一直在飞速地发展，相关资源也很多。目前应用较广泛的软件开发语言有 Java 、C、C++、C#等，C/C++常用于嵌入式开发，跟硬件结合相对紧密，而 Java 和 C# 能更好地针对网络相关的一些软件开发。其实每种开发语言都有它的应用范围，要根据具体的情况适当选择。

2. 用 C 语言编程求解一个具体的问题(关于算法)

C 语言是一门比较古老而广泛应用的语言，于 20 世纪 70 年代初在贝尔实验室问世。它具有功能强、语句表达精炼、控制和数据结构灵活等特点，许多著名的操作系统都是由 C 语言编写而成。

先来看一个有趣的问题：十个小孩围成一圈分糖果，老师分给第一个小孩 10 块，第二个小孩 2 块，第三个小孩 8 块，第四个小孩 22 块，第五个小孩 16 块，第六个小孩 4 块，第七个小孩 10 块，第八个小孩 6 块，第九个小孩 14 块，第十个小孩 20 块。然后所有的小孩同时将手中的糖分一半给他右边的小孩；糖果数为奇数的人可向老师要一块去分。请问经过这样几次后大家手中的糖的块数一样多？每人各有多少块糖？

想象一下，如果人工来做这件事，按照规则分糖分过两次后，每个小孩手中的糖果数表 1-1 所示。

表 1-1　每个小孩手中的糖果数

小孩编号	1	2	3	4	5	6	7	8	9	10
原始糖果数	10	2	8	22	16	4	10	6	14	20
第一次分后	15	6	5	15	19	10	7	8	10	17
第二次分后	17	11	6	11	18	15	9	8	9	14

可以看出，分糖过程其实是一个机械地重复过程：如果定义当前每个小孩的糖果数为 A，他左边的小孩的糖果数为 B，则每分完一次糖后，他手中的糖果数可能有三种情况：如果 A 和 B 都是偶数，结果是 (A+B)/2；如果 A 和 B 其中有一个是奇数，结果是 (A+B+1)/2；如果 A 和 B 都是奇数，结果是 (A+B+2)/2。上面的表格可以按照公式一直计算下去直到最后每个小孩手中糖的块数相等，很显然计算过程比较机械而繁琐。

现在让计算机来帮助我们解决这个问题。在程序设计中，我们经常把解决问题的步骤叫算法，用“流程图”来描述，然后再按照具体的编程语言的语法规则来编写程序。这个问题的算法流程图用中文可以描述如图 1-24 所示。

3. 编写 C 语言程序的“框架”原则

如果是初学程序设计的新手，初看程序代码一定会觉得很复杂，但其实任何事物都有自身的规律，各种各样的编程语言同样有一套自己的编程原则，精通并掌握了这些原则，编程就是易如反掌的事。

(1) C 语言程序是“函数”式的语言，由一个或多个小函数模块组成，每个函数模块的功能相对独立。万丈高楼平地起，构成 C 程序的每个函数可以理解成盖房子的小砖，编程人员大量的时间会花在如何构思这些“小砖”，以便让程序看起来更有条理，将来“维修”也更方便。

(2) 每个程序都有一个 main() 函数，而且只能有一个，它是程序运行的起始点也是结束点。main() 函数好比是房子的地基，每个程序都需要建一个坚固且结构分明的“地基”，才能保证程序的正常运行。

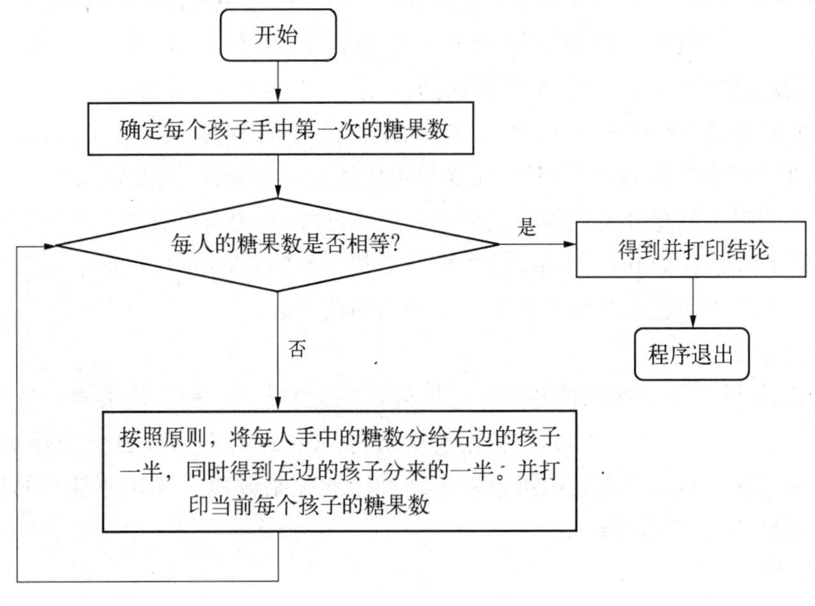

图 1－24　分糖流程图

(3) 每个函数的定义规范如下：

```
函数类型　函数名(函数参数)
{
        函数体
}
```

例如有函数定义：int judge(int c[ ])　{……}

其中 int 为“函数类型”，表示函数运行结束后会产生一个整数结果。judge 为“函数名”，程序设计者自己命名，命名尽可能表义，如 judge 一看就知道它是一个具备“判断”功能的函数。int c[ ]为“函数参数”，用来描述函数需要的外部数据，是函数运行时的外部数据入口。

函数体是每个函数的主体部分，由各种不同的语句构成，“语句”是构成函数的重要组成单位。

4. 语言程序的功能

理解了 C 语言程序的框架结构，那么每个函数的内部又是如何构成的呢？

有些情况下编程的目的就是为了减轻人工机械劳动的负担，让计算机帮助人类完成一些想得到但是人工实现很繁琐的工作。更进一步说，人们希望依赖计算机“吃苦耐劳”的精神让它按照自己的意愿帮助自己处理数据，所以，任何一种程序设计语言都具备数据表达和数据处理(流程控制)的能力，以便让计算机能够“知道”用户到底要做什么、怎么做。在 C 语言程序里，每个函数都是一个独立的模块，几乎每个模块都具备上述两种“能力”。下面我们以上述程序代码为例来解释这个“说法”。

(1) 数据表达。

世界上的数据多种多样，而语言本身的描述能力总是有限的。为了让程序设计语言能充分有效地表达各种各样的数据，一般都是将数据抽象成有限的类型。数据类型就是对某种有共同特点的数据集合的总称。

在程序设计语言中，一般都事先定义几种基本的数据类型供程序员直接使用。例如，分糖程序中的关键字 int 就代表了整型数据，此外在 C 语言中，还有 float、char 等另外几种基本的数据类型来代表实型(浮点型)和字符型等数据。

这些基本数据类型在程序中的具体对象主要有两种形式：常量(Const)和变量(Variable)。在程序中常量值是不变的，而变量可以通过一些操作，改变它的值。

此外，为了使程序员充分表达各种复杂的数据，程序设计语言会提供一些构造新的复杂一点的数据类型的手段，比如 int sweet[10]是一个整型数组(Array)，表示十个整数构成的一个数据集合，可以用来描述十个孩子各人手中当前的糖果数。

(2) 流程控制。

程序设计语言除了能表达各种各样的数据外，还必须提供一种手段来表达数据处理的过程，即程序的控制过程。当要解决的难题比较复杂时，程序的控制过程也会变得十分复杂。C 语言程序中，有 3 种基本的控制结构组合来实现程序的控制过程。这 3 种基本的控制结构就是顺序结构、选择结构和循环结构。

① 顺序结构。

一条语句完成后，按自然顺序执行下一条语句，没有任何选择、跳转或重复，按部就班地工作。

② 选择结构。

计算机在执行程序时，需要根据不同的条件来选择执行下一条语句，即判断某种条件，如果条件成立执行某个模块，否则就执行另一个模块。C 语言中的选择结构有 if-else 和 switch 两种。

③ 循环结构。

程序中有时需要反复执行的某些相同的处理过程，即重复执行某个模块，被称作循环结构。当然，重复执行某些模块也是有条件的，只有条件满足才重复执行，不满足循环即终止。C 语言中的循环结构有 for、while 和 do-while 三种。

5. 语言程序的编译和编程环境

(1) 程序的编译。

计算机硬件能理解的只有计算机的指令，用程序设计语言编写的程序不能被计算机直接"理解"。这就需要一个软件将相应的程序转换成计算机能直接理解的指令序列。对 C 语言等高级程序设计语言来说，就是编译器。编译器对源程序进行词法分析、语法分析等，最后才能生成可执行的代码。如果程序中有语法错误，编译器会直接指出语法错误，但对程序中的逻辑错误，比如语句执行的先后次序有误等错误，编译器肯定发现不了，需要编程人员通过调试程序才能发现。

(2) 编程环境。

编写一个程序需要做很多工作，包括编辑程序(Edit，写出源代码)、编译(Compile)和调试(Debug)等过程，所以，不同的程序设计语言都有自己相应的编程环境，其中都包含了相应的编译器。程序员可以直接在该环境中完成上述工作，提高编程效率。

支持语言的编程环境有很多，从历史悠久的 Turbo C，到支持界面编程的 BorlandC++和 VisualC++等编程环境，都兼容支持标准 C 语言程序。

(3) 程序运行。

上述十个孩子的分糖程序,在编程环境中编写—保存—编译—运行后得到的分糖结果如图1-25所示。

可以看出总共经过17次分糖过程,每个孩子手中的糖果数就一样多啦!最后每人手中都有18块糖。

实际上,生活中有很多有趣的例子和游戏都可以编程来解决。比如计算24点游戏,还有各种屏幕保护程序等等都是用C语言编写的。

总的来说,如果要掌握一门程序设计语言,最基本的是要根据程序设计语言的语法要求,掌握表达数据、实现程序的控制方法和手段,并会使用编程环境进行程序设计。

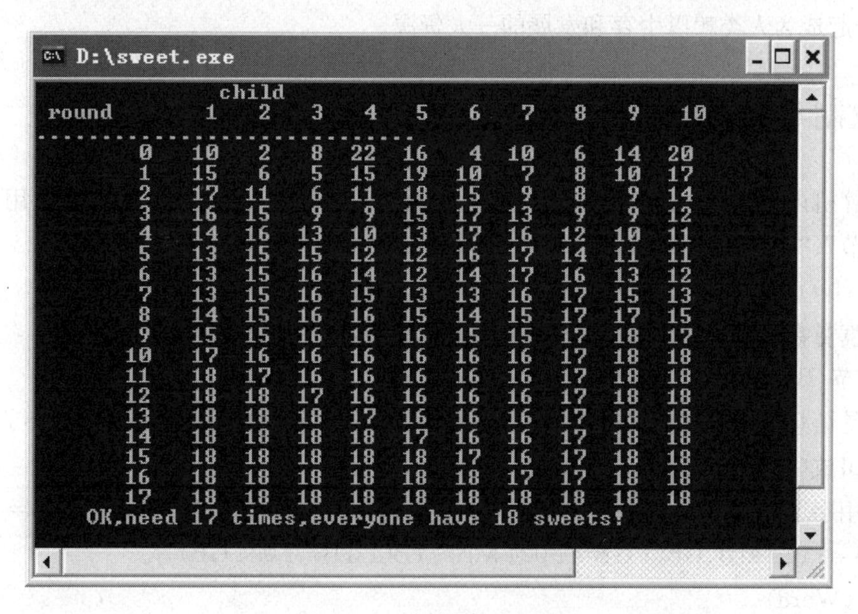

图1-25　分糖过程及结果

第2章 数制与编码

信息是表现事物特征的普遍形式，它能被人类感知。信息的形态包括文本、语音、音乐、图形、图像等都可以转换为二进制编码的数据形式，交给计算机处理。成为可利用的资源，与物质、能源一起成为人类赖以生存和发展的三大资源。

2.1 数制与编码概述

在计算机内部，各种信息都是以二进制的形式存储的，信息在计算机中常用的单位是“位”、“字节”、“字”等。

1. 位(bit)

位是度量数据的最小单位，表示一个二进制数字，常用小写的字母 b 表示。

2. 字节(Byte)

字节是信息组织和存储的基本单位，也是计算机体系结构的基本单位，一个字节由 8 位二进制数字组成(1 Byte=8 bits)，常用大写的字母 B 表示。

除了用字节作为表示容量的单位外，还会用到一些更大的单位，如 kB(1 kB=1 024 B)、MB(1 MB=1 024 kB)、GB(1 GB=1 024 MB)、TB(1 TB=1 024 GB)等。

3. 字(Word)

字是计算机存储、传送、处理数据的信息单位，一个字包含的二进制位数称为字长。字长是 CPU 在一次操作中能够处理的最大数据单位，它代表了机器的精度，也体现了一条指令所能处理数据的能力，是计算机硬件设计的一个指标。字长总是字节的 2^k($k=0,1,2,3,\cdots$)倍，如 2 字节 16 位、4 字节 32 位或 8 字节 64 位等。

2.2 数制

数制也称计数制，是用一组固定的符号和统一的规则来表示数值的方法。人们通常采用的数制有十进制、二进制、八进制和十六进制。

2.2.1 进位计数制与数制转换

1. 进位计数制的表示

任何一个进位计数制所表示的数，都可以表示为可用的数码与位权的乘积和。计算机中用的是二进制数，它有两个数码 0 和 1，逢二进一。与十进制数相似，当数码出现在二进制数的不同位置时，对应不同的值，该值是它本身的数码再乘上以基数为底的权值。

例如：$101.011\,B=1\times2^0+0\times2^1+1\times2^2+0\times2^{-1}+1\times2^{-2}+1\times2^{-3}$

用一个通用表达式来表示二进制数，则：

$$S_B = K_nK_{n-1}\cdots K_1K_0K_{-1}K_{-2}\cdots K_{-m} = \sum_{i=n}^{-m} K_i \times 2^i$$

其中 S_B为二进制表示的实际值，K_i 可以是 0 或 1；2 是二进制基数，2^i 为 K_i 在第 i 位的权值。

其他进制数，比如八进制数，需要有 0～7 这 8 个数码来表示，逢八进一，基数为 8。而十六进制，则逢十六进一，基数为 16，它的数码除了 0～9 这 10 个符号外，还要动用 A、B、C、D、E、F 这 6 个字符。

表示任意进制数的通用表达式为：

$$S = \sum_{i=n}^{-m} K_i \times R^i$$

式中，R 表示进制的基数，K_i 表示 R 进制数中的一个数码，R^i 为第 i 位的权值，而 n 、m 为整数。同一个数在不同的进位制中会表现出不同的形式。表 2－1 列出常用数制下 0～16 的不同表达形式。

表 2－1　常用数制对照表

十进制数	二进制数	八进制数	十六进制数	十进制数	二进制数	八进制数	十六进制数
0	0	0	0	9	1001	11	9
1	1	1	1	10	1010	12	A
2	10	2	2	11	1011	13	B
3	11	3	3	12	1100	14	C
4	100	4	4	13	1101	15	D
5	101	5	5	14	1110	16	E
6	110	6	6	15	1111	17	F
7	111	7	7	16	10000	20	10
8	1000	10	8				

计算机在目前的条件下，采用二进制数，是因为二进制数容易实现，节约设备，运算简单，运行可靠，逻辑运算方便。

标识一个数的进位计数制有两种方式。一种是将要表示的数用括号括起来后，用一个表示进制的数作为下标来表示，如 $(10110.1101)_2$ 表示一个二进制数。另一种是在数的后面直接跟上一个大写的字母来表示进位计数制，大写字母对应的进制分别为：B 表示二进制，Q(或 O)表示八进制，D 表示十进制，H 表示十六进制，如 2EA6H 表示一个十六进制数 2EA6。一般，表示十进制数的字母 D 可以省略。

2. 数制转换

(1) 二进制与十进制之间的转换。

对二进制数求其等值十进制数，只需按上述二进制数展开规则，直接计算其和便可。

例如：$(110.111)_2 = 0\times2^0+1\times2^1+1\times2^2+1\times2^{-1}+1\times2^{-2}+1\times2^{-3}$

$$= 0+2+4+0.5+0.25+0.125=(6.875)_{10}$$

对十进制数求其等值二进制数，则要将十进制数的整数部分和小数部分分别考虑。整数部分采取“除二取余法”，得到的商再除以2，依次进行，直到最后的商等于0。先得到的余数为低位，后得到的余数为高位。而小数部分采取“乘二取整法”，乘积的小数部分继续乘2，依次进行，直到乘积的小数部分为0或达到要求的精度为止。先得到的整数为高位，后得到的整数为低位。

例如：将十进制数13.375化为二进制数。

先考虑整数部分13；

除数	被除数	余数	位
2	13	余1	最低位
2	6	余0	
2	3	余1	
2	1	余1	最高位
	0		

得其对应的二进制整数为$(1101)_2$。

再考虑小数部分0.375，则

0.375 × 2 = 0.75	整0	最高位
0.75 × 2 = 1.5	整1	
0.5 × 2 = 1.0	整1	最低位

小数部分对应的二进制数为$(0.011)_2$。将整数部分和小数部分合起来，可以得到下面的结果：

$$(13.375)_{10}=(1101.011)_2$$

(2) 二进制与八进制、十六进制之间的互换。

虽然计算机只能识别二进制，但是人们阅读和表示二进制十分不便，由于八进制、十六进制与二进制之间存在简单的对应关系，于是，人们便使用八进制、十六进制来记述计算机中表示的二进制数。

八进制数有8个不同的数码，如果用二进制来表示，则3个二进制位正好能表达8种状态。同样十六进制数有16个不同数码，若用二进制来表示，正好对应于4个二进制位。所以，一个八进制数在转换为二进制数时，只要将八进制数的每1位分别转换成对应的3位二进制数，其顺序不变。同理，将十六进制数转换为二进制数时，只要分别转换成对应的4位二进制数即可。

反之，一个二进制数用八进制表示时，将二进制数从小数点开始，整数部分向左、小数部分向右每3位一段分段，位数不足补零(整数部分补在有效数字的左边，小数部分补在有效数字的右边)，每段用一个八进制数码表示即可。同理一个二进制数用十六进制表示时，将二进制数从小数点开始，整数部分向左、小数部分向右每4位一段分段，位数不足补零(整数部分补在有效数字的左边，小数部分补在有效数字的右边)，每段用一个十六进制数码表示即可。

例如：730Q=111 011 000B

A58H=1010 0101 1000B

例如：101010.01B=101 010.010B=52.2Q

101010.101B=0010 1010.1010B=2A.AH

2.2.2 二进制数的运算

1. 二进制数的算术运算

算术运算是指加、减、乘、除等四则运算，是计算机运算最基本的功能。再复杂的函数运算都能化成四则运算，例如：

$$e^x = 1 + x + \frac{x^2}{2!} + \frac{x^3}{3!} + \cdots$$

利用数值计算方法，把各种复杂的计算转化成基本运算方法即能完成计算任务。于是，代数方程组，微分方程组的求解或其他令人生畏的数学求解变得不再困难。

(1) 二进制数加法运算法则。

0+0=0，1+0=0+1=1，1+1=10(向高位进位)

例如：

```
      110
  +)  1011
  ---------  进位 111
     10001
```

(2) 二进制数减法运算法则。

0−0=1−1=0，1−0=1，0−1=1(向高位借位)

例如：

```
      11000011
  −)  00101101
  -------------  借位  1111
      10010110
```

(3) 二进制数乘法运算法则。

0×0=0×1=1×0=0，1×1=1

算式省略，有兴趣的读者可以自行试算。

(4) 二进制数除法运算法则。

$$0 \div 1=0,\ 1 \div 1=1(1 \div 0 \text{ 或 } 0 \div 0 \text{ 无意义})$$

算式省略，有兴趣的读者可以自行试算。

实际上，在计算机的运算器中，减法是通过负数的加法来实现，同理，可以将乘法和除法转化为二进制的加法运算来实现。因此，二进制数的加法运算是计算机中最基本的运算。

2. 二进制数的逻辑运算

逻辑运算是对逻辑变量作“与”、“或”、“非”、“异或”等逻辑运算。逻辑变量只能取“1”、“0”两值，前者表示真，命题成立，后者表示假，命题错误。逻辑运算的输入和输出关系(运算规则)用真值表(Truth table)表示。见表 2-2～表 2-5。

表 2-2　与(∧)运算

输入 A	输入 B	输出 A∧B
0	0	0
0	1	0
1	0	0
1	1	1

表 2-3　或(+)运算

输入 A	输入 B	输出 A+B
0	0	0
0	1	1
1	0	1
1	1	1

表 2-4　非(—)运算

输入 A	输出 $\overline{A}$
0	1
1	0

表 2-5　异或(⊕)运算

输入 A	输入 B	输出 A⊕B
0	0	0
0	1	1
1	0	1
1	1	0

2.2.3　数制转换案例

为了使学生可以更清晰地理解二进制与十进制的关系，编者编写了一些进制转换程序，供练习体会。

1. 翻牌游戏

以 4 位二进制为例，二进制值从 0000 到 1111，共 4 个位码，每个位码可取 0 或 1。考虑使用 4 张游戏牌对应 4 个位码，牌的反面对应二进制码 0，正面对应二进制码 1，则 4 张游戏牌面依次为“反反反反”时对应二进制“0000”，牌面为“正正反正”时对应二进制“1101”，依此类推。

由于 4 张游戏牌的位置不同，正面时表示的数值大小(权重)也不同，最左边的牌为正面时表示的数值为 $1\times2^3=8$，而最右边的牌为正面时表示的数值为 $1\times2^0=1$。将牌正反面表示的数值计算好写在牌面上，可以设计出 4 张特别的牌面图案，如图 2-1 所示。

以二进制“1110”为例，转换为十进制，有：

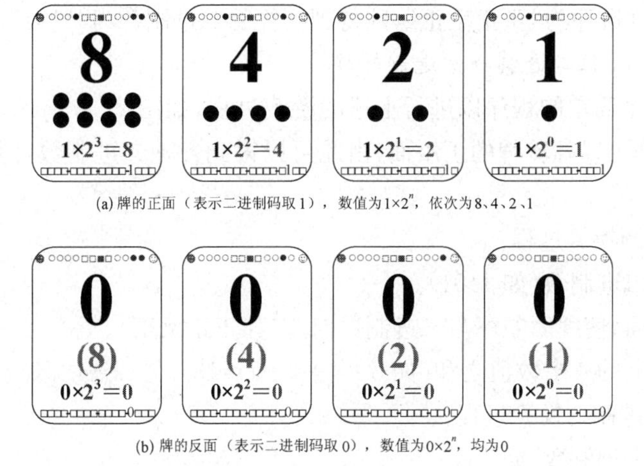

(a) 牌的正面（表示二进制码取1），数值为1×2^n，依次为8、4、2、1

(b) 牌的反面（表示二进制码取0），数值为0×2^n，均为0

图 2－1 游戏牌的图案设计

$$(1110)_2 = 1\times2^3 + 1\times2^2 + 1\times2^1 + 0\times2^0 = 8+4+2+0 = (14)_{10}$$

二进制“1110”对应的游戏牌面为“正正正反”，如图 2－2 所示，最右边牌翻到反面，其余牌翻到正面，得到牌面结果如图所示，牌面上的数值依次为 8、4、2、0，相加得到结果 14。

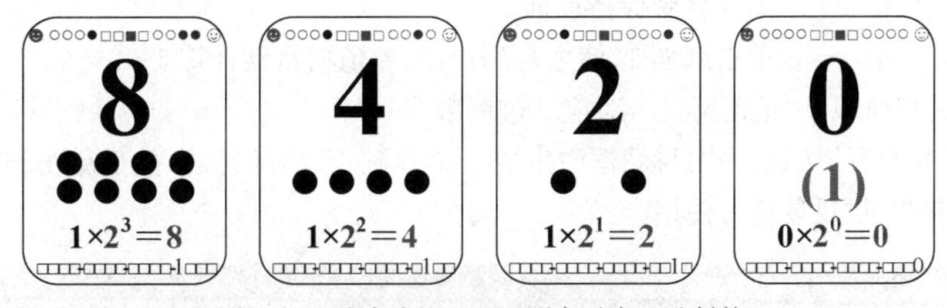

图 2－2 游戏牌的正反面顺序对应二进制数

总结翻牌游戏的二进制换算过程(以二进制数 1110 为例)：

(1) 将设计好的游戏牌置于桌面上，游戏牌的正面依次为 8、4、2、1，反面均为 0。

(2) 给定一个 4 位的二进制数(例如 1110)，将其与 4 张游戏牌相对应，0 对应牌翻到反面，1 对应游戏牌正面(例如正正正反)。

(3) 将游戏牌面上的数值相加(例如 8＋4＋2＋0＝14)，结果即为换算得到的十进制数。

反过来，将十进制数换算为二进制数，可以类似进行(以十进制数 13 为例)：

(1) 将设计好的游戏牌置于桌面上，游戏牌的正面依次为 8、4、2、1，反面均为 0。

(2) 开始时，所有牌先翻到反面，表示初始二进制数“0000”。

(3) 给定一个 0 到 15 的十进制数，如 13。

(4) 比较该数 13 与最左边牌正面时的数值 8，由于 13≥8，最左边权重为 8 的牌翻到正面，由于 8 已表示，计算余下的数值为 13－8＝5。

(5) 继续比较余下的数 5 与第 2 张牌上的数值 4，由 5≥4，故第 2 张牌也翻到正面，继续计算余下的数值为 5－4＝1。

(6) 继续比较余下的数 1 与第 3 张牌的数值 2，由 1＜2，保持第 3 张牌为反面。

(7) 再继续比较上步余下的数 1 与最右边牌的数值 1，由 1＝1，最右边牌翻到正面，计算余下的数值为 1－1＝0(最终余下的数值必须正好为 0)。

(8) 桌面上牌面顺序为“正正反正”,则得到换算的二进制数为“1101”。

2. 练习程序一,4 位二进制→十进制转换

笔者设计了一个简单的程序以进行上述的游戏过程,如图 2-3 所示,图示下方表示 4 张游戏牌,单击游戏牌可以翻转牌的正反面,由此可以得到各种二进制数,图示的第 2 行同步计算出各进制数值。

二进制→十进制换算过程:

(1) 给定一个二进制数(如 1101)。

(2) 单击各牌面,使牌面顺序与二进制数对应(如正正反正)。

(3) 计算牌面上的 4 个数值之和(如 8+4+0+1=13)。

十进制数→二进制的换算过程:

(1) 给定一个十进制数,如 13。

(2) 在图示第 1 行的目标文本框中输入十进制数并回车。

(3) 所有游戏牌自动翻为反面,显示当前数值为 0,差值为 13。

(4) 由 13≥8,单击牌面 8,使之翻到正面,差值框自动计算 13-8=5。

(5) 由差值框 5≥4,单击牌面 4,使之翻到正面,差值框自动计算 5-4=1。

(6) 由差值框 1<2,第 3 张牌保持反面。

(7) 由差值框 1=1,单击牌面 1,使之翻到正面,差值框自动计算 1-1=0。

(8) 得到牌面顺序“正正反正”,对应二进制数“1101”。

单击“随机目标”按钮,在“目标”框中生成一个 0 到 15 的随机数,然后单击游戏牌面将其换算为二进制数,供反复练习使用。

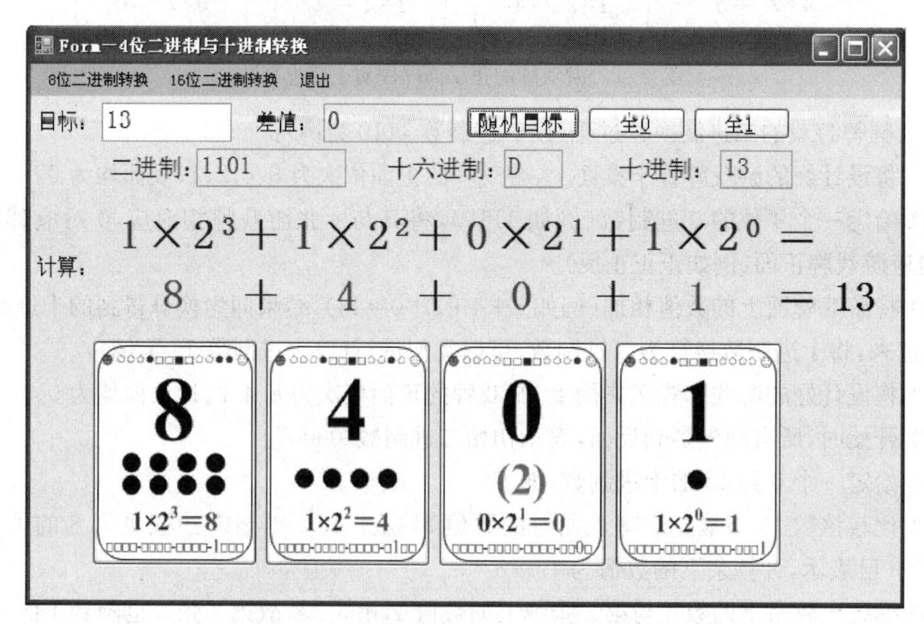

图 2-3 二进制(4 位)与十进制换算程序

3. 练习程序二,8 位二进制→十进制转换

8 位二进制数可以表示 0 到 255 的整数,练习程序如图 2-4 所示,包含 8 张游戏牌,以 4 张游戏牌为一组,第 1 排的 4 张牌对应低 4 位二进制(权重 8、4、2、1),第 2 排的 4 张牌对应高

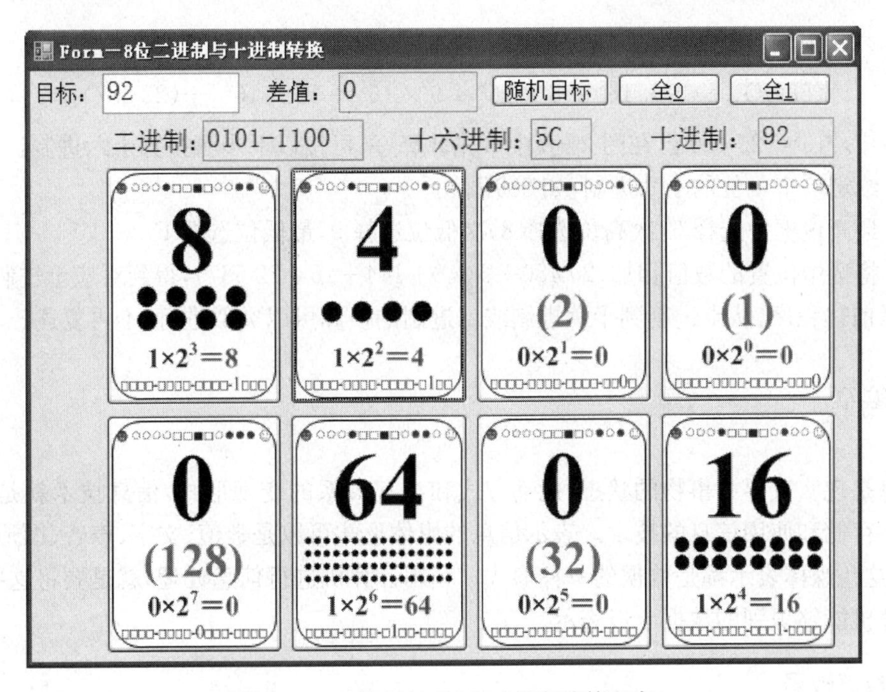

图 2-4　二进制(8位)与十进制换算程序

4位二进制(权重128、64、32、16)。使用该程序进行8位二进制的换算。

4. 练习程序三,4位十六进制→16位二进制→十进制转换

由于 $16=2^4$,每4位二进制对应一位十六进制,即4位二进制对应1位十六进制,8位二进制对应2位十六进制,16位二进制对应4位十六进制。计算机中8位、16位、32位二进制的使用频率较高,为了书写与记忆方便,常用对应的十六进制表示。

Form一16位二进制、4位十六进制与十进制转换

目标：22687　差值：0　随机目标　全0　全1

二进制：0101-1000-1001-1111

十六进制：589F　十进制：22687

二进制	16进制最高位	16进制次高位	16进制次低位	16进制最低位
0000	0□□□=0	□0□□=0	□□0□=0	□□□0=0
0001	1□□□=4096	□1□□=256	□□1□=16	□□□1=1
0010	2□□□=8192	□2□□=512	□□2□=32	□□□2=2
0011	3□□□=12288	□3□□=768	□□3□=48	□□□3=3
0100	4□□□=16384	□4□□=1024	□□4□=64	□□□4=4
0101	5□□□=20480	□5□□=1280	□□5□=80	□□□5=5
0110	6□□□=24576	□6□□=1536	□□6□=96	□□□6=6
0111	7□□□=28672	□7□□=1792	□□7□=112	□□□7=7
1000	8□□□=32768	□8□□=2048	□□8□=128	□□□8=8
1001	9□□□=36864	□9□□=2304	□□9□=144	□□□9=9
1010	A□□□=40960	□A□□=2560	□□A□=160	□□□A=10
1011	B□□□=45056	□B□□=2816	□□B□=176	□□□B=11
1100	C□□□=49152	□C□□=3072	□□C□=192	□□□C=12
1101	D□□□=53248	□D□□=3328	□□D□=208	□□□D=13
1110	E□□□=57344	□E□□=3584	□□E□=224	□□□E=14
1111	F□□□=61440	□F□□=3840	□□F□=240	□□□F=15

图 2-5　二进制(16位)、十六进制(4位)与十进制换算程序

以十六进制 589F 为例，有：

$$(589F)_{16} = 5 \times 16^3 + 8 \times 16^2 + 9 \times 16^1 + 15 \times 16^0 = (22\,687)_{10}$$

其中 $5 \times 16^3 = 20\,480$ 已在图 2-5 中事先计算好，可按以下步骤换算十六进制：

(1) 给定一个 4 位的十六进制，如 589F。

(2) 最高位框中选择 5，次高位选择 8，次低位选择 9，最低位选择 F。

(3) 将选中位置的数值相加(20 480＋2 048＋144＋15＝22 687)，得到对应十进制数。

参考前述程序，从十进制到十六进制或二进制的换算可以类似进行，不再复述。

2.3 编码

信息是现实世界中事物的状态、运动方式和相互关系的变现形式，信息技术就是获取、处理、传递、存储和使用信息的技术。表示信息的媒体形式可以是数值、文字、声音、图形、图像和动画等，这些媒体表示都是数据的一种形式。利用计算机进行信息处理，就是要将这些媒体形式用计算机能够识别的数据予以表示。

2.3.1 数值数据

计算机处理的数据既有数值数据也有非数值数据，对数值数据，计算机采用的是二进制数字系统，而对非数值数据，如各种符号、字母以及字符等，计算机采用特定的二进制编码来表示。这种对数据进行编码的规则，称为码制。

1. 原码、反码和补码

对数值数据，计算机内部都是采用二进制来表示的，但数有正负之分，就需要在数值位的前面设置一个符号位，用“0”表示正，用“1”表示负。在计算机中有多种符号位和数值位一起编码的方法，常用的有原码、反码、补码。

原码的编码规则是：符号位用“0”表示正，用“1”表示负。数值部分用二进制的绝对值表示。

反码的编码规则是：正数的反码是其原码，负数的反码则符号位为“1”，数值部分是对应的原码按位取反。

补码的编码规则是：正数的补码是其原码，负数的补码则是其反码再加 1。

例如：两个整数的加减法运算。计算机内的整数，都用补码表示。

如用两字节存放数值，其中最高位为符号位，则 42－84 用补码表示为：

42 的补码是

0000 0000	0010 1010

－84 的补码是

1111 1111	1010 1100

42－84 的运算，是 42 的补码加上－84 的补码运算，得到结果：

1111 1111	1101 0110

结果便是−42的补码。

2. 定点表示与浮点表示

计算机中表示的数值如果采用固定小数点位置的方法则称为定点表示，定点表示的数值有两种：定点整数和定点小数。如图2－6和图2－7所示。采用定点数表示的优点是数据的有效精度高，缺点是数据的表示范围小，如用16位表示定点整数，则整数的有效范围：$-(2^{15}-1)\sim(2^{15}-1)$。

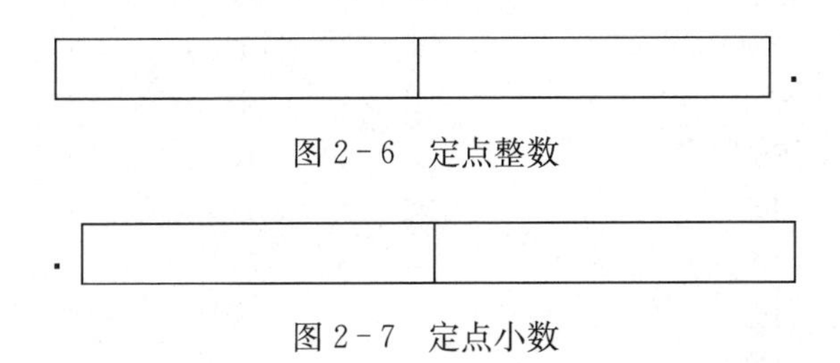

图2－6　定点整数

图2－7　定点小数

为了能表示更大范围的数，数学上通常采用“科学计数法”，即把数据表示成纯小数乘10的幂的形式。计算机数据编码中则可以把表示这种数据的代码分成两段：一段表示数据的有效数值部分，另一段表示指数部分，即表示小数点的位置。当改变指数部分的数值时，相当于改变了小数点的位置，即小数点是浮动的，因此称为浮点数。计算机中称指数部分为阶码，数值部分为尾数，如图2－8所示。通常阶码用定点整数表示，尾数用定点小数表示。

阶符	阶码值	尾符	尾数值
（阶码）		（尾数）	

图2－8　浮点数表示

2.3.2　西文字符

目前对非数值数据使用最广泛的编码是美国标准信息交换码（American Standard Code for Information Interchange），简称ASCII码。ASCII码是用七位二进制数来进行编码的。这样可以表示128种不同的字符。在这128个字符中，包括0～9，52个大小写英文字母，32个标点符号和34个不可打印或显示的控制代码，每个字符在计算机内正好占用一个字节8个二进制位中的7位，最高位不用，如表2－6所示。

从码表中可以得知，字母A对应的ASCII码为1000001（41H）、字母a对应的ASCII码为1100001（61H）。

表2－6　ASCII码表

	000	001	010	011	100	101	110	111
0000	NUL	DLE	SP	0	@	P	、	p
0001	SOH	DC1	!	1	A	Q	a	q
0010	STX	DC2	“	2	B	R	b	r
0011	ETX	DC3	#	3	C	S	c	s
0100	EOT	DC4	$	4	D	T	d	t

（续表）

	000	001	010	011	100	101	110	111
0101	ENQ	NAK	%	5	E	U	e	u
0110	ACK	SYN	&	6	F	V	f	v
0111	BEL	ETB	‘	7	G	W	g	w
1000	BS	CAN	(	8	H	X	h	x
1001	HT	EM	)	9	I	Y	i	y
1010	LF	SUB	*	：	J	Z	j	z
1011	VT	ESC	+	；	K	[	k	{
1100	FF	FS	‘	<	L	\	l	|
1101	CR	GS	—	=	M	]	m	}
1110	SO	RS	.	>	N	↑	n	～
1111	SI	US	/	?	O	↓	o	DEL

2.3.3 汉字编码

我国是使用汉字的国家，汉字信息处理的首要任务就是要解决汉字在计算机中如何用二进制代码来表示(汉字编码)，其次要解决汉字如何输入以及汉字如何输出的问题。由于目前微机的输入设备主要是键盘，因此人们首先研究了各种从计算机键盘输入汉字的方法，同样为了能在屏幕显示汉字，人们首先考虑如何用“描点”的方式将汉字显示出来。

每一个汉字从键盘输入，到汉字在计算机内的存储和处理，再到屏幕上输出有各种字体的汉字字形，其中要经过一系列的处理和转换。计算机在处理汉字信息过程中的转换和处理过程可用如下流程表示：

$$\text{汉字}\xrightarrow{\text{输入}}\text{汉字输入码}\xrightarrow{\text{转换}}\text{机内码}\xrightarrow{\text{转换处理}}\text{地址码}\xrightarrow{\text{处理}}\text{字形码}\xrightarrow{\text{输出}}\text{汉字}$$

1. 国家标准 GB2312—1980(信息交换用汉字编码字符集基本集)

1980 年我国颁布的第一个汉字编码字符集标准，简称 GB2312—80 或 GB2312，它是现在所有简体汉字系统的基础，GB2312 共有字符 7 445 个，其中汉字占 6 763 个，图形符号 682 个。在计算机内存储时采用双字节编码方式。

GB2312—80 规定，所有的国标汉字与符号组成一个 94×94 的矩阵，在此方阵中的每一行称为一个“区”，每一列称为一个“位”，每个“区”和“位”的编号分别为 01～94，因此任意一个国标汉字都有一个确切的区号和位号相对应。

GB2312 的汉字编码方案为：

① 01～09 区：图形符号，共 682 个，如数学序号符、日文假名、表格符号等。

② 16～55 区：一级汉字字符，共 3 755 个常用汉字，按拼音/笔形顺序排列。

③ 56～86 区：二级汉字字符，共 3 008 个次常用汉字，按部首/笔画顺序排列。

④ 10～15 区以及 87～94 区：空白位置，用于扩展及用户造字范围。

鉴于汉字数量众多，为避免与 ASCII 基本集冲突，机内码两个字节均取码 A1 到 FE。区位码主要用于定义汉字编码，机内码可直接用于计算机的信息处理。

(1) 区位码。

将汉字在 GB2312 中的区号和位号直接转换为二进制后各使用一个字节表示，每个字节各有 94 种码选。如“啊”字位于 16 区 01 位，则其对应的区位码为 1601。

(2) 机内码。

也称内码，由两个字节组成，分别称为机内码的高位字节和低位字节，与区位码有对应关系：机内码高位字节＝区码＋A0H，机内码低位字节＝位码＋A0H。如“啊”字的区码是 10H，位码是 01H，则机内码的首字节为 10H＋A0H＝B0H，次字节为 01H＋A0H＝A1H，因此“啊”字的机内码为 B0A1。

2. BIG5 码(大五码)

BIG5 是通行于台、港、澳地区的一个繁体字编码方案(事实上的标准)。BIG5 码也是双字节编码方案，首字节在 A0 到 FE 之间，次字节在 40 到 7E 和 A1 到 FE 之间。共收录 13 461 个汉字和符号，按照首字节分三个区，包括：

(1) A1 到 A3：符号，408 个。

(2) A4 到 C6：常用汉字，5 401 个。

(3) C9 到 F9：次常用字，7 652 个。

3. GBK 码(汉字内码扩展规范)

GB2312—80 仅收汉字 6 763 个，远不够日常工作、生活应用所需，为了扩展汉字编码，以及配合 Unicode 的实施，中国信息化技术委员会于 1995 年 12 月 1 日制订颁布了 GBK(汉字内码扩展规范，GB 即国标，K 是扩展的汉语拼音第一个字母)，并在 Microsoft Windows 9x/Me/NT/2000/XP、IBM OS/2 的系统中广泛应用。GBK 向下与 GB2312 完全兼容，向上支持 ISO10646 国际标准。GBK 共收入 21 886 个汉字和图形符号，收录包括了 GB2312、BIG5、CJK 中的所有汉字及符号。GBK 采用双字节表示，总体编码范围为 8140～FEFE 之间，首字节在 81～FE 之间，次字节在 40～FE 之间，剔除 xx7F 一条线。GBK 总设计了 23 940 个码位，编码排列包括：

(1) GB2312 兼容符号区，GBK/1，A1A1～A9FE(GB2312 的 01～09 区)，共 717 个。

(2) GB2312 兼容汉字区，GBK/2，B0A1～F7FE(GB2312 的 16～87 区)，共 6 763 个。

(3) GB2312 兼容空白区，AAA1～AFFE 与 F8A1～FEFE(GB2312 的 10～15 区与 88～94 区)。

(4) 扩展汉字区，GBK/3，8140～A0FE，收录 CJK 汉字 6 080 个。

(5) 扩展汉字区，GBK/4，AA40～FEA0，收录 CJK 汉字和增补的汉字 8 160 个。

(6) 扩展符号区，GBK/5，A840～A9A0，收录扩展的非汉字符号，共 166 个。

(7) 扩展空白区，A140～A7A0，该区限制使用，不排除未来在此增补新字符的可能性。

4. 国家标准 GB18030—2000(信息技术信息交换用汉字编码字符集基本集的扩充)

GB18030—2000 编码标准是在原来的 GB2312 和 GBK 编码标准的基础上进行扩充，增加了四字节部分的编码。总编码空间超过 150 万个码位，目前收录了 27 484 个汉字，包括 GB2312、GBK、CJK 及其扩充 A 的全部字符。随着中国汉字整理和编码研究工作的不断深入，以及国际标准 ISO/IEC 10646 的不断发展，GB18030 所收录的字符将在新版本中增加。GB18030 是 GBK 的超集，并且兼容 GBK。

GB18030 标准采用单字节、双字节和四字节 3 种方式对字符进行编码：

(1) 单字节。使用 00～7F，即 ASCII 基本码。

(2) 双字节。首字节从 81～FE，次字节是 40～7E 和 80～FE，即 GBK 编码。

(3) 四字节。第一、三字节为 81～FE，第二、四字节采用 30～39，以避免与双字节方式冲突，其范围为 81308130～FE39FE39。

5. 国际标准 ISO10646.1 和 Unicode、国家标准 GB13000.1—1993

为了统一全世界所有字符集(包括原西方以 ASCII 码为核心的各语种、中日韩等象形文字、阿拉伯语、泰国语等世界其他语种、数学和科学等图形符号)，国际标准化组织 ISO 于 1992 年通过 ISO10646 标准，它与 Unicode 组织的 Unicode 编码完全兼容。ISO10646.1 是该标准的第一部分《体系结构与基本多文种平面》。我国 1993 年以 GB13000.1 国家标准的形式予以认可(即 GB13000.1 等同于 ISO10646.1)。

ISO10646 的字符集称为 UCS(通用多八位编码字符集，Universal Multiple — Octet Coded Character Set)，用来实现全球所有文种的统一编码。该标准被广泛应用于表示、传输、交换、处理、储存、输入及显现世界上各种语言的书面形式以及附加符号。

中日韩统一表意文字(CJK Unified Ideographs)，目的是要把分别来自中、日、韩等国使用的汉字采用 ISO10646 及 Unicode 标准赋予相同编码。采用双字节形式。共有 65 536 个码位，定义了几乎所有上述国家或地区的语言文字和符号。其中从 0x4E00 到 0x9FA5 的连续区域包含了 20 902 个来自中国、日本、韩国的汉字，称为 CJK (Chinese Japanese Korean) 汉字。CJK 是《GB2312—80》、《BIG5》等字符集的超集。

6. 汉字输入编码

汉字输入的目的是使计算机能够记录并处理汉字，目前，汉字输入方法可分类两大类：键盘输入法和非键盘输入法。

(1) 键盘输入法。

键盘输入法，就是利用键盘，根据一定的编码规则来输入汉字的一种方法。目前常用输入法有以下几类：对应码、音码、形码、音形码等。

(2) 非键盘输入法。

除了键盘输入法外，所有不通过键盘的输入法统称为非键盘输入法，其特点是使用简单，但都需要特殊设备支持。目前常用输入法有以下几类：手写输入法、语音输入法、OCR 输入等。

7. 汉字字模信息

为了在屏幕上显示字符或用打印机打印汉字，还需要建立一个汉字字模库。字模库中所存放的是字符的形状信息。它可以用二进制“位图”即点阵方式表示，也可以用“矢量”方式表示。位图中最典型的是用“1”来表示有笔画经过，“0”表示空白，如图 2-9 所示。位图方式占存储量相当大，例如，采用 64×64 点阵来表示一个汉字(其精度基本上可以提供给激光打印机输出)，则一个汉字占 64×64÷8=512 字节=0.5 kB，一种字体(例如宋体)的一二级国标汉字(6 763 个)所占的存储量为 0.5kB×6 763=3 384 kB，接近3.4 MB。由于汉字常用的字体种类多，字模库所占的存储量是相当大的。

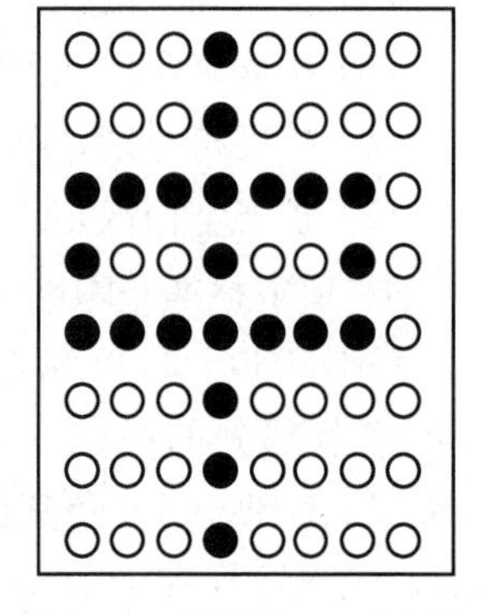

图 2-9 “中”的 8×8 字模

2.3.4 多媒体信息编码

除了数值和文字通过编码的方式存入计算机进行处理外，其他所有需要利用计算机进行处理的信息都需要经过编码才能为计算机所接受和处理。声音、图形、图像等各种多媒体信息也都需要采用相应的编码技术进行编码，由于多媒体信息的信息量巨大，直接存储会占用很多空间，而且其中含有大量重复数据，不仅浪费时间，还会带来经济上的损失，因此需要采用相应的压缩技术对多媒体信息进行压缩和还原处理。

习　　题

一、单选题

1. 计算机进行数据处理时，数据在计算机内部都是以________代码表示。

A. 十进制　　B. 十六进制　　C. 二进制　　D. 八进制

2. 以下数字哪一个为最大________。

A. 1256H　　B. 3246Q　　C. 3246D　　D. 10001100B

3. 人们通常用十六进制而不用二进制书写计算机中的数，理由有________。

A. 十六进制的运算规则比二进制简单　　B. 十六进制的书写表达比二进制方便

C. 十六进制表达的范围比二进制大　　D. 计算机内部采用的是十六进制

4. 十六进制数 A22 转换成十进制数和二进制数分别是________。

A. 2594 和 101000100010　　B. 2594 和 0010010110010100

C. 2338 和 101000100010　　D. 1842 和 0010010110010100

5. 十进制数 13.375 转换成十六进制数是________。

A. 13.375　　B. C.B　　C. C.6　　D. D.6

6. ASCII 码是表示________的代码。

A. 汉字　　B. 汉字与西文字符

C. 西文字符　　D. 各种文字

7. 0011 逻辑或 0110 的结果为________。

A. 0111　　B. 1001　　C. 1000　　D. 0110

8. 0011 逻辑与 0110 的结果为________。

A. 0111　　B. 1001　　C. 1000　　D. 0010

9. 0011 逻辑异或 0110 的结果为________。

A. 0101　　B. 0000　　C. 1001　　D. 0110

10. 9 的反码是________。

A. 0000 0000 0000 1001　　B. 1111 1111 1111 0110

C. 1000 0000 0000 0011　　D. 0000 0000 0000 0110

11. −6 的补码是________。

A. 1111 1111 1111 0111　　B. 1111 1111 1111 1010

C. 0111 1111 1111 1001　　D. 1000 000 0000 0111

12. 在计算机内部采用的“浮点数”，如果要扩大它表示的数值范围，最有效的做法是________。

A. 增加阶码的位数　　B. 增加尾数的位数

C. 把阶码转换成十六进制　　D. 把阶码转换成十六进制

13. 关于汉字处理代码及其相互关系叙述中，________是错的。

A. 汉字输入时采用输入码　　B. 汉字库中寻找汉字字模时采用机内码

C. 汉字输出打印时采用点阵码　　D. 存储或处理汉字时采用机内码

14. ________是通行于台、港、澳地区的一个繁体字编码方案(事实上的标准)。

A. BIG5 码　　B. GB 码　　C. GBK 码　　D. UCS 码

15. 汉字国标码在两个字节中各占用________位。

A. 8　　B. 7　　C. 6　　D. 5

16. 在计算机内部，汉字的表示方法必然采用________。

A. 区位码　　B. 国标码　　C. ASCII 码　　D. 机内码

17. GBK 内码和 GB2312 内码的关系是________。

A. GBK 内码兼容 GB2312 内码　　B. GB2312 内码兼容 GBK 内码

C. GBK 内码与 GB2312 内码互不兼容　　D. GBK 内码与 GB2312 内码互相兼容

18. GB18030 采用________对字符编码。

A. 双字节　　B. 四字节

C. 单字节、双字节和四字节　　D. 双字节和四字节

19. 采用 64×64 点阵来表示一个汉字，则一种有 6 763 个汉字组成的字体文件所占的存储量约为________。

A. 6.8 M　　B. 3.4 M　　C. 1.7 M　　D. 5 M

20. 在计算机内，多媒体数据最终是以________形式存在的。

A. 二进制代码　　B. 特殊的压缩码　　C. 模拟数据　　D. 图形

二、多选题

1. 下列十进制数中，________可以用二进制表示。

A. 56　　B. 0　　C. 3.45　　D. −864

2. 八进制有八个不同的数码，以下________可以作为八进制的数码。

A. 0　　B. 3　　C. 7　　D. D

3. 以下关于汉字编码的说法中，________是正确的。

A. 区位码就是国际码　　B. 机内码就是国际码

C. 一个汉字的 GB 内码占两个字节　　D. 一个汉字的 GBK 内码占两个字节

4. 在 GB18030 中，可用________方式对字符编码。

A. 单字节　　B. 双字节　　C. 三字节　　D. 四字节

5. 关于汉字，以下说法正确的是________。

A. 汉字内码用于汉字在计算机内部的表示

B. 汉字字库用于显示汉字的形状

C. 汉字输入法是向计算机表示汉字的手段

D. 以上说法都不对

三、填空题

1. 将十进制数 8.875 转换为二进制数，是________。

2. 将十六进制数 3805 转换为十进制数，是________。

3. 将十六进制数 200 表示成十进制数是(用十进制阿拉伯数字表示)________。

4. 汉字输入、输出、存储和处理过程中所使用的汉字代码不相同。有用于汉字输入的输入码，用于计算机内部汉字存储和处理的________。

5. 汉字输入时采用________码。

6. 一个 GB 内码汉字在计算机内一般占用________个(用十进制阿拉伯数字表示)字节。

7. 如果一个汉字的 GBK 内码为 AAH，BBH，那么该汉字的 GB 内码的第一个字节为________H。

8. 目前的中文输入法可分为对应码、音码等，五笔型属于________码。

四、简答题

1. 简述计算机使用二进制数的原因？

2. 将下列二进制数转换成十进制数：

(1) 1101001.11010　(2) 0.110101

3. 将下列十进制数转换成二进制、八进制、十六进制数：

(1) 7862　(2) 73.432

4. 常用的输入法有哪些？如何使用快捷键进行输入法的切换？

第3章 计算机硬件系统

在20世纪中,信息技术无疑是发展最迅速的技术之一,而计算机技术的发展尤为重要。20世纪90年代以来,计算机新技术和大规模集成电路技术把计算机硬件的发展推向了新的高峰。不久的将来,随着新技术的发展,新一代计算机的研究将会使计算机的性能获得更大提升。

3.1 计算机的发展及现代应用

现代计算机问世之前,计算机的发展经历了机械式计算机、机电式计算机和萌芽期的电子计算机三个阶段。在这个过程中,科学家们经过了艰难的探索,发明了各种各样的"计算机",这些"计算机"顺应了当时的历史发展,发挥了巨大的作用,推动了计算机技术的不断发展。

3.1.1 计算机的发展史

1. 机器计算的由来

今天的计算机有一个十分庞大的家谱。最早的计算设备可以追溯到古希腊、古罗马和中国古代。

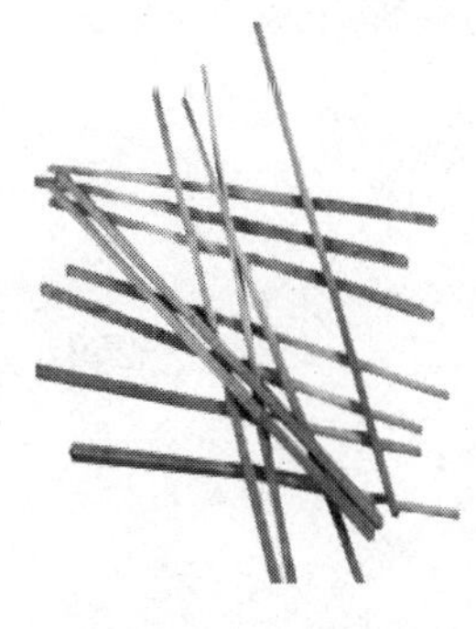

图3-1 算筹

算筹,又称筹、策、算子等,如图3-1,是中国古代劳动人民用来记数、列式和进行各种数式演算的工具,如成语"运筹帷幄"中的"筹"指的就是算筹。算盘是由古代的算筹演变而来的,素有"中国计算机"之称。直到今天,算盘仍是许多人喜爱的计算工具。

1623年,德国科学家契克卡德(W. Schickard)为天文学家开普勒(Kepler)制作了一台机械计算机,如图3-2。这台机械计算机能做6位数加减法,还能做乘除运算。契克卡德一共制作了两台原型机,遗憾的是现在不知在哪里,留给后人的只有契克卡德的设计示意图。法国科学家布莱斯·帕斯卡(Blaise Pascal)是目前公认的机械计算机制造第一人。帕斯卡先后做了三个不同的模型,1642年,他所做的第三个模型"加法器"获得成功。帕斯卡的"加法器"向人们揭示了:用一种纯粹的机械装置去代替人的思考和记忆是完全可以做到的。1971年瑞士苏黎世联邦工业大学的尼克莱斯·沃尔斯(Niklaus Wirth)教授将自己发明的计算机通用高级程序设计语言命名为"Pascal语言",就是为了纪念帕斯卡在计算机领域中的卓越贡献。

德国著名数学家戈特弗里德·威廉·莱布尼兹(Gottfried Wilhelm Leibniz)发现了帕斯卡一篇关于"加法器"的论文,激发了他强烈的发明欲望,决心把这种机器的功能扩大为乘除运算。在巴黎，莱布尼兹在一些著名机械专家和能工巧匠的协助下，于1674年制造出了一台功能更完善的机械计算机，如图3-3。莱布尼兹为计算机增添了一种名叫“步进轮”的装置，使重复的加减运算转变为乘除运算。1700年，莱布尼兹从中国的“易图”(八卦)中受到启发，系统地提出了二进制的运算法则。虽然莱布尼兹自己的乘法器仍然采用十进制，但他率先为计算机的设计系统地提出了二进制的运算法则。

图3-2 世界上第一台机械式加法器

图3-3 莱布尼兹发明的机械计算机

英国剑桥大学著名科学家查理斯·巴贝奇(Charls Babbage)，如图3-4，在1822年研制出了第一台差分机，1833～1835年设计的分析机，具有齿轮式“存贮仓库”(Store)，“运算室”即“作坊”(Mill)，“控制器”，以及在“存贮仓库”与“作坊”之间传输数据的输入/输出部件。巴贝奇以他天才的思想，划时代地提出了类似于现代计算机的五大部件的逻辑结构。1847～1849年巴贝奇完成了21幅差分机改良版的构图，可以操作第七阶相差(7th order)及31位数字，可惜的是因为无人赞助，这台机器并没有最终完成。

图3-4 查理斯·巴贝奇

艾达·奥古斯塔(Ada Augusta)是计算机领域著名的女程序员，她是著名诗人拜伦的女儿，但她没有继承父亲的浪漫，而是继承了母亲的数学天赋。艾达在1843年发表了一篇论文，指出机器将来有可能被用来创作音乐、制图和在科学研究中运用。艾达为如何计算“伯努利数”写了一份规划，首先为计算拟定了“算法”，然后制作了一份“程序设计流程图”，被人们认为是世界上“第一个计算机程序”。1979年5月，美国海军后勤司令部的杰克·库帕(Jack Cooper)在为国防部研制的一种通用计算机高级程序设计语言命名时，将它起名为Ada，以表达人们对艾达的纪念和钦佩。

19世纪末，赫尔曼·霍列瑞斯(Herman Hollerith)首先用穿孔卡完成了第一次大规模的数据处理，制表机穿孔卡第一次把数据转变成二进制信息，这种用穿孔卡片输入数据的方法一直沿用到20世纪70年代，霍列瑞斯的成就使他成为了“信息处理之父”。1890年他创办了一家专业“制表机公司”，后来Flent兼并了“制表机公司”，改名为CTR(C代表计算机，T代表制表，R代表记时)，1924年CTR公司更名为IBM公司，专门生产打孔机、制表机等产品。

1873年，美国人鲍德温(F. Baldwin)利用齿数可变齿轮设计制造了一种小型计算机样机(工作时需要摇动手柄)，两年后专利得到批准，鲍德温便大量制造这种供个人使用的“手摇式计算机”。

1938年，在AT&T贝尔实验室工作的斯蒂比兹(G. Stibitz)运用继电器作为计算机的开关元件，设计出用于复数计算的全电磁式计算机，使用了450个二进制继电器和10个闸刀开关，由三台电传打字机输入数据，能在30秒钟算出复数的商，1939年，斯蒂比兹将电传打字机用电话线连接上纽约的计算机，异地操作进行复数计算，开创了计算机远程通信的先河。

图3-5　Z-3电磁式计算机

1938年，28岁的楚泽(K. Zuse)完成了一台可编程数字计算机Z-1的设计，由于没法买到合适的零件，Z-1计算机一直只是个实验用的模型，始终未能正式投入使用。1939年，楚泽用继电器组装了Z-2。1941年，楚泽的电磁式计算机Z-3完成，如图3-5，共使用了2 600个继电器，用穿孔纸带输入，实现了二进制程序控制，1945年建造了Z-4，1949年成立了“Zuse计算机公司”，继续开发更先进的机电式程序控制计算机。

在计算机发展史上占据重要地位、计算机“史前史”中最后一台著名的计算机，是由美国哈佛大学的艾肯(H. Aiken)博士发明的“自动序列受控计算机”，即电磁式计算机马克一号(Mark I)。

2. 以电子器件发展为主要特征的计算机的发展阶段

世界上第一台电子数字计算机于1946年2月诞生在美国宾夕法尼亚大学，它的名字叫ENIAC(Electronic Numerical Integrator and Calculator)，是由美国物理学家莫克利(John Mauchly)教授和他的学生埃克特(Presper Eckert)为计算弹道和射击特性表而研制的。它共用了近18 000个电子管，6 000个继电器，70 000多个电阻，10 000多只电容及其他器件，机器表面布满了电表、电线和指示灯，总体积约90立方米，重30吨，耗电174千瓦，机器被安排在一排2.75米高的金属柜里，占地170平方米，其内存是磁鼓、外存为磁带，操作由中央处理器控制，使用机器语言编程。ENIAC虽然庞大无比，但它的运算速度达到了5 000次/秒，可以在3/1 000秒时间内完成两个10位数的乘法，使原来近200名工程师用机械计算机需7～10小时的工作量，缩短到只需30秒便能完成。因此，人们公认，ENIAC的诞生开创了电子数字计算机时代，在人类文明史上具有划时代的意义。

从第一台电子数字计算机诞生到今天，时间走过了六十余个年头，计算机技术获得了迅猛的发展，功能不断增强，所用电子器件不断更新，可靠性不断提高，软件不断完善。人们回顾历史，列出了第一代、第二代、第三代、第四代计算机的特征，如表3-1所示。第四代以后如何划分，目前尚无明确定论，因为直到现在，计算机还在日新月异地发展着。计算机的性能价格比继续遵循着著名的摩尔定律：芯片的集成度和性能每18个月提高一倍。

表3-1　第一至第四代计算机主要特征

特　征	第一代 (1946～1956年)	第二代 (1955～1964年)	第三代 (1964～1970年)	第四代 (1971～　)
逻辑元件	电子管	晶体管	中小规模IC	VLSI
内存储器	汞延迟线、磁芯	磁芯存储器	半导体存储器	半导体存储器
外存储器	磁鼓	磁鼓、磁带	磁带、磁盘	磁盘、光盘
外部设备	读卡机、纸带机	读卡机、纸带机、电传打字机	读卡机、打印机、绘图机	键盘、显示器、打印机、绘图机

（续表）

特　征	第一代 （1946～1956年）	第二代 （1955～1964年）	第三代 （1964～1970年）	第四代 （1971～　）
处理速度	10^3～10^5 IPS	10^6 IPS	10^7 IPS	10^8～10^{10} IPS
内存容量	数kB	数十kB	数十kB～数MB	数十MB～数GB
价格/性能比	1 000美元/IPS	10美元/IPS	1美分/IPS	10^{-3}美分/IPS
编程语言	机器语言	汇编语言、高级语言	汇编语言、高级语言	高级语言、第四代语言
系统软件		操作系统	操作系统、实用程序	操作系统、 数据库管理系统
代表机型	ENIAC IBM 650 IBM 709	IBM 7090 IBM 7094 CDC 7600	IBM 360系列 富士通F230系列	大型、巨型计算机 微型、超微型计算机

3. 奠定现代计算机基础的重要思想和人物

在计算机科学与技术的发展进程中，以下一些人物及其思想是不能不提的，正是这些科学家们的重大贡献奠定了现代计算机科学与技术的基础。

英国数学家布尔(G. Boole)，布尔广泛涉猎著名数学家牛顿、拉普拉斯、拉格朗日等人的数学名著，并写下了大量笔记，这些笔记中的思想在1847年收录到他的第一部著作《逻辑的数学分析》中。1854年，已经担任柯克大学教授的布尔又出版了《思维规律的研究——逻辑与概率的数学理论基础》。凭借这两部著作，布尔建立了一门新的数学学科：布尔代数，构思了关于0和1的代数系统，用基础的逻辑符号系统描述物体和概念，这为今后数字计算机开关电路的设计提供了重要的数学方法。

美国数学家香农(C. Shannon)，如图3-6。香农于1938年第一次在布尔代数和继电器开关之间架起了桥梁，发明了以脉冲方式处理信息的继电器开关，从理论到技术彻底改变了数字电路的设计。1948年，香农写作了《通信的数学基础》，由于香农在信息论方面的杰出贡献，他被誉为“信息论之父”。1956年，香农参与发起了达特墨斯人工智能会议，率先把人工智能运用于计算机下棋，还发明了一个能自动穿越迷宫的电子老鼠，以此验证了计算机可以通过学习提高智能。

图3-6　香农

阿兰·图灵(Alan Turing)，1936年，他在一篇具有划时代意义的论文——《论可计算数及其在判定问题中的应用》(*On Computer Numbers with an Application to the Entsheidungs Problem*)中，论述了一种假想的通用计算机，即理想计算机，被后人称为“图灵机”(Turing Machine，TM)。1939年，图灵根据波兰科学家的研究成果，制作了一台破译密码的机器——“图灵炸弹”。1945年，图灵领导一批优秀的电子工程师，着手制造自动计算引擎(Automatic Comuting Engineer，ACE)。1950年，ACE样机公开表演，被称为世界上最快、最强有力的计算机，ACE由英国电气公司制造了约30台，它比ENIAC的存储器更为先进。1950年10月，图灵发表了“计算机和智能”(Computing Machinery and Intelligence)的经典论文，图灵进一步阐明了计算机可以有智能的思想，并提出了测试机器是否有智能的方法，人们称之为“图灵测试”，图灵也因此荣膺“人工智能之父”的称号。1954 年,42 岁的图灵英年早逝。从 1956 年起,每年由美国计算机学会(Association for Computing Machinery, ACM)向世界最优秀的计算机科学家颁发"图灵奖"(Turing Award),类似于科学界的诺贝尔奖,"图灵奖"是计算机领域的最高荣誉。

维纳(L. Wiener),"控制论之父"。早在第一次世界大战期间,维纳曾来到阿贝丁试炮场为高射炮编制射程表。1940 年,维纳提出现代计算机应该是数字式的,应由电子元件构成,采用二进制,并在内部存储数据。1943 年,阿贝丁试炮场再次承担了美国陆军新式火炮的试验任务。由于人工计算弹道表不仅效率低还经常出错,因此美国陆军军械部听从了戈德斯坦等科学家的建议,投资进行 ENIAC 计算机的研制。

冯·诺依曼(John Von Nouma),如图 3-7。美籍匈牙利数学家,提出了著名的"存储程序"设计思想,现代计算机体系的奠基人。1944 年夏的一天,负责研制 ENIAC 的戈德斯坦在阿贝丁火车站邂逅了冯·诺依曼,向他介绍了正在研制的 ENIAC 的情况。几天后冯·诺依曼专程去参观了尚未完成的 ENIAC,并参加了为改进 ENIAC 而举行的一系列专家会议。冯·诺依曼成为了研制小组的实际顾问,逐步创建了电子计算机的系统设计思想。冯·诺依曼认为 ENIAC 致命的缺陷是程序与计算相分离,因为 ENIAC 的程序指令是存放在机器的外部电路里的,每次算题时,必须首先依靠人工改接数百条连线,需要几十人干好几天后,才可进行几分钟的运算。冯诺依曼决定重新设计一台计算机,他把新机器的方案命名为"电子式离散变量自动计算机"(Electronic Discrete Variable Automatic Calculator, EDVAC),方案中明确规定出了计算机的五大部件,并用二进制替代十进制运算。EDVAC 最重要的意义在于"存储程序",以便使计算机能够自动依次执行指令。随后于 1946 年 6 月,冯·诺依曼等人提出了更为完善的设计报告《电子计算机装置逻辑结构初探》。同年 7-8 月间,他们又在莫尔学院为美国和英国二十多个机构的专家讲授了专门课程《电子计算机设计的理论和技术》,推动了存储程序式计算机的设计与制造。然而研制小组中以冯·诺依曼为首的理论界人士和以埃克特·毛希利为首的技术界人士之间出现了严重的分歧和分裂,致使 EDVAC 无法立即研制,一直拖到 1950 年才勉强完成,EDVAC 只用了 3 536 只电子管和 1 万只晶体二极管,以 1 024 个 44 比特水银延迟线来存储程序和数据,消耗的电力和占地面积只有 ENIAC 的 1/3。EDVAC 完成后应用于科学计算和信息检索,显示了"存储程序"的威力。

图 3-7　冯·诺依曼

1946 年,英国剑桥大学威尔克斯(M. Wilkes)教授到宾夕法尼亚大学参加了冯·诺依曼主持的培训班,完全接受了冯·诺依曼的存储程序的设计思想。1949 年 5 月,威尔克斯研制成了一台由 3 000 只电子管为主要元件的计算机,命名为电子储存程序计算机(Electronic Delay Storage Automatic Calculator, EDSAC),他也因此获得了 1967 年度的"图灵奖"。这样,EDSAC 成为了世界上第一台程序存储式计算机,以后的计算机都采用了程序存储的体系结构,采用这种体系结构的计算机被统称为冯·诺依曼型计算机。

3.1.2　现代计算机的分类和应用

计算机的类型很多,可以从不同的角度对其进行分类。

按照计算机的用途分类，可将计算机分为通用机和专用机两类。通用机能满足各类用户的需求，解决多种类型的问题，通用性强；专用机针对特定用途配备相应的软硬件，功能比较专一，但能高速、可靠地解决特定的问题。

按照计算机的实现原理分类，可以将计算机分为电子数字计算机和电子模拟计算机两类。电子数字计算机是指参与运算与存储的数据是用0和1构成的二进制数的形式表示的，基本运算部件是数字逻辑电路组成的计算机；电子模拟计算机是指用连续变化的模拟量表示数据，基本运算部件是运算放大器构成各类运算电路所组成的计算机。

按照计算机的规模，即运算速度、存储容量、软硬件配置等综合性能指标，人们又常常将计算机分为微型机、小型机、大型机、巨型机和服务器等几类。

1. 微型机(microcomputer)

微型计算机的主体是个人计算机(Personal Computer, PC)，它是企事业单位、学校包括家庭中最常见的计算机。可独立使用，也可连接在计算机网络中使用，通常只处理一个用户的任务。个人计算机有台式机、笔记本电脑和掌上电脑，掌上电脑的低端产品叫个人数字助理(PDA)，其高端产品是Pocket PC，商家把它叫做“随身电脑”。两者的主要区别是：Pocket PC内装有开放式的操作系统，可以装入很多种应用软件，因此功能非常强，应用软件可以扩充或更新，而PDA的功能在出厂时已经固定好了，用户不能自行扩充功能。掌上电脑自然没有一百多键的标准键盘，但通信功能和多媒体功能可以做得不弱于台式机或笔记本电脑。

微型计算机中的高档机型称为工作站(workstation)，它的突出特点是图形功能，具有很强的图形交互与处理能力，在工程领域特别是在计算机辅助设计(CAD)领域得到广泛应用。工作站一般采用开放式系统结构，以鼓励其他厂商围绕工作站开发软硬件产品，因此其工作领域也已从早期的计算机辅助设计扩展到了商业、金融、办公等领域，还经常用作网络中的服务器。在服务器-客户机型(severer/client)的计算机网络中，常把客户机也叫做工作站，这里的“工作站”是指其在网络中的地位，本身可能是台低档微机。

微型计算机中还有单板机、单片机，它们往往和仪器设备紧密地结合成一个整体(嵌入)，使仪器和设备具有某种智能化功能。

2. 小型机(minicomputer)

小型机已可为多用户执行任务。它可以连接若干终端构成小型机系统。使用者在终端上用键盘、鼠标输入处理请求，从屏幕上观察处理结果，也可将处理结果打印输出。或者实时接收生产过程中各种传感器送来的信息，同时经过分析计算，把控制生产过程的一系列命令输出给执行机构。管理一家宾馆的事务或一家银行支行的事务，控制一个生产自动化过程等，是小型机的典型使用场合。

3. 大型机(mainframe)

称大型机为mainframe大概是这类机器都装在机架内的缘故。这类机器的特点是大型、通用，装备有大容量的内、外存储器和多种类型的I/O通道，能同时支持批处理和分时处理等多种工作方式。近几年出现的新型主机还采取了多处理、并行处理等新技术，使整机处理速度高达750 MIPS(每秒750百万条指令)，内存容量达到十几个G，具有很强的处理和管理能力。大型机在大银行、大公司、大学和科研院所中曾占有统治地位，直至20世纪80年代PC机与局域网技术兴起，这种情况才发生改变。

4. 巨型机(super computer)

巨型机是各种计算机中功能最强,价格也最贵的一类。在现代科技领域,有一些数据量特别大的应用要求计算机既有很高的速度,又有很大的存储容量。比如,一帧1 024×1 024的图像,包含了10^6个像素单元,如果要求实时处理(每秒数十帧),就得使用巨型机。巨型机采用高性能的器件,使其时钟周期达到数个纳秒,又采取多处理机结构,几十个到上千个处理器,形成大规模并行处理矩阵来提高整机的处理能力。有报道,日本一种用于天文计算的计算机已达到每秒32万亿次的运算速度。当前,巨型机多用于战略武器的设计,空间技术,石油勘探,中长期天气预报,以及社会模拟等领域。20世纪80年代起,我国先后自行研制了银河-1、银河-2、银河-3等巨型机,成为世界上少数几个能研制巨型机的国家之一。

5. 服务器

"服务器"一词更适合描述计算机在应用中的角色、而不是刻画计算机的档次。

随着互联网的普及,各种档次的计算机在网络中发挥着各自不同的作用,服务器是网络中最重要的一个角色。担任服务器的计算机可以是大型机、小型机或高档次的微型机。服务器可以提供信息浏览、电子邮件、文件传输、数据库、音视频流等多种服务业务。服务器的主要特点是:只在客户请求下才为其提供服务;服务器对客户是透明的,一个与服务器通信的用户面对的是具体的服务,可以完全不知道服务器采用的是什么机型、运行的是什么操作系统。服务器严格地说是一种软件的概念,一台作为服务器的计算机通过安装不同的服务器软件,可以同时扮演几种服务器的角色。

6. 超级计算机

超级计算机是指在计算速度或容量上领先世界的电子计算机。它的体系设计和运作机制都与人们日常使用的个人电脑有很大区别。现有的超级计算机运算速度大都可以达到每秒千兆次以上。因此无论运算力及速度都是全球顶尖。

"超级计算机"一词并无明确定义,其含义随计算机业界的发展而发生变化。虽然早期的控制数据公司机器在速度上可以大大高于竞争对手,但仍然是比较原始的标量处理器。到了20世纪70年代,大部分超级计算机就已经是矢量处理器了,很多是新晋者自行开发的廉价处理器来攻占市场。20世纪80年代初期,业界开始转向大规模并行运算系统,这时的超级计算机由成千上万的普通处理器所组成。20世纪80年代中叶,将适量的矢量处理器(一般由8个到16个不等)联合起来进行并行计算成为通用的方法。20世纪90年代以后到21世纪初,超级计算机则主要由基于精简指令集(RISC)的处理器(譬如PowerPC或PA-RISC)互联进行并行计算而实行。

2009年11月,TOP500.org公布了第34届全球超级计算机五百强排行榜。Cray打造位于美国橡树岭国家实验室计算科学中心的"美洲虎"(Jaguar)以1.759 PFlops(1 PFlops=1千万亿次浮点运算次数/秒)的最大性能傲视群雄(峰值性能2.331 PFlops)。在配备AMD刚刚发布的六核心"伊斯坦布尔"Opteron 2435,2.6 GHz(单颗浮点性能10.4 GFlops)后,美洲虎的核心数从129 600个增至224 162个(+73%),且每核心搭配2 GB内存,每个完整的计算节点由12个处理核心和16 GB共享内存组成,整套系统300 TB内存、10 PB(约10 000 TB)硬盘。美洲虎系统只用17小时17分钟就搞定了一个$n=5\ 474\ 272$的线性方程系统。

从1976年开始,Cray就一直是超级计算机市场的No.1。在1993年6月TOP500榜单第一次发布的时候，其中41%的系统都来自Cray，第二名的富士通也仅占13.8%。之后高性能计算市场风云突变，Cray丢掉了领先地位，混迹于高端政府实验室和学术研究中，IBM、HP等则迅速崛起。在最新排行榜中Cray的系统只有19套，也就是说份额仅为可怜的3.8%，不过其中14套都在前一百名，而且占据冠军和季军位置——排在第三名的“Kraken”(挪威传说中的北海巨妖)位于美国田纳西州大学国家计算科学研究院，也是出自Cray之手，处理器同样是伊斯坦布尔Opteron 2435，共计98 928个处理核心，最大性能831.70 TFlops。

近年来IBM凭借蓝色基因系列长期霸占榜首位置，位于美国洛斯阿拉莫斯国家实验室、PowerXCell+Opteron处理器打造的“走鹃”(Roadrunner)还在2008年夏天第一个将Linpack实测最大性能带到了PFlops级别。在最新的排行榜上，Roadrunner以1.042 PFlops的最大系能排名第二。Roadrunner系统价值1.2亿美元，Roadrunner采用混合式架构，并以“TriBlades”，即一片装有2颗Opteron双内核CPU及8 GB存储器的LS21型刀片服务器和2片各有两颗PowerXCell 8i处理器、8 GB RAM的QS22型刀片服务器插在一片有4条PCI-Express 8x的扩充卡板所组成。每片TriBlades间以Infiniband相互链接。3套TriBlades放入一组BladeCenter H机箱中，一个机柜可容纳四组BladeCenter H机箱，一共用了296个机柜，共有6 912颗AMD Opteron双内核CPU以及12 960颗PowerXCell 8i处理器，存储器加起来有51.8 TB。

国防科技大学研制、位于天津国家超级计算中心的天河一号(Tianhe-1)傲然屹立在第五位。这也是我国超级计算机的最好成绩，此前曙光4000A和曙光5000A曾两次排到第十位。

天河一号采用Intel Xeon E5540 2.53 GHz/E5450 3.00 GHz四核心处理器(分别为Nehal-em和Penryn架构)、Infiniband网络、Linux操作系统，共有71 680个处理核心、98 304 GB内存，最大性能563.10TFlops，峰值性能1 206.19 TFlops，主要用来执行石油勘探、大飞机设计模拟等任务。特别值得一提的是，这是一套混合设计系统，使用Intel处理器和AMD Radeon HD 4870 X2显卡共同进行加速处理，每个节点内包含两颗Xeon和一块双芯片的Radeon HD 4870 X2。NVIDIA Tesla/CUDA技术也在努力进军超级计算机领域，不过TOP500.org暂时还不承认这种单纯的GPU系统。

曙光5000A位列第19，另外中科院计算机网络信息中心的“深腾7000”(DeepComp 7000)排在第43位，使用Xeon 3.00/2.93 GHz四核心处理器，最大性能102.80TFlops，峰值性能145.97 TFlops。2009年11月TOP500中我国内地贡献了21套系统，份额4.2%，整体最大性能1 379.877 TFlops，另外香港特区1套(BladeCenter HS22/184位/32.325 TFlops)，台湾地区已经从榜单上消失。

7. 嵌入式计算机(embedded computer)

计算机在组成上形式不一。之前介绍的早期计算机的体积足有一间房屋大小，而今天某些嵌入式计算机可能比一副扑克牌还小。嵌入式系统为控制、监视或辅助设备、机器或用于工厂运作的设备。

与个人计算机这样的通用计算机系统不同，嵌入式系统通常执行的是带有特定要求的预先定义的任务。它是以应用为中心，软硬件可裁减的，适应应用系统对功能、可靠性、成本、体积、功耗等综合性严格要求的专用计算机系统。嵌入式系统几乎包括了生活中的所有电器设备，如掌上PDA、移动计算设备、电视机顶盒、手机上网、数字电视、多媒体、汽车、微波炉、数字相机、家庭自动化系统、电梯、空调、安全系统、自动售货机、蜂窝式电话、消费电子设备、工业自动化仪表与医疗仪器等。在嵌入式系统设计中有许多不同的 CPU 架构，如 ARM、MIPS、Coldfire/68k、PowerPC、X86、PIC、Intel 8051、Atmel AVR、Renesas H8、SH、V850、FR－V、M32R、DMCU 等。这与桌面计算机市场只有少数几家竞争有所不同。

嵌入式系统在广义上说就是计算机系统，它包括除了以通用为目的计算机之外的所有计算机。从便携式音乐播放器到航天飞机的实时控制子系统都能见到嵌入式系统的应用。与通用计算机系统可以满足多种任务不同，嵌入式系统只能完成某些特定目的的任务。但有些也有实时性能的制约因素必须得到满足的原因，如安全性和可用性。除此之外其他功能可能要求较低或没有要求，使系统的硬件得以简化，以降低成本。对于大批量生产的系统来说，降低成本通常是设计的首要考虑。嵌入式系统通常需要简化去除不需要的功能以降低成本，设计师通常选择刚刚满足所需功能的硬件使目标最小化低成本的实现。

嵌入式系统并非总是独立的设备。许多嵌入式系统是以一个部件形式存在于一个较大的设备中，它为设备提供更多的功能，使设备能完成更广泛的任务。例如，吉布森吉他机器人采用了嵌入式系统来调弦，但总的来说吉布森吉他机器人设计的目的绝不是调弦而是演奏音乐。同样的，车载电脑作为汽车的一个子系统，为它提供了导航、控制、车况反馈等功能。

部分为嵌入式系统编写的程序被称为固件，他们存储在只读存储器或闪存芯片中。他们运行在资源有限的计算机硬件上：小内存，没有键盘，甚至没有屏幕。

嵌入式操作系统是嵌入式系统的操作系统。它们通常被设计得非常紧凑有效，抛弃了运行在它们之上的特定的应用程序所不需要的各种功能。嵌入式操作系统多数也是实时操作系统。嵌入式操作系统包括：嵌入式 Linux、Windows CE、VxWorks、uCOSII、QNX、FreeRTOS、Android、iPhone OS、Symbian 等。

3.2 新一代计算机的研究及其未来

许多科学家认为以半导体材料为基础的集成技术日益走向它的物理极限，要解决这个矛盾，必须采用新材料，开发新技术。于是，人们开始努力探索新的计算材料和计算技术，致力于研制新一代的计算机，如生物计算机、光计算机和量子计算机等。

3.2.1 新一代计算机的研究方向

直到今天，人们使用的所有计算机，都是采用了美国数学家冯·诺依曼（Von Nouma）提出的“存储程序”原理的体系，因此这些计算机也统称为冯·诺依曼型计算机。从 20 世纪 80 年代开始，美国、日本等发达国家开始研制新一代的计算机，新一代的计算机将是微电子技术、光学技术、超导技术、电子仿生技术等多学科相结合的产物，目标是希望打破以往固有的计算机体系结构，使得计算机能进行知识处理、自动编程、测试和排错，能用自然语言、图形、声音和各种文字进行输入和输出，能具有像人那样的思维、推理和判断能力。已经实现的非传统计算技术有：利用光作为载体进行信息处理的光计算机，利用蛋白质、DNA 的生物特性设计的生物计算机，模仿人类大脑功能的神经元计算机以及具有学习、思考、判断和对话能力，可以立即辨别外界物体形状和特征，且建立在模糊数学基础上的模糊电子计算机等。未来的计算机还可能是超导计算机、量子计算机、DNA计算机或纳米计算机等。

3.2.2 未来计算机展望

1. 光子计算机

光子计算机是一种由光信号进行数字运算、逻辑操作、信息存贮和处理的新型计算机。它由激光器、光学反射镜、透镜、滤波器等光学元件和设备构成，靠激光束进入反射镜和透镜组成的阵列进行信息处理，以光子代替电子，光运算代替电运算。光的并行、高速，天然地决定了光子计算机的并行处理能力很强，具有超高运算速度。光子计算机还具有与人脑相似的容错性，系统中某一元件损坏或出错时，并不影响最终的计算结果。光子在光介质中传输所造成的信息畸变和失真极小，光传输、转换时能量消耗和散发热量极低，对使用环境条件的要求比电子计算机低得多。

作为实验室研究的光子计算机，早在1986年就已研制成功，比当时最快的电子计算机还要快1 000倍。1990年初，美国贝尔实验室又成功研制了一台光学数字处理器，向光子计算机的正式研制迈进了一大步。近十几年来，光子计算机的关键技术，如光存储技术、光互联技术、光集成器件等方面的研究都已取得突破性进展，为光子计算机的研制、开发和应用奠定了基础。

2. 量子计算机

量子计算机是根据原子或原子核所具有的量子学特性来工作，运用量子信息学，基于量子效应构建的一个完全以量子位(量子比特)为基础的计算机。它利用一种链状分子聚合物的特性来表示开与关的状态，利用激光脉冲来改变分子的状态，使信息沿着聚合物移动，从而进行运算。

量子计算机有自身独特的优点和广阔的发展前景。首先，量子计算机能够进行量子并行计算，理论上可达每秒一万亿次，足够让物理学家去模拟原子爆炸等复杂的物理过程。其次，量子计算机用量子位存储数据。再次，量子计算机具有与大脑类似的容错性，当系统的某部分发生故障时，输入的原始数据会自动绕过损坏或出错部分，进行正常运算，并不影响最终的计算结果。量子计算机不仅运算速度快，存储量大、功耗低，而且高度微型化和集成化。

1982年，美国物理学家费勒曼提出了量子计算机的基本构想。2001年底，美国IBM公司的科学家专门设计的多个分子放在试管内作为7个量子比特的量子计算机，成功地进行了量子计算机的复杂运算。目前正在开发中的量子计算机有核磁共振量子计算机、硅基半导体量子计算机和离子阱量子计算机。据专家预见，再过30年左右，量子计算机将普及，量子计算设备将可以嵌入到任何物体当中去，虽然，目前还很难想象放在口袋中的超高速计算机是什么样子，还有直径只有几十厘米的人造卫星。

3. 生物计算机

生物计算机，即脱氧核糖核酸(DNA)分子计算机，主要由生物工程技术产生的蛋白质分子组成的生物芯片构成，通过控制DNA分子间的生化反应来完成运算。运算过程就是蛋白质分子与周围物理化学介质相互作用的过程。其转换开关由酶来充当，而程序则在酶合成系统本身和蛋白质的结构中明显表示出来。20世纪70年代，人们发现DNA处于不同状态时可以代表信息的有或无。DNA分子中的遗传密码相当于存储的数据，DNA分子间通过生化反应，从一种基因代码转变为另一种基因代码。反应前的基因代码相当于输入数据，反应后的基因代码相当于输出数据。只要能控制这一反应过程,就可以制成 DNA 计算机。

生物计算机以蛋白质分子构成的生物芯片作为集成电路。蛋白质分子比电子元件小很多,可以小到几十亿分之一米,而且生物芯片本身具有天然独特的立体化结构,其密度要比平面型的硅集成电路高五个数量级。生物计算机芯片本身还具有并行处理的功能,其运算速度要比当今最新一代的计算机快 10 万倍,能量消耗仅相当于普通计算机的十亿分之一。生物芯片一旦出现故障,可以进行自我修复,具有自愈能力。生物计算机具有生物活性,能够和人体的组织有机地结合起来,尤其是能够与大脑和神经系统相连。这样,植入人体的生物计算机就可直接接受大脑的综合指挥,成为人脑的辅助装置或扩充部分,并能由人体细胞吸收营养补充能量,成为帮助人类学习、思考、创造和发明的最理想的伙伴。

美国计算机科学家伦纳德·艾德曼已成功研制出一台 DNA 计算机,他说:"DNA 分子本质上就是数学式,用它来代表信息是非常方便的,试管中的 DNA 分子在某种酶的作用下迅速完成生物化学反应。28.3 克 DNA 的运行速度超过了现代超级计算机的 10 万倍。"DNA 计算机的外形像普通小盒子。有非常薄的玻璃外壳,里面装着肉眼看不见的多层蛋白质,蛋白质间由复杂的晶格连结。这种精巧的蛋白质晶格里是一些生物分子,也就是生物计算机的"集成电路"。专家普遍认为,DNA 分子计算机是未来计算机的发展方向之一。

3.3 现代计算机的结构组成及其工作原理

一个完整的现代计算机系统(简称计算机)包括硬件系统和软件系统两大部分,硬件是实体,软件是灵魂,仅有硬件没有软件,计算机无法发挥应有的作用,只有软件没有硬件,再好的软件也只能是废物一堆,只有两者密切配合,才能使计算机成为人们工作、学习和生活的有用工具。

3.3.1 工作原理

计算机的工作就是执行程序,如何使计算机能自动、连续地工作? 前已述及,美籍数学家冯·诺依曼提出了著名的程序存储和程序控制原理,其要点是把程序和数据都送到计算机的存储器中存储起来,当启动存放在存储器中的程序后,计算机按照程序中规定的次序与步骤逐条执行程序中的指令,计算机在程序的控制下自动工作,直到完成程序规定的各项处理任务。这表明计算机只有存储了程序,才能在程序的控制下自动、有序和连续地工作。到目前为止,现代主流计算机都是按照这一原理设计和工作的,如图 3-8 所示。

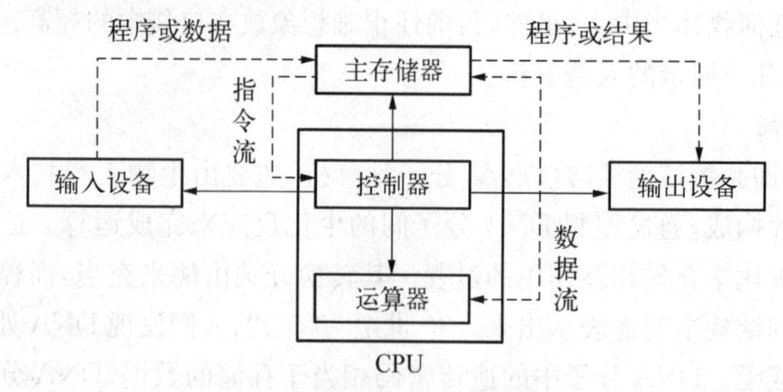

图 3-8 微型计算机逻辑结构图

计算机指令(instruction)是计算机硬件能识别并执行的、实现某种操作的命令,指令由二进制代码组成,所以也称作机器指令。

一条指令通常包括两部分内容,即操作码和地址码。操作码用来表示指令要完成什么操作,地址码用来描述指令的操作对象,或者直接给出操作数或者指出操作数的内存地址或寄存器地址。每种计算机都有一组指令集,这组指令称为该计算机的指令系统。指令系统与计算机硬件结构密切相关,因此不同类型的计算机的指令系统是不同的。系列化是计算机的特点之一,同一系列计算机的各机种之间有共同的指令集,新机种的指令系统一定包含旧机种的所有指令,因此旧机种上的各种软件仍可直接在新机种上直接运行,这种做法称作"兼容"。

各种类型计算机的指令系统无论差异如何,一般都含有如下指令:数据传送指令、算术逻辑运算指令、输入输出指令、处理机控制指令。

要求计算机完成一项任务,必须规定计算机所要执行的各种基本操作和步骤,即按任务的要求编排一系列的指令。这种用来完成某项任务由若干条指令组成的指令序列就称为程序(program)。计算机通过执行程序中按一定顺序安排的一条条指令,最终完成相应的任务。计算机能完成各种任务,就是通过程序员用指令精心编制的各种程序得以实现的。

3.3.2 结构组成

一台计算机系统由硬件和软件两部分组成,硬件是组成计算机系统的各种实际物理装置的总称。冯·诺依曼型计算机的硬件由运算器、控制器、存储器、输入设备、输出设备五个基本部分组成。

计算机各部件之间是通过总线(bus)连接起来。总线包括数据总线(data bus,简称 DB)、地址总线(address bus,简称 AB)和控制总线(control bus,简称 CB)。在总线上传送的有数据信号、地址信号和控制信号,各部件之间由总线来交换信息,如图 3-9 所示。

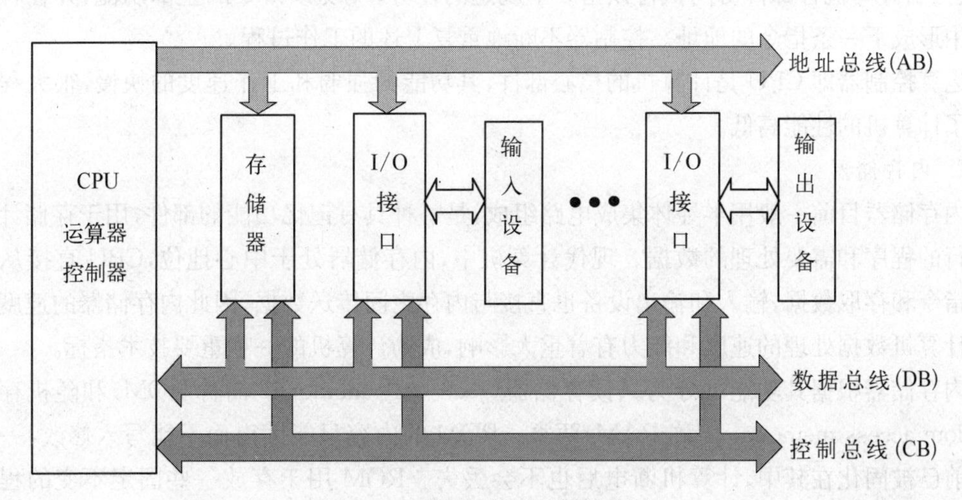

图 3-9 微型计算机逻辑结构图

总线是微机中各功能部件之间通信的信息通路,主要有数据总线(DB)、地址总线(AB)、控制总线(CB)三种,每种总线都由若干根信号线(信号线的数量称为总线宽度)构成,总线的宽度也是衡量微机处理能力的重要指标之一。数据总线的宽度体现了微机传输数据的能力,通常与 CPU 的位数相对应,如 32 位 CPU 的数据总线为 32 位、64 位 CPU 的数据总线通常为

64 位。地址总线的宽度决定了微机 CPU 可以直接寻址的内存范围，如 32 位地址总线的 CPU，可以区分 2^{32} 个不同的内存地址，即可以访问的内存容量最多是 4 GB。

通常将运算器和控制器合称为运算控制器或中央处理器(central processing unit，简称 CPU)。上面提到的存储器通常叫做主存储器或内存储器(简称内存)。中央处理器和主存储器构成计算机的主体，称为主机；而主机以外的输入设备和输出设备统称为外部设备。计算机中往往还设置有如磁盘、磁带等一类存储器，这类存储器叫做辅助存储器或外存储器(简称外存)，外存属于计算机系统的外部设备。

1. 运算控制器

(1) 运算器是处理数据的功能部件，对数据进行算术运算和逻辑运算是运算器的主要功能。这项功能由运算器内部的一个称为算术逻辑单元(arithmetic logical unit，简称 ALU)的运算部件来完成。运算器内还包含有一定数目的寄存器(register)，用来实现暂时存放参加运算的数据和某些中间运算结果的功能。

运算器工作时，从主存储器读取数据，完成运算后，一般总是再把结果存入主存储器，有时也可能把结果直接送到控制器的程序计数器或输出设备，这些操作都是在控制器指挥下进行的。

(2) 控制器(control unit)的作用是控制计算机各部件协调地工作，实现程序的自动执行。控制器有程序计数器(program counter，简称 PC)，指令寄存器(instruction register，简称 IR)和指令译码器(instruction decoder，简称 ID)等组成。程序计数器用于存放即将要执行的下一条指令的地址，指令寄存器用于存放当前正在执行的指令，指令译码器的功能是对指令寄存器中的指令进行分析、解释，产生相应的控制信号。控制器工作时，按程序计数器指示的指令地址，从内存中取出指令，存入指令寄存器，再由指令译码器译码产生该指令相应的控制信号序列，去控制计算机各部件协同执行该指令中规定的任务，实现该指令的全部功能，并在程序计数器中形成下一条指令的地址。控制器不断地重复上述的工作过程。

运算控制器即 CPU 是计算机的核心部件，其功能的强弱和工作速度的快慢，很大程度上决定了计算机的性能高低。

2. 内存储器

内存储器目前一般用半导体集成电路组成，是一种具有记忆功能的部件，用于存储计算机要执行的程序和需要处理的数据。现代计算机中，内存储器处于中心地位，CPU 直接从内存取得指令和存取数据，输入和输出设备也直接与内存之间传送数据，因此内存储器的速度和容量对计算机数据处理的速度和能力有着重大影响，成为计算机的一项重要技术指标。

内存储器根据其功能可分为只读存储器(read only memory，简称 ROM)和随机存储器(random access memory，简称 RAM)两类。ROM 的内容只能读出而不能写入修改，一般在出厂前已被固化在其中，计算机断电后也不会丢失。ROM 用于存放一些固定不变的程序和数据，如计算机的基本输入输出管理程序(basic input/output system，简称 BIOS)和检测程序等。内存中的绝大部分是 RAM，RAM 的内容可随机读出和写入，但计算机断电后 RAM 中的信息将随之丢失。

内存用字节(byte)作为一个存储单元，每个字节含八个二进制位(bit)，每个存储单元按顺序被赋予一个唯一的编号，这个编号称为地址。CPU 可根据地址准确地访问该存储单元，做存取操作。字节数可用来表示内存容量的大小，1 024 B 为 1 kB，1 024 kB 为 1 MB，1 024 MB 为 1 GB，1 024 GB 为 1 TB。

3. 外存储器

由于价格上的原因，配置计算机硬件时内存的容量会受到限制，加上断电后内存不能保存数据，因此，为了存放大量当前不用的数据，就得采用容量大、能长久保存数据，且价格相对便宜的存储器，即外存储器。外存存取数据的速度比内存要慢，存储在外存上的程序和数据必须调入内存中，才能由 CPU 进行处理。常用的外存有软磁盘、硬磁盘、光盘、U 盘、磁带等。

(1) 软盘和软盘驱动器。

软磁盘简称软盘。软盘是表面涂覆着磁性介质层的聚酯薄膜圆盘，通过对每个微小磁化点以正反两种不同方向磁化来表示 0 和 1，从而把二进制数据记录在磁盘表面上。软盘有两个面(site)都用来存储数据，分别称为 0 面和 1 面，数据存储在一个个同心圆的圆周上，一个圆周称为一个磁道(track)。每个磁道有各自的编号，最外圈的为 0 道，向内依次为 1 道、2 道……。每一个磁道又被分成若干相同数量的段，每段称为一个扇区(sector)，每一个扇区的容量是 512 字节，每一磁道中的扇区都从 1 开始编号，分别称为 1 扇区、2 扇区……。扇区是对软盘进行读写的基本单位。常用的软盘直径为 3.5 英寸，每面 80 磁道，每磁道有 18 个扇区，容量为 1.44 MB。

软盘驱动器是对软盘进行读写操作的专门装置，其中含有带动软盘旋转的驱动机构、读写磁头、寻道定位机构和电子线路。软盘驱动器工作时，软盘高速旋转，读写磁头径向移动定位，读写不同磁道上的信息。

由于容量和读取速度的限制，软盘已经较少使用。

(2) 硬盘和硬盘驱动器。

硬盘的工作原理与软盘相似，但硬盘的盘片或称碟片是用硬质的铝合金材料或玻璃制成，碟片的磁性介质涂层的精密度很高，信息容量也很大，单碟容量现已达到数百 GB，一个硬盘可以由多层碟片构成，单个硬盘的容量已达到 1 TB 以上。由于工作时碟片的转速很快，主流的是 7 200 转/分，速度高的每分钟超过万转，所以硬盘一般都被密封起来，保证硬盘所需要的洁净的无尘环境。硬盘和软盘一样，也划分为面、磁道、扇区，但硬盘的碟片一般有多片，面数比软盘多，各个存放数据的面分别称为 0 面、1 面、2 面……，由于每个面都对应一个读写磁头，所以也常称之为 0 头(head)、1 头、2 头……。各面上相同的磁道合称为柱面(cylinder)，如图 3-10 所示。硬盘因为容量大，读写快，稳定性好，是目前计算机必配的一种外存。

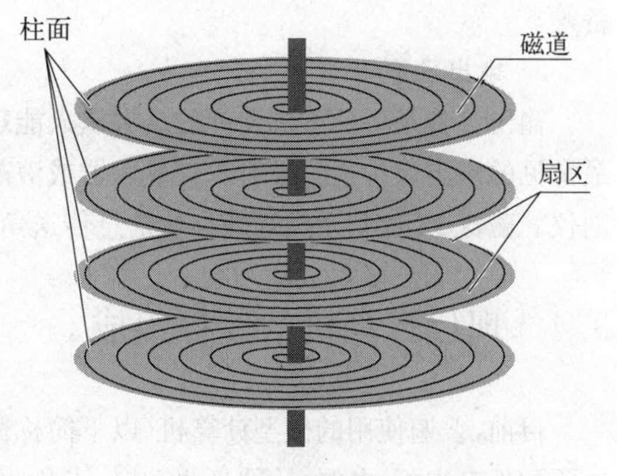

图 3-10　硬盘结构示意图

(3) 光盘和光盘驱动器。

光盘是利用光学方式进行读写的圆盘，分成三种类型：

只读光盘(CD-ROM)：信息在出厂前已存入，用户只能读取，而不能写入修改。

一次写光盘(CD-Recordable)：用户只能写入信息一次，以后可多次读取，但不能写入修改。

可读写光盘(CD-ReWritable)：可重复擦写，功能类似磁盘。

只读光盘和一次写光盘通过利用激光束在盘表面的光存储介质薄膜上融刻微小洞穴的方法来记录二进制信息，根据在激光束下有洞和无洞处反射光的强弱不同来读取存储的二进制信息。可读写光盘则通过利用激光束的热作用对盘表面的磁光存储介质薄膜上微小磁化点以正反两种不同方向的磁化方式来存储二进制信息。

光盘要用与其类型、规格相匹配的光盘驱动器进行读写。光盘驱动器有带动光盘旋转的驱动机构、读写头、寻道定位机构和电子线路等，其读写头是由半导体激光器和光路系统组成。普通的光盘驱动器只能读光盘，能用于读写光盘的驱动器叫做刻录机。

光盘读写速度低于硬盘，但它记录密度高，存储容量大，介质寿命长，携带使用方便，尤其是DVD光驱，已经作为微机的基本配置而广泛使用。而具有刻录功能的DVD刻录机也逐渐成为更多高档微机的必选配置。

(4) U盘。

U盘是USB盘的简称，通过USB接口与计算机相连。它利用Flash快闪存储器芯片制作而成。U盘具有体积小、存储容量大和价格便宜等优点，是目前人们最常用的移动存储设备，存储容量已经达到数GB。

4. 输入设备

输入设备是计算机中完成输入数据、输入程序和操作命令等功能的装置。输入设备要把输入的各种信息转化为计算机能识别的形式。

最常用的输入设备是键盘(keyboard)。操作者可以直接通过键盘输入程序、数据、命令或其他控制信息。鼠标器(mouse)由于其操作方便、直观，也是目前微机上普遍使用的输入设备。操作者移动鼠标器使屏幕上相应标记移到所需的位置，结合操作鼠标器上的按键或摩擦轮，来输入自己操作的意图。

磁盘、光盘等外存从信息传送角度也可作为输入设备。根据需要还可配置其他输入设备，如条形码阅读器、光笔、书写板、游戏操作杆、扫描仪、磁卡阅读器，其他数字化仪器和设备等。

5. 输出设备

输出设备是将计算机处理的结果以人能理解或以其他计算机能接受的形式输出的装置。最常见的输出设备是阴极射线管显示器或液晶显示器，另一类常用的输出设备是打印机和绘图仪。磁盘、光盘刻录机等外存从信息传送角度也可作为输出设备。

3.4 现代计算机的硬件组成

目前，普遍使用的微型计算机(以下简称微机)由主机、显示器、键盘和鼠标构成。主机的主要配件有主板、电源、软硬盘驱动器、光盘驱动器、显示适配卡等，需要处理音频信号的，得有声卡，需要与计算机网络连接的，得有网卡(network interface card，简称NIC)或调制解调器(modem)。

1. 主板(main board)

主板是整个微机系统的主体部件。以Intel Q67主板为例，如图3-11所示。

主板上须有以下部件：

(1) CPU及支持CPU的核心逻辑芯片组

微机的CPU目前还是Intel和超微(AMD)两家公司主导着市场。2011年主流CPU是4核的，其中Intel的产品主要有Core I7－2600处理器，主频3.4 GHz，制造工艺为32纳米，AMD的产品主要有Phenom II的Socket AM2＋/AM3。此外IBM的POWER系列微处理器在不少IBM服务器、超级电脑、小型电脑及工作站中，广泛作为主CPU使用。

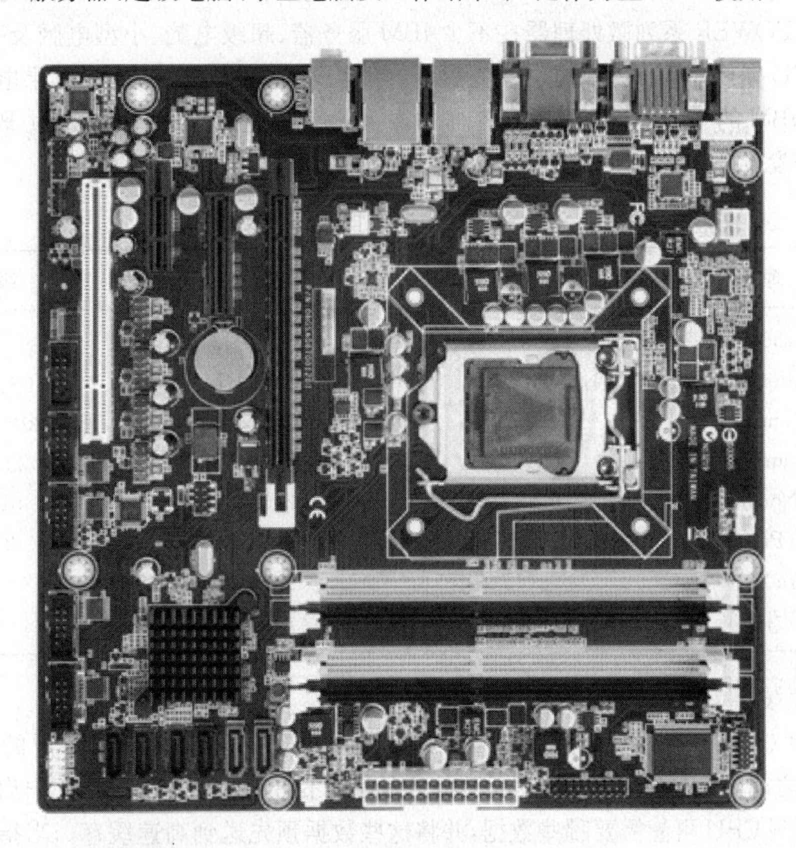

图3－11 Intel Q67主板

二者的技术性能难分伯仲，完全能满足一般用户的需求。

目前较为先进的是Intel Core i7/i5处理器。

Core i7(中文名：酷睿i7，内核代号：Bloomfield)是英特尔于2008年推出的64位四内核CPU，沿用x86－64指令集，并以Intel Nehalem微架构为基础，取代Intel Core 2系列处理器。

Core i5(中文名：酷睿i5，内核代号：Lynnfield)处理器是英特尔的一款产品，是Intel Core i7的派生中低级版本，同样基于Intel Nehalem微架构。与Core i7支持三通道存储器不同，Core i5只集成双通道DDR3存储器控制器。另外，Core i5集成了一些北桥的功能如PCI-

Express 控制器等。

AMD 公司的 Phenom II 是 AMD45 纳米制程多核心处理器的一个家族，是原 Phenom 处理器的后继者。Phenom II 的 Socket AM2＋版本于 2008 年 12 月推出。而支持 DDR3 内存的 Socket AM3 版本则于 2009 年 2 月 9 日推出，分 3 核心和 4 核心型号。

IBM POWER 是 RISC 处理器架构的一种，由 IBM 设计，全称为"Performance Optimization With Enhanced RISC"，《IBM Connect 电子报》2007 年 8 月号译为"增强 RISC 性能优化"。POWER 系列微处理器在不少 IBM 服务器、超级电脑、小型电脑及工作站中，广泛作为主 CPU 使用。而 PowerPC 架构也是源自 POWER 架构，并应用在苹果电脑的麦金塔电脑及部分 IBM 的工作站，以及各式各样的嵌入式系统上。此外，IBM 透过 Power. org 网站，向其他开发者及制造商推广 Power 架构及其他衍生产品。

表 3－2　历代微处理器与制作工艺发展之间的关系

微处理器	制作工艺	工作主频中位数	二级缓存
40486	0.5 微米	50 MHz	无
Pentium	0.35 微米	133 MHz	无(主板外置)
Pentium II	0.25 微米	333 MHz	512 kB(芯片外置)
Pentium III	0.18 微米	750 MHz	256 kB
Pentium4(Northwood)	0.13 微米	2.6 GHz	512 kB
Pentium4(Prescott)	90 纳米	3.0 GHz	2 MB
Core 2	65～45 纳米	2.6 GHz	2～6 MB
Core i7/i5/i3	45～32 纳米	3.2 GHz	4～8 MB

(2) 高速缓存

高速缓存(cache)是用来解决高速 CPU 与相对低速的内存之间的矛盾的。它是介于 CPU 与内存之间的一种特殊存储机构，不属于内存也不占用内存地址。当用户启动一个任务时，计算机预测 CPU 可能需要哪些数据，并将这些数据预先送到高速缓存。当指令需要数据的时候，CPU 首先检查高速缓存中是否有所需要的数据。如果有，CPU 就从高速缓存取数据而不用到内存去取了。在其他条件相同的情况下，高速缓存越大，处理的速度也会快些。为了提高效率，高速缓存做成二到三级，第一级(L1)速度最快，做在 CPU 芯片内，第二级(L2)就做在主板上，用的也是相对较快的静态存储器(SRAM)，在如今的多核 CPU 上，各个不同的核共享三级缓存。

(3) 主存储器

微机主存储器主要是随机存取存储器 RAM，其种类十分丰富。工艺上制作成条状的插片，因此常被称为"内存条"，可方便地插在主板上指定的插槽内。现在绝大多数机器内安装的是 DDR II (Double Data Rate Synchronous DRAM，第二代同步双倍速率动态随机存取存储器)，DDR II 是在上一代的 DDR 基础上发展而来的，与上一代 DDR 内存技术最大的不同就是：DDR II 内存拥有两倍于上一代 DDR 内存预读取能力，即 DDR II 内存每个时钟能够以 4 倍外部总线的速度读/写数据，并且能够以内部控制总线 4 倍的速度运行。DDR3 SDRAM (double-data-rate three synchronous dynamic random access memory，第三代双倍速率同步动态随机存取内存)是目前最新的内存产品，提供了相对于DDR2 SDRAM更高的运行效能与更低的电压，是DDR2的后继者。一条内存条的容量有128 MB、256 MB、512 MB、1 GB、2 GB、4 GB的区别，主频也有多种选择，选购时必须选择与CPU主频相一致。

(4) 扩充槽

为了适应插卡式的结构，主板上设有扩充槽(slots)。扩充槽也称总线槽，连接着主板所支持的总线(bus)。如前所述，总线是连接计算机中各个部件的一组物理信号线，它本质上是连接计算机不同部件的共享信息的通路，总线由一组专用线路组成，分别传输不同类型的信息，例如数据、地址以及控制信号等。

扩充槽的类型总的来说有ISA、PCI、AGP和PCIE四种。其中ISA已经淘汰，原因是资源占用太多，数据传输太慢。PCI是最常见的接口，通过33 MHz每秒的频率进行传输，数据传输率为133 Mb/s，通常作为网卡、声卡和显卡的标准接口。AGP实际上是PCI接口的集合，AGP1X表示一倍速AGP，传输速度恰好是PCI的两倍，即66 MHz/s传输频率，数据传输率是266 Mb/s。通常主板上的PCI插槽为白色、ISA插槽为黑色、AGP插槽为棕色，PCIE插槽一般为红色与黄色，也有褐色或黑色，因生产厂商不同而有所差异。

现在的微机还都设置有通用串行总线USB(universal serial bus)，以及相应的USB接口，提供给具有USB接口的各种外部设备相连。USB总线标准是为了解决外设越来越多，计算机本身所带接口有限的矛盾，按目前的工业标准，它是一种四芯的串行通信设备接口，可以连接多达128个外部设备。USB接口允许外接设备在计算机运行状态下的热插拔，再加上最高达480 Mbps(bit per second)的数据传输速率，深受用户欢迎。商家也推出了配备有USB接口的各种设备，诸如扫描仪、摄像头、键盘、鼠标、Modem、游戏柄、移动硬盘、光盘驱动器、数码相机、MP3播放器等供选用。此外还有一种总线，商家称之为火线(Fire Wire)，它是1995年由IEEE(Institute of Electrical & Electronic Engineers，美国电气及电子工程师协会)制订标准的一种总线(IEEE 1394)，传输速率也高达400 Mbps，数码摄像机便是典型的装有IEEE 1394端子的外部设备，它所摄录的内容，可通过IEEE 1394接口，送入电脑编辑或储存。

(5) 装有基本输入输出系统(BIOS)的ROM或可擦写存储器和CMOS存储器芯片

只读存储器ROM BIOS中固化的是基本输入输出系统BIOS，BIOS是一组低层程序，是计算机硬件与其他程序的接口，直接对键盘、显示器、磁盘驱动器、打印机等进行控制，并以中断的方式向高层软件和编程人员提供许多基础功能调用服务。BIOS还包含计算机通电后自测试程序。

CMOS是采用“互补金属氧化物半导体”(complementary metal oxide semiconductor)技术制造的存储器，它依靠主板上的专门电池来供电，不依赖主机箱内的电源，它存放了日期时间数据，还存放系统的配置参数和用户自行设置的一些参数。BIOS中有专门的SETUP程序，帮助用户查看和设置CMOS中的参数。

2. 机箱和电源

机箱是微机的外壳，用于安装微机的所有主体部件，机箱内有各种支架和紧固件，可以帮助固定电源、主板、软硬盘驱动器、光驱、各种扩展卡和接插件等。电源是一个单独小盒，引出一组电源线及其插头。电源将220 V交流电变换成微机所需的几种直流电，供主板、软硬驱、光驱、各种适配卡、键盘使用。其主要外部接口如图3-12所示。

3. *磁盘驱动器*

图 3－12　主机外部接口示意图

硬盘驱动器是微机必配的外存设备，主板上提供硬盘驱动器的接口，微机上常用的硬盘驱动器接口标准有两种，一种为EIDE(enhanced integrated drive electronics)，又叫增强型 IDE，也就是我们俗称的并行规格的 PATA 硬盘。它提供两个通道支持最多四个 IDE 硬驱或光驱，PATA 采用 80－pin 的数据线进行连接，传输速度仅为 100 MB/s，即便是 ATA133 也仅为133 MB/s。另一种硬盘接口标准为 SATA(Serial ATA)，采用串行方式进行数据传输，并且能对传输指令(不仅仅是数据)进行检查，具有较强的纠错能力，串行接口提高了速度、简化了结构。SATA I 的传输速度为 150 MB/s，SATA II 的传输速度为300 MB/s，而最新的 SATA III 的传输速度理论上最高可以达到750 MB/s。最新的主流主板上都提供了 SATA II 和 SATA III 的硬盘接口。SATA 最重要的特性就是支持热插拔，具有更好的数据校验方式，信号电压低可以有效地减小各种干扰。对于大容量的硬盘，更快的传输速度能够更好地提升硬盘的性能。此外还有一种硬盘驱动器接口标准是 SCSI(small computer system interface)，使用时要附加一块 SCSI 卡接入主板，配用 SCSI 硬盘，SCSI 硬盘读写速度更快，适合于多任务工作状态，目前多用于当作服务器的微机。

4. *显示器和显示适配卡*

显示器是微机最基本的输出设备，目前大量使用的显示器产品有两大类，一类是阴极射线管(CRT)为主体的显示器，另一类是液晶电光效应的液晶显示器。衡量 CRT 显示器的主要指标是点距、分辨率、刷新速度和尺寸。点距是指屏幕上两像素点的距离，点距越小，图像越清晰，现在都在 0.22～0.26mm 之内。分辨率是指屏幕垂直和水平方向的扫描线数也即像素点数，如分辨率为 1 024×768，表示水平方向有 1 024 个像素点，垂直方向有 768 个像素点，属于高分辨率。刷新速度是指屏幕画面每秒刷新的次数，一般达 60 帧以上，人眼不会有闪烁感。尺寸是指屏幕对角线长度，常见台式机上显示器尺寸有 17、19 英寸。

由于技术进步，工艺成熟，价格不断降低，彩色的液晶显示器(liquid crystal display，简称LCD)不仅配备在笔记本电脑上，也已经成为台式机上的常用配置。与 CRT 相比它的特点是体积小、重量轻、无辐射。液晶显示器体积仅为一般 CRT 显示器的 20%，重量则只有 10%；相当省电，耗电量仅为一般 CRT 显示器的 10%；同时，液晶显示器没有辐射，不伤人体，画面也不会闪烁，可以保护眼睛，不容易因长时间注视屏幕而感到眼睛疲倦。检验 LCD 显示器的指标包括以下几个重要方面：显示大小，反应时间(同步速率)，阵列类型(主动和被动)，视角，所支持的颜色，亮度和对比度，分辨率和屏幕高宽比，以及输入接口。常见液晶显示器尺寸有17、19、22 英寸。

显示控制适配器卡简称显示卡，是显示器与主机相连接的接口。除显示器本身外，显示卡是决定显示质量的另一因素。显示卡上嵌入的显示存储器(video RAM)用于缓冲存储显示信息，它的大小决定了显示卡的分辨率和颜色数。显卡有独立式显卡和板载集成显卡之分，独立显卡自带显示存储器，集成显示卡占用主板存储空间。主板上安插显示卡的接口现在普遍用的是PCI Express接口，简称PCIe或称PCI-Ex，是PCI电脑总线的一种，仅用于内部互连。它沿用了现有的PCI编程概念及通讯标准，但基于更快的串行通信系统。英特尔是该接口的主要支持者。由于PCIe是基于现有的PCI系统，只需修改物理层而无须修改软件就可将现有PCI系统转换为PCIe。PCIe拥有更快的速率，已取代几乎全部现有的内部总线（包括AGP和PCI）。

5. 键盘和鼠标

键盘和鼠标是最常用的输入设备。

目前常用的键盘是美国式布局的101键或102键的键盘。用户可以通过键盘向计算机输入信息，包括发出命令、提供数据、编辑文本、做出应答等等。

在操作系统和应用软件以图形界面为主的今天，鼠标器已是必不可少的输入设备。光机式鼠标底部有一个可滚动小球，鼠标在桌面上移动，小球跟着滚动，带动鼠标内两个光栅盘，由光电电路转换成移动信号送入计算机，屏幕上的鼠标器指针光标随之作相应移动，配合对鼠标左右键或者摩擦轮的动作，便可向计算机传达操作者的命令。

键盘的驱动程序做在BIOS内，鼠标的驱动程序一般由操作系统提供，并自动安装，特殊的或新型的鼠标，其驱动程序由鼠标供应商提供，要另行安装。

习　题

一、单选题

1. 第一代计算机主要采用________逻辑元件。

A. VLSL　　B. 电子管　　C. 晶体管　　D. 中小规模IC

2. 冯·诺依曼型计算机的工作原理是________。

A. 采用了人工智能技术　　B. 在计算机内部采用了二进制来表示指令

C. 在计算机中有CPU　　D. 采用了程序存储和程序控制的原理

3. 计算机的中央处理器通常是指________。

A. 控制器和运算器　　B. 内存储器和运算器

C. 内存储器和控制器　　D. 内存储器、控制器和运算器

4. 一条指令通常包括两部分内容，即操作码和________。

A. 操作数　　B. 操作命令　　C. 操作系统　　D. 地址码

5. 下列关于RAM和ROM的说法中，正确的是________。

A. RAM中的信息能够在断电后保存几分钟

B. 在计算机中人们不用RAM保存基本输入输出系统的内容

C. ROM是一种可读写的存储器

D. 以上说法都正确

6. 磁盘的数据存储在一个个同心圆的圆周上，一个圆周称为一个磁道，每个磁道有各自的编号，最外圈的为________道。

A. 0　　B. 1　　C. 2　　D. 3

7. USB是________的简称。

A. 大字符集 B. 通用串行总线

C. 通用多八位编码字符集 D. 基本多文种平面

8. 主机板上CMOS芯片的主要用途是________。

A. 管理内存与CPU的通讯

B. 存放基本输入输出系统程序、引导程序和自检程序

C. 储存时间、日期、硬盘参数与计算机配置信息

D. 增加内存的容量

9. 目前使用的大多数硬盘是与计算机底板上的________接口插座相连接的。

A. LPT B. PCI C. AGP D. SATA

10. 刷新速度是指屏幕画面每秒刷新的次数，一般达________帧以上，保证人眼不会有闪烁感。

A. 20 B. 30 C. 40 D. 60

二、多选题

1. 以下________代计算机的内存储器采用半导体存储器。

A. 第一 B. 第二 C. 第三 D. 第四

2. 计算机各部件之间是通过总线(bus)连接起来。总线包括________。

A. 数据总线 B. 地址总线 C. 控制总线 D. 传输总线

3. 控制器有________等部件组成。

A. 程序计数器 B. 指令寄存器 C. 地址寄存器 D. 指令译码器

4. 使用内存高速缓冲存储器可以提高________。

A. 内存的总容量 B. CPU从内存取得数据的速度

C. 程序的运行速度 D. 硬盘数据的传送速度

5. 以下________是显示器的主要指标。

A. 点距 B. 分辨率 C. 尺寸 D. 外形

三、填空题

1. 世界上第一台计算机的英文简称是________。

2. 计算机的硬件能够识别并执行的一个基本操作命令称为________。

3. ________是连接计算机中各个部件的物理信号线。

4. 控制器是由程序计数器、________和指令译码器等组成的。

5. 各个存储器单元的编号称为________。

6. 1TB等于________GB(用十进制阿拉伯数字表示)。

7. 高速缓存的英文简称是________。

8. 计算机主机板上装有电池，其作用是保持________中的配置信息。

9. ________标准的硬盘接口，采用串行方式进行数据传输。

10. ________是指屏幕上两像素点的距离。

四、简答题

1. 简述计算机发展的历史。

2. 查阅资料，阐述未来计算机的发展方向。

3. 简述计算机硬件的基本结构和各基本部件的功能。中央处理器由什么部件组成？主机由什么部件组成？

4. 简述 RAM 和 ROM 的功能，两者的主要区别。

5. 磁盘的基本存取单位是什么？你用的硬盘的规格和容量是什么？

6. 什么是计算机的程序存储和程序控制原理？

7. 查阅计算机类报刊或有关网站，看看 8 000 元今天能配置什么样的电脑，1999 年能配置什么样的电脑，1995 年、1993 年又如何？

第4章　计算机软件系统

一个完整的计算机系统包括硬件系统和软件系统两大部分。硬件是计算机的物质基础，没有硬件就无所谓计算机。软件是计算机的灵魂，没有软件，计算机的存在就毫无价值，硬件与软件是相辅相成的。硬件系统的发展给软件系统提供了良好的开发环境，而软件系统发展又给硬件系统提出了新的要求。

4.1　计算机软件系统概述

计算机软件系统是计算机系统的重要组成部分，如果把计算机硬件系统看成是计算机的躯体，那么计算机软件系统就是计算机系统的灵魂。没有软件系统支持的计算机称为“裸机”，在裸机上只能运行机器语言源程序，几乎不具备任何功能，无法完成任何任务的。

4.1.1　计算机软件的定义

计算机软件是指在计算机系统中运行的程序、数据结构以及开发、使用和维护程序所需的所有文档的完整集合。程序由一系列的指令按一定的结构组成，是计算任务的处理对象和处理规则的描述；文档是为了便于了解程序所建立的阐明性资料。程序是软件的主体，必须装入计算机中才能使用，文档一般是给用户的，不一定装入机器。软件是用户与硬件之间的接口界面。用户主要是通过软件与计算机进行交流。软件是计算机系统设计的重要依据。为了方便用户，为了使计算机系统具有较高的总体效用，在设计计算机系统时，必须通盘考虑软件与硬件的结合，以及用户的要求和软件的要求。

软件的含义包括：

(1) 运行时，能够提供所要求功能和性能的指令或计算机程序集合。

(2) 程序能够满意地处理信息的数据结构。

(3) 描述程序功能需求以及程序如何操作和使用所要求的文档。

软件具有与硬件不同的特点：

(1) 表现形式不同。

硬件有形、有色、有味，看得见、摸得着、闻得到。而软件无形、无色、无味，看不见、摸不着、闻不到。软件大多存在于人们的头脑中或纸面上，它的正确与否、优或劣，一直要到程序在机器上运行才能知道。这就给设计、生产和管理带来许多困难。

(2) 生产方式不同。

软件是开发，是人智力的高度发挥，不是传统意义上的硬件制造。尽管软件开发与硬件制造之间有许多共同点，但这两种活动是根本不同的。

(3) 要求不同。

硬件产品允许有误差,而软件产品却不允许有误差。

(4) 维护不同。

硬件是要用旧用坏的,理论上,软件是不会用旧用坏的,但在实际上,软件也会变旧变坏。因为在软件的整个生存期中,一直处于改变(维护)状态。

4.1.2　计算机软件的发展

计算机软件技术发展很快。50年前,计算机只能被少数专家所使用,今天,计算机已普及到千家万户;40年前,文件不能方便地在两台计算机之间进行交换,甚至在同一台计算机的两个不同的应用程序之间进行交换也很困难,今天,随着网络的发展,网络提供了两个平台和应用程序之间无损的文件传输;30年前,多个应用程序不能方便地共享相同的数据,今天,数据库技术使得多个用户、多个应用程序可以互相覆盖地共享数据。了解计算机软件的发展过程,对理解计算机软件在计算机系统中的作用至关重要。

计算机软件的发展大致经历了三个阶段:

第一阶段(20世纪40年代到50年代中期)。在软件发展初期,软件开发采用低级语言,效率低下,应用领域局限于科学和工程的数值计算。人们不重视软件文档的编制,只注重考虑代码的编写。

第二阶段(20世纪50年代中期到60年代后期)。相继诞生了大量的高级语言,程序开发的效率显著提高,并产生了成熟的操作系统和数据库管理系统。在后期,由于软件规模不断扩大,复杂度大幅提高,产生了"软件危机",也出现了有针对性地进行软件开发方法的理论研究和实践。

第三阶段(20世纪70年代至今)。软件应用领域和规模持续扩大,大型软件的开发成为一项工程性的任务,由此产生了"软件工程"并得到长足发展。同时软件开发技术继续发展,并逐步转向智能化、自动化、集成化、并行化和开发化。

4.2　计算机软件系统的组成

现在人们使用的计算机上都配备了各式各样的软件,软件的功能越强,使用起来越方便。计算机软件系统可分为两大类:一类是系统软件,另一类是应用软件。计算机软件系统的组成如图4-1所示。

4.2.1　系统软件

系统软件是指用来管理、控制和维护计算机及其外部设备,协助计算机执行基本的操作任务的软件。系统软件主要包括操作系统、语言处理系统、数据库管理系统和系统服务程序。

1. 操作系统

操作系统是系统软件的核心。计算机启动后,将自动把操作系统中最基本的内容调入内存,由它控制和支持在同一台计算机上运行的其他程序,并管理计算机的所有硬件资源,以控制基本的输入输出、设备故障检测、系统资源分配、存储空间管理、系统安全维护等,同时提供友好的操作界面,使用户能够方便地使用计算机。操作系统是硬件与软件的接口。

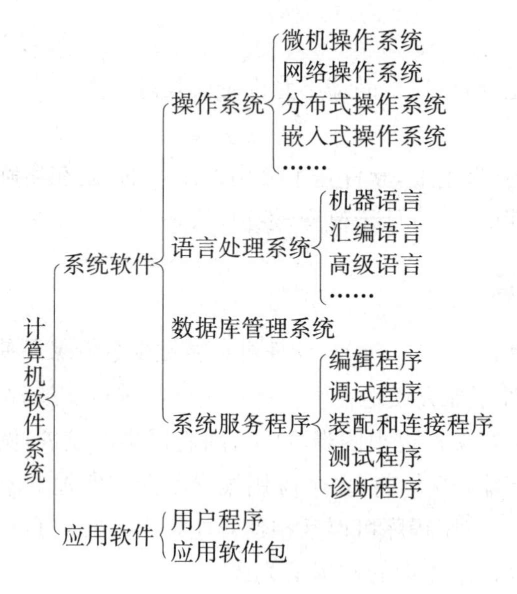

图 4-1 计算机软件系统的组成

在计算机的发展过程中，出现过许多不同的操作系统，其中最为常用的操作系统有：DOS、OS/2、Windows、Mac OS、NetWare、Unix、Linux 等。

(1) DOS 操作系统。

自从 DOS 在 1981 年问世以来，版本就不断更新，从最初的 DOS 1.0 升级到了最新的 DOS 8.0(Windows ME 系统)，纯 DOS 的最高版本为 DOS 6.22，这以后的新版本 DOS 都是由 Windows 系统所提供的，并不单独存在。DOS 是单用户、单任务、字符界面和 16 位的操作系统，因此，它对于内存的管理仅局限于 640 kB 的范围内。DOS 最初是 Microsoft 公司为 IBM-PC 开发的操作系统，因此，它对硬件平台的要求很低，因此适用性较广。

常用的 DOS 有三种不同的品牌，分别是 Microsoft 公司的 MS-DOS、IBM 公司的 PC-DOS 以及 Novell 公司的 DR-DOS，这三种 DOS 相互兼容，但仍有一些区别，三种 DOS 中使用最多的是 MS-DOS。

(2) OS/2 操作系统。

1987 年 IBM 公司在激烈的市场竞争中推出了 PS/2 个人计算机。PS/2 系列计算机大幅度地突破了 PC 机的体系，采用了与其他总线互不兼容的微通道总线 MCA，并且 IBM 自行设计了该系统约 80%的零部件，以防止其他公司仿制。OS/2 系统正是为 PS/2 系列机开发的一个新型多任务操作系统。OS/2 克服了 DOS 系统 640 kB 主存的限制，具有多任务功能。

OS/2 的特点是采用图形界面，它本身是一个 32 位系统，不仅可以处理 32 位 OS/2 系统的应用软件，也可以运行 16 位 DOS 和 Windows 软件。OS/2 系统通常要求在 4 MB 内存和 100 MB 硬盘或更高的硬件环境下运行。如果硬件更高档，则系统运行就更加稳定。由于 OS/2 仅限于 PS/2 机型，兼容性较差，故而限制了它的推广和应用。

(3) Windows 操作系统。

Windows 操作系统是 Microsoft 公司开发的窗口化操作系统。采用了图形用户界面操作模式，比起从前的指令操作系统如 DOS 更为人性化。Windows 操作系统是目前世界上使用最广泛的操作系统。最新的版本是 Windows 7。

第一个版本的Windows 1.0于1985年问世，它是第一代窗口式多任务系统，它使PC机开始进入了所谓的图形用户界面时代。1987年Microsoft公司推出了Windows 2.0版，最明显的变化是采用了相互叠盖的多窗口界面形式。但这一切都没有引起人们的关注。直到1990年推出Windows 3.0，它的功能进一步加强，具有强大的内存管理功能，且提供了数量相当多的Windows应用软件，因此，成为386、486微机的新的操作系统标准，它以压倒性的商业成功确定了Windows系统在PC领域的垄断地位。现今流行的Windows窗口界面的基本形式也是从Windows 3.0开始基本确定的。1992年主要针对Windows 3.0的缺点推出了Windows 3.1，为程序开发提供了功能强大的窗口控制能力，使Windows和在其环境下运行的应用程序具有了风格统一、操纵灵活、使用简便的用户界面。Windows 3.1在内存管理上也取得了突破性进展。它使应用程序可以超过常规内存空间限制，不仅支持16 MB内存寻址，而且在386及以上的硬件配置上通过虚拟存储方式支持几倍于实际物理存储器大小的地址空间。Windows 3.1还提供了一定程度的网络支持、多媒体管理、超文本形式的联机帮助设施等，对应用程序的开发有很大影响。

在1995年，Microsoft公司推出了Windows 95操作系统。在此之前的Windows都是由DOS引导的，也就是说它们还不是一个完全独立的系统，而Windows 95是一个完全独立的操作系统，并集成了网络功能和即插即用功能。

在1998年，Microsoft公司推出了Windows 95的改进版Windows 98。Windows 98的一个最大特点就是把Microsoft公司的Internet浏览器技术集成到了Windows 98里面，使得访问Internet资源就像访问本地硬盘一样方便，从而更好地满足了人们越来越多地访问Internet资源的需求。Windows 95和Windows 98操作系统是一种单用户、多任务、32位的操作系统。

在20世纪90年代初期，Microsoft推出了Windows NT，相继有Windows NT 3.0、3.5、4.0等版本上市。Windows NT是真正的32位操作系统，与普通的Windows系统不同，它主要面向商业用户，有服务器版和工作站版之分。

2000年，Microsoft公司推出了Windows 2000，它包括四个版本：Data Center Server是功能最强大的服务器版本，只随服务器捆绑销售，不零售；Advanced Server和Server版是一般服务器使用；Professional版是工作站版本的NT和Windows 98共同的升级版本。Windows 2000是一个多用户、多任务的操作系统。

2001年，Microsoft发布了功能极其强大的Windows XP，该系统采用Windows 2000/NT内核，运行非常可靠、稳定，用户界面焕然一新，使用起来得心应手。该版本优化了与多媒体应用有关的功能，内建了极其严格的安全机制，每个用户都可以拥有高度保密的个人特别区域，尤其是增加了具有防盗版作用的激活功能。

Windows Server 2003是Microsoft公司于2003年推出的服务器操作系统。最初称为“Windows. NET Server”，后改成“Windows. NET Server 2003”，最终被改成“Windows Server 2003”。相对于Windows 2000做了很多改进，如：改进的活动目录、改进的组策略操作和管理、改进的磁盘管理等。

Windows Vista是Microsoft公司于2005年推出的Windows操作系统的一个版本。Windows Vista的内部版本是6.0(即Windows NT 6.0)，正式版的Build是6.0.6000。在2006年，Windows Vista开发完成并正式进入批量生产。此后的两个月仅向MSDN用户、计算机软硬件制造商和企业客户提供。在 2007 年，Windows Vista 正式对普通用户出售，同时也可以从微软的网站下载。Windows Vista 距离上一版本 Windows XP 已有超过五年的时间，这是 Windows 版本历史上间隔时间最久的一次发布。

Windows Server 2008 是微软最新一个服务器操作系统的名称，它继承 Windows Server 2003。Windows Server 2008 是一套相当于 Windows Vista 的服务器系统，两者将会拥有很多相同功能；Vista 及 Server 2008 与 XP 及 Server 2003 之间存在相似的关系。Microsoft Windows Server 2008 代表了下一代 Windows Server。使用 Windows Server 2008，IT 专业人员对其服务器和网络基础结构的控制能力更强，从而可重点关注关键业务需求。Windows Server 2008 通过加强操作系统和保护网络环境提高了安全性。通过加快 IT 系统的部署与维护、使服务器和应用程序的合并与虚拟化更加简单、提供直观管理工具，Windows Server 2008 还为 IT 专业人员提供了灵活性。Windows Server 2008 为任何组织的服务器和网络基础结构奠定了最好的基础。

现时 Windows 7 是最新的 Windows 版本。Windows 7 具有革命性变化的操作系统。该系统旨在让人们的日常电脑操作更加简单和快捷，为人们提供高效易行的工作环境。Windows 7 可供家庭及商业工作环境、笔记本电脑、平板电脑、多媒体中心等使用。Microsoft 公司于 2009 年正式发布 Windows 7，2011 年发布了 Windows 7 SP1 版本。据了解，微软的下一代最新操作系统 Windows 8 将于 2012 年开始销售。

（4）Mac OS 操作系统。

Mac OS 操作系统是美国苹果计算机公司为它的 Macintosh 计算机设计的操作系统，是最早出现的图形界面的操作系统。该机型于 1984 年推出，在当时的 PC 还只是 DOS 枯燥的字符界面的时候，Mac 率先成功采用了一些新的技术。比如图形用户界面、多媒体应用、鼠标等，Macintosh 计算机在出版、印刷、影视制作和教育等领域有着广泛的应用。

苹果机现在的操作系统已经到了 Mac OS 10，代号为 Mac OS X（X 为 10 的罗马数字写法），Mac OS X 版本以大型猫科动物命名。在苹果电脑内部 10.0 版本的代号是猎豹（Cheetah），以及 10.1 版本代号为美洲狮（Puma）。在苹果的产品市场 10.2 版本命名为美洲虎（Jaguar），以及 10.3 相似地命名为黑豹（Panther），10.4 命名为老虎（Tiger），10.5 命名为豹子（Leopard），10.6 命名为雪豹（Snow Leopard）。10.7 命名为狮子（Lion）当作下一个推出的操作系统。苹果电脑也已经注册山猫（Lynx）和美洲狮（Puma，在美洲的惯用词，Cougar）当作未来使用的商标。新系统非常可靠，它的许多特点和服务都体现了苹果公司的理念。

（5）NetWare 操作系统。

NetWare 是 NOVELL 公司于 1983 年推出的网络操作系统。NetWare 最重要的特征是基于基本模块设计思想的开放式系统结构。NetWare 是一个开放的网络服务器平台，可以方便地对其进行扩充。NetWare 系统对不同的工作平台（如 DOS、OS/2、Macintosh 等），不同的网络协议环境如 TCP/IP 以及各种工作站操作系统提供了一致的服务。该系统内可以增加自选的扩充服务（如替补备份、数据库、电子邮件以及记账等），这些服务可以取自 NetWare 本身，也可取自第三方开发者。

NetWare 系统支持所有的主流台式计算机操作系统（DOS、Windows、OS/2、Unix 和 Macintosh）以及 IBM SAA 环境，为需要在多厂商产品环境下进行复杂的网络计算的企事业单位提供了高性能的综合平台。NetWare是具有多任务、多用户的网络操作系统，它的较高版本提供系统容错能力(SFT)。使用开放协议技术(OPT)，各种协议的结合使不同类型的工作站可与公共服务器通信。这种技术满足了广大用户在不同种类网络间实现互相通信的需要，实现了各种不同网络的无缝通信，即把各种网络协议紧密地连接起来，可以方便地与各种小型机、中大型机连接通信。NetWare可以不用专用服务器，任何一种PC机均可作为服务器。NetWare服务器对无盘工作站和游戏的支持较好，常用于教学网和游戏厅。

虽然现在NetWare的光彩与过去不能同日而语，其主导地位也让位于Windows、Unix和Linux系统网络，但它仍然是一个十分强大的网络文件服务器操作系统。

(6) Unix操作系统。

Unix操作系统是美国AT&T公司贝尔实验室于20世纪70年代在DEC公司PDP计算机上推出的一种用C语言研制的多任务多用户交互式分时操作系统。经过几十年的发展，已经成为国际上目前使用最广泛、影响最大的操作系统之一。从大型机、小型机到工作站甚至微机都可以看到它的身影，很多操作系统都是它的变体，比如惠普公司的HP-UX、SUN公司的Solaris、IBM公司的AIX等，也包括著名的Linux。

Unix具有结构紧凑、功能强、效率高、使用方便和可移植性好等优点，尤其在网络功能方面，Unix表现稳定，网络性能好，负载吞吐力大，易于实现高级网络功能配置，是Internet中服务器的首选操作系统。相对Windows，Unix的用户界面略有不足，操作设置不便。

(7) Linux操作系统。

Linux是由芬兰赫尔辛基大学的一个大学生Linus Torvalds在1991年首次编写的，Linux是一个免费的操作系统，用户可以免费获得其源代码，并能够随意修改。Linux是一种类Unix系统，具有许多Unix系统的功能和特点。如开放性，多用户，多任务，良好的用户界面，设备独立性，提供丰富的网络功能，系统安全和良好的可移植性等。

Linux凭借出色的性能和完全免费的特性，受到越来越多的用户的关注，在短时间内异军突起，对Windows构成了强有力的威胁，并被寄予突破Windows垄断地位的厚望。

相对Windows而言，Linux最大的缺憾在于应用软件的不足，同时硬件厂商对Linux的支持也稍稍落后于Windows。但随着Linux的发展，越来越多的软件厂商会支持Linux，它应用的范围也会越来越广。

2. 语言处理系统

随着计算机技术的发展，计算机经历了由低级向高级发展的历程，不同风格的计算机语言不断出现，逐步形成了计算机语言体系。用计算机解决问题时，人们必须首先将解决该问题的方法和步骤按一定序列和规则用计算机语言描述出来，形成计算机程序，然后输入计算机，计算机就可按人们事先设定的步骤自动地执行。

语言处理系统包括机器语言、汇编语言、高级语言和语言处理程序等。其中，语言处理程序是为计算机语言进行有关处理(编译、解释及汇编)的程序。

(1) 机器语言。

计算机中的数据是用二进制表示的，机器指令是用一串由“0”和“1”不同组合的二进制代码表示的。机器语言是采用二进制代码形式表达的计算机编程语言，是计算机硬件唯一可以直接识别、直接运行的语言，机器语言的执行效率高，但不易记忆和理解，编写的程序难于修改和维护。

机器语言依赖于计算机的指令系统,因此,不同型号的计算机,其机器语言是不同的,存在互不兼容的问题。

(2) 汇编语言。

用能反映指令功能的助记符表达的计算机语言称为汇编语言,它是符号化的机器语言。例如 ADD 表示加法、MOV 表示移动数据。用汇编语言编写的程序称汇编语言源程序,机器无法直接执行,必须用计算机配置好的汇编程序把它翻译成机器语言目标程序,机器才能执行,这个翻译过程称为汇编过程。

相对于机器语言而言,汇编语言比机器语言在编写、修改、阅读方面均有很大改进,运行速度也快,但是汇编语言和机器语言存在着对应关系,仍然依赖于计算机的指令系统,兼容性问题依然存在。同时汇编程序代码的结构不清晰,理解和掌握起来仍然比较困难。

(3) 高级语言。

机器语言和汇编语言都是面向机器的语言,缺乏通用性,称为低级语言。虽然执行效率较高,但编写效率很低。为了进一步提高效率,人们设计了接近自然语言的高级语言。高级语言是一种与具体的计算机指令系统表面无关,但是描述方法接近人们对求解过程或问题的表达方法(倾向自然性语言),易于掌握和书写,并具有共享性、独立性、通用性。这种语言所用的一套符号、标记更接近人们的日常习惯,便于理解记忆。比较流行的高级语言有 Basic、Pascal 和 C 等。

1980 年左右开始提出的"面向对象"概念是相对于"面向过程"的一次革命,所谓"面向对象"不仅作为一种语言,而且作为一种方法贯穿于软件设计的各个阶段。面向对象的程序设计语言主要包括 C++、Java、Visual Basic、Visual C 等。

另外,还有一些在运行时由其他的计算机程序进行解释执行的描述性语言,如访问数据库的 SQL(结构化查询语言),标记性语言(HTML、XML),丰富 WEB 显示的脚本语言(Perl、JavaScript、VBScript)等。

(4) 语言处理程序。

语言处理程序提供对程序进行编辑、解释、编译和连接的功能。

如前所述,机器语言是计算机唯一能直接识别和执行的程序语言。如果要在计算机上运行高级语言程序就必须配备程序语言翻译程序。翻译程序本身是一组程序,不同的高级语言都有相应的翻译程序。

对于高级语言来说,有两种翻译方式:一种是编译方式,另一种是解释方式。编译是将整段程序进行翻译,把高级语言源程序翻译成等价的机器语言目标程序,然后连接运行即可。解释方式则不产生完整的目标程序,而是逐句进行的,边翻译、边执行,这种方式速度较慢,每次运行都要经过"解释",边解释边执行。

对源程序进行解释和编译任务的程序,分别叫做编译程序和解释程序。如 Fortran、Pascal 和 C 等高级语言,使用时需有相应的编译程序;Basic 等高级语言,使用时需用相应的解释程序。

3. 数据库管理系统

在信息社会里,社会和生产活动产生的信息很多,使人工管理难以应付,人们希望借助计算机对信息进行搜集、存储、处理和使用。数据库系统就是在这种需求背景下产生和发展的。

数据库是指按照一定联系存储的数据集合，可为多种应用共享。数据库管理系统则是能够对数据库进行加工、管理的系统软件。其主要功能是建立、消除、维护数据库及对库中数据进行各种操作。数据库系统主要由数据库、数据库管理系统以及相应的应用程序组成。数据库系统不但能够存放大量的数据，更重要的是能迅速、自动地对数据进行检索、修改、统计、排序、合并等操作，以得到所需的信息。这一点是传统的文件无法做到的。

数据库技术是计算机技术中发展最快、应用最广的一个分支。可以说，在今后的计算机应用开发中大都离不开数据库。因此，了解数据库技术尤其是微机环境下的数据库应用是非常必要的。

4. 系统服务程序

系统服务程序能够提供一些常用的服务性功能，它们为用户开发程序和使用计算机提供了方便，像微机上经常使用的诊断程序、调试程序、编辑程序均属此类。

4.2.2　应用软件

应用软件是为了解决计算机各类问题而编写的程序。应用软件分为应用软件包与用户程序。它是在硬件和软件系统的支持下，面向具体问题和具体用户的软件。随着计算机应用的日益广泛深入，各种应用软件的数量不断增加，质量日趋完善，使用更加方便灵活，通用性越来越强。有些软件已逐步标准化、模块化，形成了解决某类典型问题的较通用的软件，这些软件称为应用软件包。如字处理软件、表处理软件、会计电算化软件、多媒体处理软件、播放软件、网络通信软件和杀毒软件等。而用户程序如工资管理程序、学籍管理程序、财务管理程序等。

1. 应用软件包

应用软件包是为实现某种特殊功能而精心设计、开发的结构严密的独立系统，是一套满足同类应用的许多用户所需要的软件。如 Microsoft 公司生产的 Office 应用软件包，它包含了 Word、Excel、PowerPoint 等软件，是实现办公自动化的很好的应用软件包。

系统软件和应用软件之间其实并不存在很明显的界限。随着计算机技术的发展，各种各样的应用软件中有了许多共同的东西，把这些共同的部分抽取出来，形成一个通用软件，它就是逐渐形成的系统软件。

2. 用户程序

用户程序是用户为了解决特定的具体问题而开发的软件。充分利用计算机系统的种种现成的软件，在系统软件和应用软件包的支持下可以更加方便、有效地研制用户专用程序。如各种票务管理系统、企业管理系统等。

4.3　操作系统基本原理

操作系统是管理、控制和监督计算机软、硬件资源协调运行的程序系统，由一系列具有不同控制和管理功能的程序组成，它是直接运行在计算机硬件上的最基本的系统软件，是系统软件的核心。

4.3.1　操作系统的概述

计算机系统是一个由硬件系统和软件系统构成的有层次结构的系统。硬件系统处于计算机系统的最底层,除实际设备外,机器语言也属于硬件设备。硬件部分通常称为裸机。用户直接编程来控制硬件是很麻烦的,而且容易出错。为此在硬件基础上加一层软件,用以控制和管理硬件,起到隐藏硬件复杂性的作用,呈现给用户经过"包装"的虚拟机,与裸机相比要抽象,可以使用户理解容易、使用方便。操作系统就是这层软件,操作系统是裸机的第一层扩充,是最重要的系统软件。

操作系统的主要功能是负责管理计算机系统中的硬件资源和软件资源,提高资源的利用率,同时为计算机用户提供各种强有力的使用功能和方便的服务界面。只有在操作系统的支持下,计算机系统才能正常运行,如果操作系统遭到破坏,计算机系统将无法正常工作。

1. 操作系统的作用

操作系统是系统资源管理者。从资源管理的角度来看,计算机资源分为四大类,即处理器、存储器、I/O 设备和信息(文件)。前三类是硬件资源,信息是软件资源。引入操作系统的目的是为了合理地组织计算机的工作流程,管理和分配计算机系统硬件和软件资源,最大限度地提高计算机系统的利用率。其主要功能是对各类资源进行有效的管理。处理器管理解决处理器的分配和控制,存储器管理解决内存资源的分配、回收和保护,I/O 设备管理解决 I/O 设备的分配与回收,信息管理解决文件的存取、共享和保护。

作为资源管理者,操作系统在资源管理过程中要完成如下工作:

(1) 监控资源状态。

时刻维护系统资源的全局信息,掌握系统资源的种类、数量以及分配使用情况。

(2) 分配资源。

处理对资源的使用请求,协调请求中的冲突,确定资源分配算法。

(3) 回收资源。

用户程序对资源使用完毕后要释放资源,操作系统要及时回收资源,以便下次分配。

(4) 保护资源。

操作系统负责对资源进行有效的保护,防止资源被有意或无意地破坏。

2. 操作系统的发展过程

操作系统至今已有 50 多年的历史。回顾操作系统的发展历程,可以看到操作系统是随着计算机技术的发展和计算机的应用越来越广泛而发展的。20 世纪 50 年代中期出现了单道批处理系统,20 世纪 60 年代中期发展为多道批处理系统,与此同时也诞生了用于工业控制和武器控制的实时操作系统,20 世纪 80 年代开始到 21 世纪初,是微型机、多处理器和计算机网络高速发展的年代,也是微机操作系统、多处理机操作系统、网络操作系统和分布式操作系统大发展的年代。

(1) 人工操作方式(1945~1955 年)。

20 世纪 40 年代中期,美国科学家采用冯·诺依曼使用电子管成功地建造了第一台电子数字计算机。这个阶段一直延续到 50 年代中期,属于第一代计算机。这时的计算机由上万个电子管组成,运算速度仅为每秒数千次,但体积却十分庞大,且功耗非常高、价格昂贵,也没有操作系统。用户采用人工操作方式使用计算机,即由程序员事先将程序和数据写入纸带(卡片),装入纸带(卡片)输入机并启动,将程序和数据输入计算机,然后启动计算机运行。当一个程序运行完毕后,才能让下一个用户使用计算机。可见,这种方式不但用户独占全机,而且要

CPU 等待人工操作。

在计算机发展的早期，由于 CPU 的运算速度较慢，人机矛盾并不十分突出。但随着 CPU 运算速度的提高，这种矛盾日趋严重，而且 CPU 与 I/O 设备之间速度不匹配的矛盾也更加突出。人工操作方式严重降低了计算机资源的利用率，为缓和此矛盾，急需一种方法减少人工操作的时间，操作系统应运而生。

(2) 单道批处理系统(1955～1965 年)。

20 世纪 50 年代，晶体管的发明使计算机硬件发生了革命性的变革，运算速度大幅度提高、功耗减少、可靠性大为提高。但采用人工操作方式，人机矛盾和 CPU 与 I/O 设备速度不匹配的矛盾也更为突出。为了解决这些矛盾，出现了单道批处理系统。

单道批处理系统采用脱机输入/输出方式。所谓脱机输入/输出方式，是指输入/输出操作都是通过磁带进行的，操作员使用一台相对便宜的专门用于输入/输出的外围机将纸带(卡片)上的用户作业信息存到磁带(输入带)上，然后把磁带从外围机的磁带机上取下，并装到主机的磁带机上，再执行称为监督程序的软件，从磁带上读入第一个作业并运行，其输出写到另一盘磁带(输出带)上。一个作业结束后，监督程序自动读入下一个作业并运行。当一批作业完全结束后，操作员取下输入和输出磁带，将输入磁带换成下一批作业，把输出磁带拿到一台外围机上进行脱机输出。这样，监督程序管理着用户作业的运行，还控制磁带机的输入/输出操作。

(3) 多道程序系统(1965～1980 年)。

早期的批处理系统仍是单道顺序处理作业，每次只有一个作业调入内存运行。这样可能会出现两种情况：当运行以计算为主的作业时，输入/输出量少，I/O 设备空闲时间多；而当运行以输入/输出为主的作业时，CPU 又有较多空闲。于是，多道程序设计的思想应运而生。

到了 20 世纪 60 年代，计算机硬件有了新的进展，出现了通道和中断技术。通道是一种专用的 I/O 处理器，它能控制一台或多台 I/O 设备工作，执行 I/O 设备与内存之间的数据传输。一旦被启动就能独立于 CPU 运行，因此 CPU 与通道、CPU 与 I/O 设备可以并行工作。中断则是指当主机接到外部信号(如 I/O 设备操作完成信号)时，便立即停止正在执行的程序，转而处理中断事件的相应程序。处理完毕后，主机再回到原来程序被中断的位置继续执行。通道、中断技术的出现，为多道程序设计奠定了基础。

多道程序设计的主要思想是，在内存中同时存放若干道用户作业，这些作业交替地运行。当一个作业由于 I/O 操作未完成而暂时无法继续运行时，系统就把 CPU 切换到另一个作业，从而使另一个作业在系统中运行。因此，从宏观上看，若干个用户作业，或者说若干道程序是同时在系统中运行的。

多道程序方式可以使 CPU 与 I/O 设备并行工作。在实际的系统中，往往不止两道程序在系统中运行，而且有许多台设备可供用户作业使用，因此系统资源的利用率是很高的。

把批处理系统同多道程序系统相结合，就形成了多道批处理系统。这种系统从 20 世纪 60 年代初出现以来得到了迅速的发展，目前大、中型机还在使用。

第三代操作系统适于进行大型科学计算和繁忙的商务数据处理，但其本质仍然是批处理系统。在作业运行过程中，用户无法干预，许多用户十分怀念第一代计算机的联机工作方式：用户可以自己控制程序的运行，调试程序十分方便。

这种需求导致了分时系统的出现，它实际是多道程序的一种变种。在分时系统中，一台计算机同时连接多个用户终端，每个用户通过终端使用计算机。CPU 的时间分割成很小的时间段，每个时间段称为一个时间片，系统将 CPU 的时间片轮流分配给上机的各个用户。计算机内存中存放着正在上机的终端用户的程序，它们轮流得到执行。由于时间片分割得很小，每个用户感觉自己独占着计算机。分时操作系统是联机的多用户交互式的操作系统，仍是当今大型计算机普遍使用的操作系统。

(4) 现代操作系统(1980 年～现在)。

20 世纪 80 年代以来，随着大规模集成电路技术的发展，微型机得到广泛应用，工作站也逐步取代了小型机。Windows、Linux 和 Unix 等现代操作系统成为了微机、服务器、工作站的主流操作系统。

1969 年，第一个网络系统 ARPAnet 研制成功，经过几十年的发展，Internet 已经深入人们生活的每一个角落。各个独立的计算机通过网络设备和线路连接起来，实现了更大范围的通信和资源共享。网络上的计算机都运行本地的操作系统，网络操作系统在原来操作系统的基础上增加了网络功能模块，以实现各种网络应用和服务。常见的网络操作系统有 Windows、Linux、Unix 等。

在网络技术发展的基础上，人们正在研制分布式计算机系统，在用户眼里一个分布式系统像是一个传统的、单处理器的分时系统，用户无须知道网络中资源的位置即可使用它们。

嵌入式操作系统被固化在嵌入式计算机的 ROM 中，它的用户接口一般不提供操作命令，而是通过系统调用命令向用户程序提供服务。嵌入式操作系统被广泛应用于电器设备的控制中。

3. 操作系统的分类

当前计算机已经逐渐深入到人们生活的各个方面，办公自动化、图像处理、工业设计、自动控制、科学计算、数据处理、网络浏览等都是其主要应用。在如此广泛的应用领域里，人们对计算机的要求也各不相同，因此对计算机操作系统的性能要求、使用方式也各不相同，对操作系统的分类方法也很多。

按同时使用操作系统的用户数目，可把操作系统分为单用户操作系统和多用户操作系统。根据操作系统所依赖硬件的规模，可分为大型机、中型机、小型机和微型机操作系统。最常见的是按照操作系统所适用的环境进行分类。实际的操作系统只是适应某一特定环境的系统。在介绍操作系统历史时提到的操作系统的三种基本类型，即批处理系统、分时系统和实时系统，分别适应于不同的环境。随着计算机技术的发展，又出现了网络操作系统、分布式操作系统、嵌入式操作系统和智能卡操作系统等。

(1) 批处理操作系统。

在 20 世纪 50 年代中期出现了单道批处理系统，60 年代中期发展为多道批处理系统。批处理系统的基本特征是具有成批处理作业的能力，批处理系统的主要目标是提高系统的处理能力，即作业的吞吐量，同时也兼顾作业的周转时间。根据处理方式的不同，可将批处理系统分为单道批处理系统和多道批处理系统。

① 单道批处理系统。

单道批处理系统是最早的操作系统。它是为了解决人工操作严重降低计算机资源利用率的问题，即 CPU 等待人工操作和高速 CPU 与低速 I/O 设备间的矛盾而产生的操作系统。它采用脱机输入/输出技术，即利用一台外围机，脱离主机将低速输入设备（如卡片机、纸带机等）的数据输入到较高速、大容量的输入设备（如磁带、磁盘）上，在监督程序的控制下，根据卡片机读入的控制作业操作信息，先将一个作业读入内存并进行处理，当作业处理完毕后再读入下一个作业。计算机系统就这样自动地对一个一个作业进行处理，直至磁带（磁盘）上的所有作业全部完成。这种批处理系统不能很好地利用系统资源，故现在已很少使用。

② 多道批处理系统。

多道批处理系统是以脱机操作为标志的操作系统，特别适于处理运行时间比较长的作业。在该系统中，作业通过输入机输入到输入井中，形成后备作业队列。操作系统按一定算法从后备作业队列中选择若干个作业调入内存，这些作业并发执行，共享CPU和系统中的各种资源，并把计算结果输出到输出井中，形成输出结果队列，操作系统也按一定算法从输出结果队列中进行选择，通过输出机输出结果。

在批处理系统中采用多道程序设计技术，有以下优点：

(a) 如果将I/O操作较多的作业与占用CPU时间较长的作业（如数值计算）搭配执行，可使CPU和I/O设备都得到充分利用。

(b) 为了运行较大程序，系统内存空间配置较大，但大多数作业都为中、小程序，所以内存允许装入多道程序并允许它们并发执行，可提高内存空间利用率。

(c) 多道批处理系统可使单位时间内处理作业的数量（即吞吐量）增加。

引入多道程序设计技术后，系统具有以下特征：

(a) 内存中存放有多个尚未执行结束的程序，它们交替占用CPU执行。

(b) 调入内存的一批作业完成的先后顺序与其调入内存的先后顺序之间没有对应关系。

(c) 作业从提交系统开始直至完成，要经过两次调度。第一次是作业调度：作业要从外存的后备队列中被选中调入内存。第二次是进程调度：进入内存的作业中的一个能分配到CPU，得以执行。

(2) 分时操作系统。

批处理系统的出现虽然大大提高了计算机系统的资源利用率和吞吐量，但却是以脱机方式运行的，即程序的运行是在操作员的监控下进行的，程序员不能交互式地运行自己的程序。这种操作方式给程序员的开发工作带来了极大的不便。因为程序运行时，一旦系统发现其中有错误，就会中止该程序的运行，直到改正错误后，才能再次上机执行。而新开发的程序难免会有许多错误或不适当之处需要修改，这就需要程序员多次把修改后的程序送到机房运行。这样，增加了程序员的工作量，大大延缓了程序的开发进程。因此，人们希望有一种能够提供用户与程序之间交互作用的操作系统，分时系统应运而生。第一个分时系统是美国麻省理工学院于20世纪60年代初期研制的CTSS，而Unix是当今最流行的一种多用户分时操作系统。

分时系统允许多个用户通过终端以交互方式使用计算机，共享主机中的资源。在分时系统中，实现分时的基本方法是设立一个时间分享单位——时间片。时间片的长短依具体的系统而定。为此，在硬件上要采用中断机构和时钟。时钟使得CPU每运行一个时间片就产生一个时钟中断，中断后控制转向操作系统，由系统把被中断的用户程序的现场保护后，转向另一个用户程序执行。每个用户在自己所占用的终端上控制其作业的运行。

分时系统要确保响应的及时性，因此要彻底改变批处理系统的运行方式，方法有：

① 用户作业应直接进入内存,以保证用户能与机器交互。

② 不允许一个作业长期占用CPU直至其运行结束或发生I/O请求后,才调度其他作业运行。

根据实现方法的不同,分时系统有如下两种:

① 单道分时系统。

第一个分时系统是美国麻省理工学院研制的CTSS,它是一个单道分时系统。在该系统中,内存中只驻留一道程序(作业),其余作业都存放在外存中。每次现行作业运行一个时间片后便停止运行,并被移到外存(调出);同时再从外存中选择一个作业装入内存(调入),作为下一个时间片的现行作业。在这种方式下,由于只有一道作业驻留在内存,在多个作业的轮流运行过程中,有很大一部分时间花费在内存与外存之间的对换上,故系统性能较差。

② 多道分时系统。

在分时系统中引入多道程序设计技术后,可在内存中同时存放一个现行作业和多个后备作业,当现行作业运行完自己的时间片后,启动另一个后备作业。这种方法的优点是能大大减少等待时间、加快周转速度、提高系统效率。现在的分时系统都采用多道分时系统。

分时系统的特点包括:

① 交互性:用户通过终端与系统进行人机对话,这是分时系统的主要属性。

② 同时性:多个用户同时在各自的终端上上机,共享CPU和其他资源,充分发挥系统的效率。

③ 独立性:由于采用时间片轮转方式使一台计算机同时为多个终端服务,使用户感觉是在独自使用一台计算机。

④ 及时性:用户请求能够在要求时间内得到响应。

(3) 实时操作系统。

计算机不但广泛应用于科学计算、数据处理等方面,而且也广泛应用于工业生产中的自动控制、导弹发射控制、实验过程控制、票证预订管理等方面。应用于这些方面的操作系统,被称为实时操作系统。

所谓"实时",是指对随机发生的外部事件做出及时的响应并对其进行处理;所谓"外部",是指与计算机系统连接的设备所提出的服务请求和数据采集。这些随机发生的事件并非由人来启动或直接干预而引起的。

根据实时系统使用任务的不同,分为实时控制系统和实时信息处理系统两类。

① 实时控制系统。

主要用于生产过程的自动控制,如实验数据的自动采集、高炉炉温控制、瓦斯浓度监测等。系统要求能实时采集现场数据,并对采集到的数据进行及时处理。实时系统也可用于对武器的控制,如导弹制导系统、飞机自动驾驶系统、火炮自动控制系统等,可以将实时系统写入各种类型的芯片,并把芯片嵌入到各种仪器和设备中。这种系统对响应时间及处理时间要求极其严格,一般为毫秒数量级。

② 实时信息处理系统。

主要用于实时信息的自动处理,如飞机和火车订票系统、情报检索系统、图书管理系统等。这类系统的原理与分时系统类似,不过相连的终端通常为远程的。计算机接收从远程终端发来的服务请求，根据用户的要求，对信息进行检索和处理，并在很短的时间里为用户做出正确的回答。这类系统中随机发生的外部事件是由人工通过终端启动，并进行对话而引起的。系统的响应时间是用户可以接受的秒数量级。

(4) 多模式操作系统。

同时具有批处理、分时和实时处理能力的操作系统称为多模式操作系统。这种操作系统的规模更加庞大，构造更加复杂，功能也更加强大。多模式操作系统的目的是为用户提供更多的服务，进一步提高系统资源的利用率。

在多模式操作系统中，不同任务之间采用优先级调度算法。实时任务具有最高优先级，分时任务次之，批处理任务的优先级最低。当有实时请求时，系统优先处理；没有实时任务时，系统为分时用户服务；仅当既无实时任务，也无分时任务(或分时任务较少，CPU 有空闲时间)时，系统才为批处理任务服务。

在这种系统中，作业分为前台作业与后台作业。实时作业、分时作业为前台作业，批处理作业为后台作业。前台作业优先于后台作业执行。

(5) 微机操作系统。

微机操作系统是配置在微机上的操作系统。按照微机的字长来划分，可将其分为 8 位微机操作系统、16 位微机操作系统、32 位微机操作系统和 64 位微机操作系统。但更常见的是按用户数和任务数进行划分，可分为以下两类：

① 单用户单任务操作系统。

顾名思义，单用户单任务操作系统同时只允许一个用户使用计算机，且同时只能有一个任务在运行。这种操作系统主要配置在 8 位机和 16 位机上。最具代表性的单用户单任务操作系统是 MS-DOS。

② 单用户多任务操作系统。

单用户多任务操作系统同时只允许一个用户使用计算机，但允许用户同时运行多个任务，使它们并发执行，从而更加有效地改善系统的性能。目前，在 32 位计算机上配置的操作系统基本上都是单用户多任务操作系统。单用户多任务操作系统的典型代表是 Microsoft 公司的 Windows 操作系统。

(6) 网络操作系统。

计算机网络是一个数据通信系统，它把地理上分散的计算机和终端设备通过网络设备连接起来，以达到数据通信和资源共享的目的。

在计算机网络中，由于各主机的硬件特性不同，所安装的操作系统也有可能不同，为能正确进行相互通信并互相理解通信内容，就要遵从一定的约定，这些约定称为协议，如最著名的是 TCP/IP 协议。

网络操作系统除具有通常操作系统所具备的处理器管理、存储管理、设备管理和信息管理的功能外，还应提供以下功能：

① 网络通信：这是网络操作系统最基本的功能，其任务是在源主机与目标主机之间，实现无差错的数据传输。

② 资源共享：计算机网络中的资源共享主要有硬盘共享、打印共享、信息资源共享等。网络操作系统的作用是实现网络资源的共享，协调诸用户对共享资源的使用，保证数据的安全

性和一致性。

③ 网络服务：主要的网络服务包括电子邮件(E-mail)服务、文件传输(FTP)服务、远程登录(Telnet)服务、共享硬盘服务和共享打印服务等。

网络操作系统基于两种模式，即客户/服务器(Client/Server，C/S)模式和浏览器/服务器(Browser/Server，B/S)模式。

客户/服务器模式主要由客户机、服务器和网络系统三部分组成。在该种模式下，服务器端需安装服务器端软件，客户端需安装客户端软件，客户机需与服务器之间进行交互，共同完成对应用程序的处理。

浏览器/服务器模式：用户可以在 Internet 上进行“漫游”，去访问 Internet 成千上万个各种类型的服务器。如果采用两层客户/服务器模式，就需在客户机上安装大量的客户访问软件，这显然是不现实的。解决这一问题的最佳方法是在客户端与数据服务器之间增加一个 Web 服务器，它相当于三层客户/服务器模式中的应用服务器。这时由 Web 服务器代理客户机去访问某个数据服务器，客户机只需配置浏览器软件(如 IE)，便可以访问 Internet 中几乎所有允许访问的数据服务器，形成了 Web 浏览器、Web 服务器和数据服务器的三层结构。通常把这种三层结构的模式称为浏览器/服务器模式。

(7) 分布式操作系统。

计算机网络较好地解决了系统中各主机的通信问题和资源共享问题，但是计算机网络并不是一个一体化的系统，它没有标准的、统一的接口。网上各站点的计算机有各自的系统调用命令、数据格式等。若某台计算机上的用户希望使用网上另一台计算机的资源，则必须指明是哪个站点上的哪一台计算机，并以该计算机上的命令、数据格式来请求才能实现资源共享。而且为完成一个共同的计算任务，分布在不同主机上的各合作进程的同步协作也难以自动实现。

大量的实际应用要求一个完整的、一体化的系统，而且又具有分布处理能力。例如，在分布事务处理、分布数据处理及办公自动化系统等实际应用中，用户希望以统一的界面、标准的接口使用系统的各种资源，实现所需要的各种操作，这就导致了分布式系统的出现。

分布式操作系统由若干台独立的计算机构成，整个系统给用户的印象就像一台计算机。实际上，系统中的每台计算机都有自己的处理器、存储器和外部设备，它们既可独立工作(自治性)，亦可合作。在这个系统中各机器可以并行操作且有多个控制中心，即具有并行处理和分布式控制的功能。分布式系统是一个一体化的系统，在整个系统中有一个全局的操作系统，负责全系统(包括每台计算机)的资源分配和调度、任务划分、信息传输、控制协调等工作，并为用户提供统一的界面、标准的接口。

在系统结构上，分布式系统与网络系统有许多相似之处，但从操作系统的角度来看，分布式操作系统与网络操作系统存在较大的差别。

① 分布性。

虽然分布式系统在地理上与网络系统一样是分布的，但处理上的分布性是分布式系统的最基本特征。网络系统虽有分布处理的功能，但其控制功能大多集中在某个主机或服务器上，控制方式是集中的。

② 透明性。

分布式操作系统负责全系统的资源分配和调度、任务划分和信息传输协调工作。它很好地隐藏了系统内部的实现细节，如对象的物理位置、并发控制、系统故障等对用户都是透明的。例如，在分布式系统中要访问某个文件时，只需提供文件名，而无须知道它驻留在哪个站点上，即可对它进行访问。而在网络系统中，用户必须指明计算机，才能使用该计算机的资源。

③ 统一性。

分布式系统要求一个统一的操作系统，实现操作系统的统一性。而网络系统可以安装不同的操作系统，只要这些操作系统遵从一定的协议即可。

④ 健壮性。

由于分布式系统的处理和控制功能是分布的，因此任何站点上的故障不会给系统造成太大的影响。如果某设备出现故障，可以通过容错技术实现系统重构，从而保证系统的正常运行，因而系统具有健壮性，即具有较好的可用性和可靠性。而网络系统的处理和控制大多集中在主机或服务器上，而主机或服务器的故障会影响到整个系统的正常运行，系统具有潜在的不可靠性。

(8) 嵌入式操作系统。

嵌入式操作系统是一种用途广泛的系统软件。过去主要应用于工业控制和国防系统领域，随着 Internet 技术的发展、信息家电的普及应用及嵌入式操作系统的微型化和专业化，嵌入式操作系统开始从单一的弱功能向高专业化的强功能方向发展，在系统实时高效性、硬件的相关依赖性、软件固态化以及应用的专用性等方面具有较为突出的特点。除具备一般操作系统最基本的功能，如任务调度、同步机制、中断处理、文件功能等外，还具有以下特点：

① 可装卸性。开放性、可伸缩性的体系结构。

② 强实时性。嵌入式操作系统实时性一般较强，可用于各种设备控制中。

③ 统一的接口。

④ 提供强大的网络功能，支持 TCP/IP 协议及其他协议，提供 TCP/UDP/IP/PPP 协议支持及统一的 MAC 访问层接口，为各种移动计算设备预留接口。

⑤ 强稳定性，弱交互性。嵌入式系统一旦开始运行就不需要用户过多的干预，这就要求负责系统管理的嵌入式操作系统具有较强的稳定性。嵌入式操作系统的用户接口一般不提供操作命令，它通过系统调用命令向用户程序提供服务。

⑥ 固化代码。在嵌入式系统中，嵌入式操作系统和应用软件被固化在嵌入式系统计算机的 ROM 中。

⑦ 更好的硬件适应性，也就是良好的移植性。

(9) 智能卡操作系统。

智能卡操作系统是最小的操作系统，主要用于接收和处理外界（如手机或者读卡器）发给 SIM 卡或信用卡的各种信息、执行外界发送的各种指令（如鉴权运算）、管理卡内的存储器空间、向外界回送应答信息等。一般来说，智能卡操作系统由四部分组成，即通信管理模块、安全管理模块、应用处理模块和文件管理模块。

外界信息（指令或数据）通过通信管理模块进入智能卡操作系统，由安全管理模块对其合法性进行认证检查，其后由应用处理模块根据外界信息的含义（执行、存储）进行解释，最后由文件管理模块根据应用处理模块的解释结果对文件进行操作。

如果智能卡操作系统需要对外界信息做出应答，则由文件管理模块读取文件数据并传送给应用处理模块，或直接由应用处理模块提取按照外界信息指令执行的结果，这些信息或数据经过安全管理模块的认证检查后，通过通信管理模块反馈给外界，从而完成一次完整的处理过程。

4. 操作系统的特性

多道程序系统使得 CPU 和 I/O 设备以及其他资源得到充分的利用，但由此也带来一些复杂问题和新的特点，主要表现在以下方面。

(1) 并发性。

并发性是指两个或多个事件在同一时间间隔内发生。从宏观上看，在一段时间内有多道程序在同时执行；而从微观上看，在一个单处理器系统中，每一时刻只能执行一道程序。由于并发，系统需要解决：如何从一个活动切换到另一个活动，保护一个活动不受其他活动的影响以及如何使相互协作的活动同步。

(2) 共享性。

并发的目的是共享资源和信息。例如，在多道程序系统中，多个进程对 CPU、内存和 I/O 设备的共享，还有多个用户共享一个数据库、共享一个程序代码等，这有利于消除重复、提高资源利用率。与共享相关的问题是资源分配、对数据的同时存取、程序的同时执行以及保护程序免遭破坏等。

共享有互斥共享和同时访问两种方式，主要是根据资源的类别不同而不同。例如，对打印机、磁带机等资源采用互斥共享的方式，而对 CPU、内存等资源则采用同时访问的共享方式。具体情况将在以后各章详细论述。

(3) 虚拟性。

所谓虚拟性是指通过某种技术把一个物理实体变成若干个逻辑对应物。物理实体是客观存在的，而逻辑对应物只是用户感觉。如分时系统中只有一台主机，而终端用户却感觉自己独自占有一台机器。这种利用多道程序技术把一台物理上的主机虚拟成多台逻辑上的主机，称为虚处理器。同样，也可以把一台物理上的 I/O 设备虚拟为多台逻辑上的 I/O 设备。

(4) 异步性。

在多道程序环境下，多个程序并发执行，但由于资源等原因，它们的执行“走走停停”。内存中的各道程序何时执行、何时被挂起、以何种速度向前推进，都不可预知。很可能后进入内存的作业先完成，先进入内存的作业反而后完成，这就是异步方式。当然，同一作业多次执行，只要原始数据相同，计算结果会是相同的，但每次完成的时间却各不相同。

4.3.2 操作系统的功能

操作系统必须为用户提供各种简便有效地访问本机资源的手段，并且合理地组织系统工作流程，以便有效地管理系统。为了实现这些基本功能，需要在操作系统中建立各种进程，编写不同的功能模块，将这些功能模块有机地组织起来，以完成处理机管理、存储管理、设备管理、文件管理和作业管理等主要功能。

1. 处理机管理

处理机管理又称 CPU 管理，主要任务是处理机的分配和调度。它根据程序运行的需要和任务的轻重缓急，合理地、动态地分配处理机时间，力求最大限度地提高 CPU 的工作效率。

进程是CPU调度和资源分配的基本单位，它可以反映程序的一次执行过程。进程管理主要是对处理机资源进行管理。由于CPU是计算机系统中最宝贵的资源，为了提高CPU的利用率，一般采用多进程技术。操作系统的进程管理就是按照一定的调度策略，协调多道程序之间的关系，解决CPU资源的分配和回收等问题，以使CPU资源得到充分的利用。

在计算机系统中，如有多个用户同时执行存取操作，操作系统就会采用分时的策略进行处理。分时的基本思想是把CPU时间划分为多个"时间片"，轮流为多个用户服务。如果一个程序在一个时间片内没有完成，它将挂起，到下一次轮到时间片时继续处理。由于CPU速度很快，用户并不会感觉到与他人分享CPU，好像个人独占CPU一样。

另外在多处理器系统中，操作系统还要具备协调、管理多个CPU的能力，以提高处理效率。

处理器管理的主要任务如下：

(1) 进程控制。

在多道程序环境下，要使作业运行，首先要为作业创建一个或几个进程，为其分配必要的资源。当进程运行结束后，立即撤销进程，并回收该进程所占用的各类资源。在进程运行期间，负责管理进程状态的转换。

(2) 进程同步。

进程的运行是以异步方式进行的，以不可预知的速度向前推进。为使进程协调一致地工作，系统中必须设置进程同步机制。

(3) 进程通信。

相互合作的进程共同完成一个任务，或竞争资源的进程相互间需要协调一致地工作，进程之间就需要进行通信。

(4) 调度。

调度包含两个层面的调度，即作业调度和进程调度。作业调度的任务是从作业后备队列中按一定的算法，选择若干个作业，把它们调入内存，创建进程，并按一定的进程调度算法将它们插入就绪队列。进程调度的任务是按照一定的调度算法，从进程就绪队列中选出一个进程，为其分配处理器，使其进入运行状态。

2. 存储管理

存储管理的主要任务是为多道程序的运行提供良好的环境、提高内存利用率、对多道程序进行有效的保护、从逻辑上对内存进行扩充。因此，存储管理主要有如下功能：

(1) 内存分配。

按照一定的算法为系统中的多个作业(进程)分配内存，并用合理的数据结构记录内存的使用情况。

(2) 内存保护。

每道程序都只在自己的内存区内运行，绝不允许用户程序访问操作系统的程序和数据，也不允许用户程序访问非共享的其他用户程序，确保内存中的信息不被其他程序有意或无意地破坏。

(3) 地址映射。

由于是多道程序的运行环境，程序每次装入内存的位置都不相同。为确保程序能正常运行，需将地址空间中的逻辑地址转换为内存空间中与之对应的物理地址。

(4) 内存扩充。

内存扩充的任务是对内存进行逻辑扩充，而不是物理扩充。逻辑扩充的方法是采用虚拟存储器技术，即仅把程序的一部分装入内存，而把其余部分装入外存。若程序在运行过程中发现所需部分未装入内存，则请求把该部分调入内存。若内存中已无足够的空间来装入需要调入的程序和数据，系统应将内存中暂时不用的部分程序和数据从内存中淘汰出去，再把所需的部分装入内存。

3. 文件管理

计算机系统的软件信息都是以文件的形式存储在各种存储介质中的。操作系统中对这部分资源进行管理的部分是文件系统。文件系统的任务是对用户文件和系统文件进行管理，以方便用户使用，并保证文件的安全性。文件管理主要包括如下功能：

(1) 文件存储空间的管理。

文件都是随机存储在磁盘上的。在多用户系统中，如果要求用户自己对文件的存取进行管理，将是十分低效且容易出错的。因此，文件系统应对文件的存储空间进行统一管理，其主要任务是为每个文件分配外存空间，提高外存利用率的同时，提高文件的存取速度。

(2) 目录管理。

文件系统为每个文件建立了一个目录项(通常称为文件控制块)，以方便用户在外存上找到自己的文件。目录项主要包括文件名、文件属性、文件在外存中的存储位置等信息。目录管理的任务就是为每个文件建立目录项，并对众多文件的目录项加以有效地管理，以方便用户实现对文件的“按名存取”。

(3) 文件共享。

文件系统还应提供文件共享功能。文件共享是指多个进程在受控的前提下共用系统中的同一个文件，该文件在外存中只保留一个文件副本。这样做的好处是无须为每个用户保存一个文件副本，节省了存储空间。

(4) 文件保护。

文件保护是要防止用户有意或无意地对文件进行非法访问，如防止未经核准的用户存取文件、防止冒名顶替者存取文件、防止以不正确的方式使用文件等。

4. 设备管理

I/O 设备种类很多，使用方法各不相同。设备管理的主要任务是：完成用户提出的 I/O 请求；为用户进程分配其所需的 I/O 设备；提高 CPU 和 I/O 设备的利用率；提高 I/O 速度；实现虚拟设备；方便用户使用 I/O 设备。为实现上述任务，I/O 设备管理应具有如下功能：

(1) 缓冲管理。

CPU 的高速性和 I/O 设备的低速性的矛盾，导致 CPU 利用率的下降。如果在 CPU 与 I/O 设备之间引入缓冲，就可有效地缓解这个矛盾。在现代操作系统中，无一例外地在内存中设置了缓冲区，还可以通过增加缓冲区容量的方法进一步改善系统的性能。

(2) 设备分配。

其主要任务是按照用户进程的 I/O 请求、系统现有资源情况，按照某种算法为其分配所需的资源。为实现设备分配，系统中应设置系统设备表、设备控制表、控制器控制表和通道控制表等数据结构,用以记录设备、控制器和通道的使用情况,以供设备分配时参考。对于不同的设备,要采用不同的分配策略。

(3) 设备处理。

设备处理程序就是通常所说的设备驱动程序,其作用是实现CPU和设备控制器之间的通信。

(4) 虚拟设备。

虚拟设备是采用假脱机技术实现的,主要是为了缓解CPU与I/O设备速度不匹配的矛盾。输入时,利用一台外围机,将低速I/O设备上的数据传输到高速磁盘(输入井)上,形成输入队列;输出时,数据输出到高速磁盘(输出井)上,形成输出队列。系统按照某种算法进行调度,进行输入/输出操作。

5. 用户接口

操作系统除应具有上述资源管理功能外,还要为方便用户使用计算机提供接口。操作系统的用户接口分作业控制级接口和程序级接口两类。

(1) 作业控制级接口。

用户可以通过该接口发出命令以控制作业的运行,它又分为联机用户接口和脱机用户接口两类。

联机用户接口的用户通过一组键盘命令向计算机发布指令来控制作业的运行,常用于分时系统中。

脱机用户接口是为批处理用户提供的接口。该接口由一组作业控制语言组成,用户使用作业控制语言把需要对作业进行的控制和干预事先写在作业说明书上,连同作业一起提交给系统。如作业在运行过程中出现异常,系统将根据作业说明书上的指示进行干预。

(2) 程序级接口。

用户程序工作在用户态下,而系统软件工作在核心态下,系统的各类资源不允许用户直接使用。为使用户可以使用系统的各类资源,操作系统提供了一整套的系统调用,在用户程序中可使用这些系统调用向系统提出各种资源请求和服务请求。

4.3.3 移动平台操作系统

移动平台就是电信运营商在原业务基础上为其用户提供的一个范围更广、使用更方便的信息交换平台;它把手机的功能从简单的通话扩展到了包括处理电子邮件等功能在内的互动沟通形式,从而使用户能够方便地进行各种信息的交流。简单地说,用户通过手机除了可以进行通常的通讯联络以外,还可以通过电信部门提供的特殊服务进行以前无法做到的电子信息的沟通。例如使用手机收发各种形式(文字、语音、表格、图片等格式)的电子邮件;使用手机直接与计算机实现实时信息传递;通过手机对不便记忆的信息进行检索;甚至把手机作为工作、生活中不可缺少的与他人进行交流的统一消息门户。

移动平台能够帮助用户解决许多实际问题:

(1) 可以比计算机更快捷地收发和处理电子邮件等信息,不受时间、空间及设备限制,真正实现实时处理邮件,解决了商务人士离开计算机后无法快捷处理电子邮件的难题。

(2) 可以最大限度地发挥集团办公优势,快速查询企业资料(如利用语音查询联系人功能直接拨通联系人的电话)。

(3) 作为统一门户平台享受各种移动信息服务。

目前,在智能手机市场上,中国市场仍以个人信息管理型手机为主,随着更多厂商的加入,整体市场的竞争已经开始呈现出分散化的态势。从市场容量、竞争状态和应用状况上来看,整个市场仍处于启动阶段。目前应用在手机上的操作系统主要有 Symbian(塞班)、iOS、Windows Mobile、Palm OS、Android、Linux 和 BlackBerry OS(黑莓系统)。

1. Symbian

Symbian 操作系统的前身是英国宝意昂公司(Psion)的 EPOC 操作系统,而 EPOC 是 Electronic Piece of Cheese 取第一个字母而来的,其原意为“使用电子产品时可以像吃乳酪一样简单”,这就是它在设计时所坚持的理念。为了对抗微软及 Palm,取得未来智能移动终端领域的市场先机,1998 年 6 月,诺基亚、摩托罗拉、爱立信、三菱和宝意昂在英国伦敦共同投资成立 Symbian 公司。2008 年已被诺基亚全额收购。

Symbian 是一个实时性、多任务的纯 32 位操作系统,具有功耗低、内存占用少等特点,非常适合手机等移动设备使用,经过不断完善,可以支持 GPRS、蓝牙、SyncML 以及 3G 技术。最重要的是它是一个标准化的开放式平台,任何人都可以为支持 Symbian 的设备开发软件。与微软产品不同的是,Symbian 将移动设备的通用技术,也就是操作系统的内核,与图形用户界面技术分开,能很好地适应不同方式输入的平台,也可以使厂商为自己的产品制作更加友好的操作界面,符合个性化的潮流,这也是用户能见到不同样子的 Symbian 系统的主要原因。现在为这个平台开发的 Java 程序已经开始在互联网上盛行。用户可以通过安装这些软件,扩展手机功能。

在 Symbian 发展阶段,出现了三个分支:分别是 Crystal、Pearl 和 Quarz。前两个主要针对通讯器市场,也是出现在手机上最多的,是今后智能手机操作系统的主力军。

目前根据人机界面的不同,Symbian 体系的 UI(User Interface 用户界面)平台分为 Series 60、Series 80、Series 90、UIQ 等。

Symbian 作为一款已经相当成熟的手机操作系统,具有以下的特点:

(1) 提供无线通信服务,将计算技术与电话技术相结合。

(2) 操作系统固化。

(3) 相对固定的硬件组成。

(4) 较低的研发成本。

(5) 强大的开放性。

(6) 低功耗,高处理性能。

(7) 系统运行的安全、稳定性。

(8) 多线程运行模式。

(9) 多种用户界面,灵活,简单易操作。

2. iOS

iOS 是由 Apple 公司为 iPhone 开发的移动操作系统。它主要是给 iPhone、iPod touch 以及 iPad 使用。就像其基于 Mac OS X 的操作系统一样,它也是以 Darwin 为基础的。原本这个系统名为 iPhone OS,直到 2010 年 6 月 7 日 WWDC 大会上宣布改名为 iOS。iOS 的系统架构分为四个层次:核心操作系统层(the Core OS layer)、核心服务层(the Core Services layer)、媒体层(the Media layer)和可轻触层(the Cocoa Touch layer)。系统占用大概 512 MB 的存储器空间。

(1) 用户界面。

在 iOS 用户界面上能够使用多点触控直接操作。控制方法包括滑动、轻触开关和按键。与系统交互包括滑动、轻按、挤压和旋转。此外,通过其内置的加速器,可以令其旋转设备改变其 y 轴以令屏幕改变方向,这样的设计令 iPhone 更便于使用。

屏幕的下方有一个 home 按键,底部则是 dock,有四个用户最经常使用的程序的图标被固定在 dock 上。屏幕上方有一个状态栏能显示一些有关数据,如时间、电池电量和信号强度等。其余的屏幕用于显示当前的应用程序。启动 iPhone 应用程序的唯一方法就是在当前屏幕上点击该程序的图标,退出程序则是按下屏幕下方的 home 键。在第三方软件退出后,它直接就被关闭了,但在 iPhone 3.0 及后续版本中,当第三方软件收到了新的信息时,苹果公司的服务器将把这些通知推送至 iPhone 或 iPod Touch 上(不管它是否正在运行中)。在 iPhone 上,许多应用程序之间都是有联系的,这样,不同的应用程序能够分享同一个信息(如当你收到了包括一个电话号码的短信息时,你可以选择是将这个电话号码存为联络人或是直接选择这个号码打通电话)。

(2) 支持的软件。

iPhone 和 iPod Touch 使用基于 ARM 架构的中央处理器,而不是苹果的麦金塔计算机使用的 x86 处理器,它使用由 PowerVR 视频卡渲染的 OpenGL ES 1.1。因此,Mac OS X 上的应用程序不能直接复制到 iOS 上运行,需要针对 iOS 的 ARM 重新编写。但是,Safari 浏览器支持“Web 应用程序”。从 iOS 2.0 开始,通过审核的第三方应用程序已经能够通过苹果的 App Store 进行发布和下载了。

(3) iOS 自带的应用程序。

在 4.3 版本的固件中,iPhone 的主接口包括以下自带的应用程序:SMS(短信)、日历、照片、YouTube、股市、地图(AGPS 辅助的 Google 地图)、天气、时间、计算机、备忘录、系统设置、iTunes(将会被链接到 iTunes Music Store 和 iTunes 广播目录)、App Store、Game Center 以及联络信息。还有四个位于最下方的常用应用程序包括:电话、Mail、Safari 和 iPod。

除了电话、短信,iPod Touch 保留了大部分 iPhone 自带的应用程序。iPhone 上的“iPod”程序在 iPod Touch 上被分成了两个:音乐和视频。位于主界面最下方 dock 上的应用程序也根据 iPod Touch 的主要功能而改成了:音乐、视频、照片、iTunes、Game Center,第四代的 iPod Touch 更增加了相机和摄像功能。

iPad 只保留部分 iPhone 自带的应用程序:日历、通讯录、备忘录、视频、YouTube、iTunes Store、App Store 以及设置;四个位于最下方的常用应用程序是:Safari、Mail、照片和 iPod。

(4) 不被官方支持的第三方软件。

现在,iPhone 和 iPod Touch 只能从 App Store 用官方的方法安装完整的软件。然而,自从 1.0 版本开始,非法的第三方软件就能在 iPhone 上运行了。这些软件面临着被任何一次 iOS 更新而完全破坏的可能性,虽然苹果也曾经说明过它不会为了破坏这些第三方软件而专门设计一个系统升级(会将 SIM 解锁的软件除外)。这些第三方软件发布的方法是通过 Installer 或 Cydia utilities,这两个程序会在 iPhone 越狱之后被安装到 iPhone 上。

3. WindowsMobile

微软公司的 Windows Mobile 系统包括 Pocket PC 和 Smartphone 以及 Media Centers。Pocket PC 针对无线 PDA，Smartphone 专为手机。按照微软官方的说法：“Windows Mobile 将熟悉的 Windows 体验扩展到了移动环境中，所以您可以立即使用它投入工作。”

微软为手机而专门开发的 Windows Mobile 提供的功能非常多，在不同的平台上实现的功能互有重叠也各有侧重。这三个平台都支持和台式机的数据同步。Smartphone 提供的功能侧重点在联系方面，它主要支持的功能有：电话、电子邮件、联系人、即时消息。Pocket PC 的功能侧重个人事务处理和简单的娱乐，主要支持的功能有：日程安排、移动版 Office，简单多媒体播放功能。

目前微软的 Windows Mobile 系统已广泛用于智能手机和掌上电脑，虽然手机市场份额尚不及 Symbian，但正在加速赶上，目前生产 Windows Mobile 手机的最大厂商是：台湾 HTC（国内产品称为多普达），贴牌厂家 02 XDA、T-Mobile、Qtek、Orange 等，其他还有东芝、惠普、Mio（神达）、华硕、索爱、三星、LG、Motorola、联想、斯达康、夏新等。

2010 年 2 月，微软公司正式发布 Windows Phone 7 智能手机操作系统，简称 WP7，并于 2010 年底发布了基于此平台的硬件设备。主要生产厂商有：三星、HTC、LG 等，从而宣告了 Windows Mobile 系列彻底退出了手机操作系统市场。

4. Palm OS

Palm OS 是一种 32 位的嵌入式操作系统，主要运用于移动终端上。此系统最初由 3Com 公司的 Palm Computing 部开发，目前 Palm Computing 已经独立成一家公司。Palm OS 与同步软件 HotSync 结合可以使移动终端与电脑上的信息实现同步，把台式机的功能扩展到了移动设备上。Palm OS 操作系统由 Palm 公司自行开发的，并授权给 Handspring、索尼和高通等设备厂家，这种操作系统更倾向于 PDA 的操作系统。Palm OS 在 PDA 市场占有主导地位。Palm 的产品线本身就包括智能手机，又宣布与最早的智能手机开发者 Handspring 购并，同时将软件部门独立。

5. Android

Android 是 Google 开发的基于 Linux 平台的开源手机操作系统。它包括操作系统、用户界面和应用程序——移动电话工作所需的全部软件，据称是首个为移动终端打造的真正开放和完整的移动软件。Google 与开放手机联盟合作开发了 Android（安卓），这个联盟由包括中国移动、摩托罗拉、高通、宏达电子和 T-Mobile 在内的 30 多家技术和无线应用的领军企业组成。Google 通过与运营商、设备制造商、开发商和其他有关各方结成深层次的合作伙伴关系，希望借助建立标准化、开放式的移动电话软件平台，在移动产业内形成一个开放式的生态系统。

Android 作为谷歌企业战略的重要组成部分，将进一步推进“随时随地为每个人提供信息”这一企业目标的实现。但是，全球为数众多的移动电话用户从未使用过任何基于 Android 的电话。谷歌的目标是让移动通讯不依赖于设备甚至平台。出于这个目的，Android 将补充而不会替代谷歌长期以来奉行的移动发展战略：通过与全球各地的手机制造商和移动运营商结成合作伙伴，开发既有用又有吸引力的移动服务，并推广这些产品。

6. Linux

Linux 进入到移动终端操作系统，就以其开放源代码的优势吸引了越来越多的终端厂商和运营商对它的关注，包括摩托罗拉、三星、NEC 和 NTT DoCoMo 等知名厂商。

Linux 与其他操作系统相比是个后来者，但 Linux 具有两个其他操作系统无法比拟的优势。其一，Linux 具有开放的源代码，能够大大降低成本。其二，既满足了手机制造商根据实际情况有针对性地开发自己的 Linux 手机操作系统的要求，又吸引了众多软件开发商对内容应用软件的开发，丰富了第三方应用。然而 Linux 操作系统有其先天的不足：入门难度高、熟悉其开发环境的工程师少、集成开发环境较差；由于微软 PC 操作系统源代码的不公开，基于 Linux 的产品与 PC 的连接性较差；尽管目前从事 Linux 操作系统开发的公司数量较多，但真正具有很强开发实力的公司却很少，而且这些公司之间是相互独立的开发，很难实现更大的技术突破。尽管 Linux 在技术和市场方面有独到的优势，但是目前来说还无法与 Symbian 抗衡，想在竞争日益激烈的手机市场中站稳脚跟、抢夺市场份额也绝非易事。

7. BlackBerry OS

BlackBerry OS 即黑莓系统，是由加拿大 RIM 公司自主开发，该系统提供了一套完整的端到端的无线移动解决方案，个人和企业用户可以通过该方案，将最新的重要信息（Email、Address book、Calendar 等）和重要数据（报告、报表等）适时、主动地通过无线方式推送到用户的 BlackBerry 专用终端上，使用户时刻得到最新的信息和资料。

安装有 BlackBerry 系统的手机，指的不单单只是一部手机，而是由 RIM 公司所推出，包含服务器（邮件设定）、软件（操作接口）以及终端（手机）大类别的 Push Mail 实时电子邮件服务。BlackBerry 系统和其他手机终端使用的 Symbian、Windows Mobile、iPhone 等操作系统有所不同，BlackBerry 系统的加密性能更强，更安全。

习　题

一、单选题

1. 计算机软件系统的核心是________。

A. 高级语言　　B. 计算机应用系统

C. 操作系统　　D. 数据库管理系统

2. 被称为“裸机”的计算机是指________。

A. 没安装外部设备的计算机　　B. 没安装任何软件的计算机

C. 大型计算机的终端机　　D. 没有硬盘的计算机

3. 计算机程序是指________。

A. 指挥计算机进行基本操作的命令

B. 能够完成一定处理功能的一组指令的集合

C. 一台计算机能够识别的所有指令的集合

D. 能直接被计算机接受并执行的指令

4. 软件与程序的区别是________。

A. 程序价格便宜，软件价格昂贵

B. 程序是用户自己编写的，而软件是由厂家提供的

C. 程序是用高级语言编写的，而软件是由机器语言编写的

D. 软件是程序、数据结构和文档的总称，而程序只是软件的一部分

5. Microsoft 公司的 Windows 操作系统属于________操作系统。

A. 单用户单任务　　B. 单用户多任务

C. 多用户分时　　D. 多道批处理

6. Unix 操作系统属于________操作系统。

A. 单用户单任务　　B. 单用户多任务

C. 多用户分时　　D. 多道批处理

7. NetWare 操作系统属于________操作系统。

A. 分时　　B. 网络　　C. 实时　　D. 分布式

8. 应用于火车票订票系统的操作系统，属于________操作系统。

A. 分时　　B. 网络　　C. 实时　　D. 分布式

9. 下列软件中，不属于系统软件的是________。

A. C 语言源程序　　B. 编译程序

C. 操作系统　　D. 数据库管理系统

10. 下述的各种功能中，________不是操作系统的功能。

A. 将各种计算机语言翻译成机器指令

B. 实行文件管理

C. 对内存和外部设备实行管理

D. 充分利用 CPU 处理能力，采取多用户和多任务方式

11. 操作系统为用户提供了操作界面是指________。

A. 用户可以使用驱动器、声卡、视频卡等硬件设备

B. 用户可以使用文字处理软件编写文章

C. 用户可以使用计算机高级语言进行程序设计、调试和运行

D. 用户可以用某种方式和命令启动、控制和操作计算机

12. 360 杀毒软件若按软件分类则是属于________。

A. 应用软件　　B. 系统软件　　C. 操作系统　　D. 数据库管理系统

13. 执行速度最快的计算机语言是________。

A. C 语言　　B. SQL 语言　　C. 机器语言　　D. 汇编语言

14. 汇编语言是面向________的语言。

A. 用户　　B. 机器　　C. 指令　　D. 操作系统

15. 目前比较流行的 iPhone 手机使用的是________移动操作系统。

A. Palm OS　　B. Android　　C. iOS　　D. Windows Mobile

16. 操作系统为方便用户使用计算机而提供用户接口。操作系统的用户接口分作业控制级接口和________接口两类。

A. 进程级　　B. 程序级　　C. 作业级　　D. 用户级

17. 编译程序和解释程序的区别是________。

A. 前者产生机器语言形式的目标程序，而后者不产生

B. 后者产生机器语言形式的目标程序，而前者不产生

C. 二者都产生机器语言形式的目标程序

D. 二者都不产生机器语言形式的目标程序

18. 能将高级语言程序直接翻译成机器语言程序的是________。

A. 编译程序　　B. 汇编程序　　C. 监控程序　　D. 诊断程序

19. 数据库语言编制的源程序,要经过________翻译成目标程序,才能被计算机所执行。

A. 编译程序　　B. 翻译程序　　C. 诊断程序　　D. 数据库管理系统

20. 计算机的机器语言程序是用________表示的。

A. 二进制代码　　B. ASCII 码　　C. 内码　　D. 外码

二、多选题

1. 计算机软件包括________。

A. 程序　　B. 数据结构　　C. 语言　　D. 文档

2. 计算机软件系统由________两大部分组成。

A. 高级语言　　B. 操作系统　　C. 系统软件　　D. 应用软件

3. 下列属于系统软件的有________。

A. C 语言　　B. Word　　C. SQL　　D. QQ 软件

4. 关于操作系统,下列________说法是正确的。

A. 操作系统是最基本、最重要的系统软件

B. 操作系统的功能之一是资源管理

C. 计算机运行过程中可以不需要操作系统

D. 操作系统是用户与计算机之间的接口

5. 操作系统的特性包括________。

A. 并发性　　B. 共享性　　C. 虚拟性　　D. 异步性

6. 操作系统的基本功能包括________,除此之外还为用户使用操作系统提供了用户接口。

A. 处理机管理　　B. 存储管理　　C. 设备管理　　D. 文件管理

7. 不同种类的计算机系统具有不同的________。

A. 高级语言　　B. 机器语言　　C. 汇编语言　　D. 数据库管理系统

8. 计算机不能直接执行的程序是________。

A. 高级语言程序　　B. 汇编语言程序　　C. 机器语言程序　　D. 源程序

9. 用户可以通过作业控制级接口发出命令以控制作业的运行,它又分为________。

A. 联机用户接口　　B. 联机作业接口　　C. 脱机作业接口　　D. 脱机用户接口

10. 微机操作系统包括________。

A. 多用户单任务操作系统　　B. 单用户单任务操作系统

C. 多用户多任务操作系统　　D. 单用户多任务操作系统

三、填空题

1. 一个完整的计算机系统包括硬件系统和________。

2. Mac OS 操作系统是最早出现的________的操作系统。

3. 在操作系统的基本功能之一处理机管理又称________,主要任务是处理机的分配和

调度。

4. ________是一个实时性、多任务的纯32位操作系统，具有功耗低、内存占用少等特点，非常适合手机等移动设备使用。

5. ________是由加拿大RIM公司自主开发，该系统提供了一套完整的端到端的无线移动解决方案。

6. 计算机的系统软件包括操作系统、________、数据库管理系统和系统服务程序。

7. 计算机的应用软件包括用户程序和________。

8. ________是一个免费的操作系统，用户可以免费获得其源代码，并能够随意修改。

9. 用能反映指令功能的助记符表达的计算机语言称为________语言，它是符号化的机器语言。

10. 对于高级语言来说，有两种翻译方式，其中________方式不产生完整的目标程序，而是逐句进行的，边翻译、边执行。

11. 移动公司推出的飞信软件属于计算机软件系统的________之类。

12. 在计算机系统中，________是裸机的第一层扩充，是最重要的系统软件。

13. 操作系统的发展经历了人工操作方式、单道批处理系统、________、现代操作系统的过程。

14. 计算机的实时操作系统又分为实时控制操作系统和实时________系统。

15. Microsoft公司的Windows NT属于________操作系统。

16. ________操作系统是最小的操作系统，主要用于接收和处理外界发给SIM卡或信用卡的各种信息、执行外界发送的各种指令、管理卡内的存储器空间、向外界回送应答信息等。

17. CPU调度和资源分配的基本单位是________，它可以反映程序的一次执行过程。

18. 操作系统的存储管理的主要功能包括内存分配、内存保护、地址映射和________。

19. 操作系统的文件管理的主要功能包括文件存储空间的管理、目录管理、________和文件保护。

20. 操作系统的设备管理的主要功能包括________、设备分配、设备处理和虚拟设备。

四、简答题

1. 什么是计算机软件？简述计算机软件与硬件的不同。
2. 简述计算机软件系统的组成。
3. 什么是操作系统？常用的操作系统有哪些？
4. 操作系统的类型有哪些？
5. 简述操作系统的五大功能。
6. 常用的移动平台操作系统有哪些？

第5章 计 算 思 维

智力上的挑战和引人入胜的科学问题依旧亟待理解和解决。这些问题和解答仅仅受限于我们自己的好奇心和创造力。

本章主要内容包括：

- 计算思维的概念
- 不插电的计算机案例
- 生活中的计算思维

5.1 计算思维概述

我们所使用的工具影响着我们的思维方式和思维习惯，从而也将深刻地影响着我们的思维能力。电动机的出现引发了自动化的思维，计算机的出现催生了智能化的思维，信息技术的普及使计算思维成为现代人类必须具备的一种基本素质。

5.1.1 思维和科学思维

思维是人脑对客观现实概括的和间接的反映，它反映的是事物的本质和事物间规律性的联系。思维是人脑对客观现实的反映。思维所反映的是一类事物共同的、本质的属性和事物间内在的、必然的联系，属于理性认识。

思维是整个脑的功能，是高级的心理活动形式。人脑对信息的处理包括分析、抽象、综合、概括、对比等，这些是思维最基本的过程。

科学是运用范畴、定理、定律等思维形式反映现实世界各种现象的本质的规律的知识体系。

从16世纪下半叶到17世纪中叶，随着自然研究的各个学科初步形成，近代科学思维也告形成。

科学思维是在科学活动中的思维方式与表现形式。科学思维，即形成并运用于科学认识活动、对感性认识材料进行加工处理的方式与途径的理论体系；是真理在认识的统一过程中，对各种科学的思维方法的有机整合，是人类实践活动的产物。

科学思维的三个主要特征：以观察和总结自然(包括人类社会活动)规律为特征的实证思维，以推理和演绎为特征的逻辑思维，以设计和构造为特征的构造思维。一种思维是否具备科学性，关键在于它是否具备这三个特征。

人类通过思维去认识世界，并通过思维去改造世界。在这个过程中，思维的三个方面全部表现出来，即通过观察形成规律，通过推理达到更多结论，通过设计形成行动方案。

5.1.2 计算思维的表述

计算是人类文明最古老而又最时新的成就之一。从远古的手指计数，经结绳计数，到中国古代的算筹计算、算盘计算，到近代西方的耐普尔骨牌计算及巴斯卡计算器等机械计算，直至现代的电子计算机计算，计算方法及计算工具的无限发展与巨大作用，使计算创新在人类科技史上占有异常重要的地位。

计算思维并不是计算机出现以后才有的，而是从人类思维出现以后就一直相伴而存在的，只是到了计算机时代，计算思维的意义和作用提到了前所未有的高度，成为现代人类必须具备的一种基本素质。

计算思维是运用计算机科学的基础概念进行问题求解、系统设计以及人类行为理解，涵盖了计算机科学之广度的一系列思维活动。

计算思维建立在计算过程的能力和限制之上，由人、由机器执行。计算方法和模型使我们敢于去处理那些原本无法由个人独立完成的问题求解和系统设计。

计算思维的更进一步定义：

(1) 计算思维是通过约简、嵌入、转化和仿真等方法，把一个看来困难的问题重新阐释成一个我们知道问题怎样解决的思维方法。

(2) 计算思维是一种递归思维，是一种并行处理，它把代码译成数据又能把数据译成代码，它是由广义量纲分析进行的类型检查。

(3) 计算思维是一种采用抽象和分解来控制庞杂的任务或进行巨大复杂系统设计的方法，是一种基于关注点分离的方法(separation of concerns，简称 SoC 方法)。

(4) 计算思维是一种选择合适的方式去陈述一个问题，或对一个问题的相关方面建模使其易于处理的思维方法。

(5) 计算思维是按照预防、保护及通过冗余、容错、纠错的方式，并从最坏情况进行系统恢复的一种思维方法。

(6) 计算思维是利用启发式推理寻求解答，也即在不确定情况下的规划、学习和调度的思维方法。

(7) 计算思维是利用海量数据来加快计算，在时间和空间之间，在处理能力和存储容量之间进行折衷的思维方法。

计算思维作为人类三大科学思维特征之一，虽然比逻辑思维与实证思维更晚受到关注和缺乏厚重的积累，但是计算机与信息科技的迅猛发展以及计算科学技术本身的严密性和逻辑性，使计算思维研究完全有可能快速发展并后来居上。

5.1.3 计算思维的特征

计算思维中最根本的两个概念：一个是抽象(abstraction)，另一个是自动化(automation)。计算思维中的这两个“A”代表了计算思维的本质，反映了计算的最根本问题：什么是可计算的，怎样去计算，什么能被有效地自动进行？

计算思维具有以下 6 大特征：

1. 概念化，不是程序化

计算机科学不是计算机编程。像计算机科学家那样去思维意味着远不止能为计算机编程，还要求能够在抽象的多个层次上思维。

2. 根本的，不是刻板的技能

根本技能是每一个人为了在现代社会中发挥职能所必须掌握的。刻板的技能意味着机械地重复。具有讽刺意味的是，当计算机科学真正解决了人工智能的重大挑战——使计算机像人类一样思考之后，思维可就真的变成机械的了。

3. 是人的，不是计算机的思维方式

计算思维是人类求解问题的一条途径，但绝非是要人类像计算机那样地思考。计算机枯燥且沉闷，人类聪颖且富有想象力。是人类赋予计算机激情。配置了计算设备，我们就能用自己的智慧去解决那些在计算机时代之前不敢尝试的问题，实现"只有想不到，没有做不到"的境界。

4. 数学和工程思维的互补与融合

计算机科学本质上源自数学思维，因为像所有的科学一样，其形式化基础建筑于数学之上。计算机科学又从本质上源自工程思维，因为我们建造的是能够与实际世界互动的系统，基本计算设备的现实迫使计算机科学家必须计算性的思考，不能只是数学性的思考。构建虚拟世界的自由使我们能够设计超越物理世界的各种系统。

5. 是思想不是人造物

不只是我们生产的软硬件等人造物将以物理形式到处呈现并时时刻刻触及到我们的生活，更重要的是还将有我们用以接近和求解问题、管理日常生活、与他人交流和互动的计算概念。

6. 面向所有的人，所有地方

当计算思维真正融入人类活动的整体以致不再表现为一种显式之哲学的时候，它就将成为一种现实。

5.1.4 计算思维在其他科学中的影响

我们已见证了计算思维在其他科学中的影响。例如，机器学习已经改变了统计学。就数据尺度和维数而言，统计学用于各类问题的规模仅在几年前还是不可想象的。目前各种组织的统计部门都聘请了计算机科学家。计算机学院(系)正在与已有或新开设的统计学系联姻。

近年来，计算机科学家们对与生物科学家合作越来越感兴趣，因为他们坚信生物学家能够从计算思维中获益。计算机科学家对生物学的贡献绝不限于其能够在海量序列数据中寻找模式规律的本领。最终的希望是数据结构和算法(我们自身的计算抽象和方法)能够以阐释其功能的方式来表示蛋白质的结构。计算生物学正在改变着生物学家的思考方式。类似地，计算博弈理论正在改变着经济学家的思考方式，纳米计算改变着化学家的思考方式、量子计算改变着物理学家的思考方式。

计算思维将成为每一个人的技能组合成分，而不仅仅限于科学家。目前普遍适用的计算(普适计算)之于今天就如计算思维之于明天。普适计算是已成为今日现实的昨日之梦，而计算思维就是明日现实。

5.1.5 计算思维在中国

计算思维不是今天才有的，它早就存在于中国的古代数学之中，只不过今天使之清晰化和系统化了。

中国古代学者认为,当一个问题能够在算盘上解算的时候,这个问题就是可解的,这就是中国的“算法化”思想。中国科学家吴文俊正是在这一基础上围绕几何定理的证明展开了研究,开拓了一个在国际上被称为“吴方法”的新领域——数学的机械化领域,吴文俊为此于2000年获得国家首届最高科学技术奖。

《中国至2050年信息科技发展路线图》指出:长期以来,计算机科学与技术这门学科被构造成一门专业性很强的工具学科。“工具”意味着它是一种辅助性学科,并不是主业,这种狭隘的认知对信息科技的全民普及极其有害。针对这个问题,报告认为计算思维的培育是克服“狭义工具论”的有效途径,是解决其他信息科技难题的基础。

一些专家认为:(计算机科学界)最具有基础性和长期性的思想是计算思维。在中文里,计算思维不是一个新的名词。在中国,从小学到大学教育,计算思维经常被朦朦胧胧地使用,却一直没有提高到计算思维定义所描述的高度和广度,以及那样的新颖、明确和系统。

5.1.6 计算思维的明天

计算思维不仅仅属于计算机科学家,它应当是每个人的基本技能。一个人可以主修英语或者数学,接着从事各种各样的职业。计算机科学也一样,一个人可以主修计算机接着从事医学、法律、商业、政治以及任何其他类型的科学和工程,甚至艺术工作。

计算思维将渗透到我们每个人的生活之中,到那时诸如“算法”和“前提条件”这些词汇将成为每个人日常语言的一部分,对“非确定论”和“垃圾收集”这些词的理解会和计算机科学里的含义趋近,而“死锁”、“并发”等这些词汇经常在计算机外的领域使用。

我们应当使每个孩子在培养解析能力时不仅掌握阅读、写作和算术(Reading, wRiting, and aRithmetic——3R),还要学会计算思维。正如印刷出版促进了3R的普及,计算和计算机也以类似的正反馈促进了计算思维的传播。

计算思维将是21世纪中叶所有人的一种基本技能,这种技能就像今天人们普遍掌握的3R技能一样;到那时,我们每个人都能像计算机科学家一样思考问题。把计算思维这一从工具到思维的发展提升到与“读、写、算”同等的基础重要性,成为适合于每一个人的一种普遍的认识和一类普适的技能。从而实现计算机科学从前沿高端到基础普及的转型。

5.2 不插电的计算机案例

计算机已深入到我们生活的方方面面。人们在家中、工作中使用计算机,甚至在行走的路上也使用计算机(手机和MP3播放器也是特殊形式的计算机)!本节将通过游戏案例着眼于各项计算机技术的原理,展示新技术是如何被设计出来的,并通过开发“计算思维”来提高解决问题的能力。

5.2.1 案例一 检测错误

当数据储存在硬盘或传送到网络上时,它们一般是不会发生改变的。不过,有时候一些故障也会导致数据会突然改变,比如电子干扰。现在来学习一种确保数据不会意外发生改变的方法——奇偶校验。

请观看奇偶校验的游戏视频，其中的几幅画面如图5-1、图5-2所示。

图5-1　奇偶校验(街头魔术)

图5-2　奇偶校验(课堂版)

任何储存在计算机或传送在计算机之间的数据都是采用二进制数字的形式予以表达的，在计算机科学中被广泛使用的“二进制位”称为“比特”(bit)。一个比特即是一个位数，其值可以是0或1。存储或传输设备上发生的错误，很容易导致数据的突然变化，把0变成1，或将1变成0。如果设置得当，计算机便能自动检测出数据的改变，有时甚至能自动修正错误，奇偶校验就是其中的一种方法。

将25张卡片放成5×5的正方形，正反朝向随意(见图5-3)。在卡片阵列的右侧增加一列(图中带◉的卡片)，让每一行的白色卡片总数保持偶数(若此行白色卡片数总数为奇数，加一张白色卡片，否则加一张绿色卡片)，在卡片阵列的底部也增加一行以保证每列白色卡片的总数为偶数(见图5-4)。当5×5的正方形阵列中的一个数据发生变化(0变1或1变0)后，数据所在的行、列白色卡片的总数不再为偶数，由此判定此数据出错，并修改之。

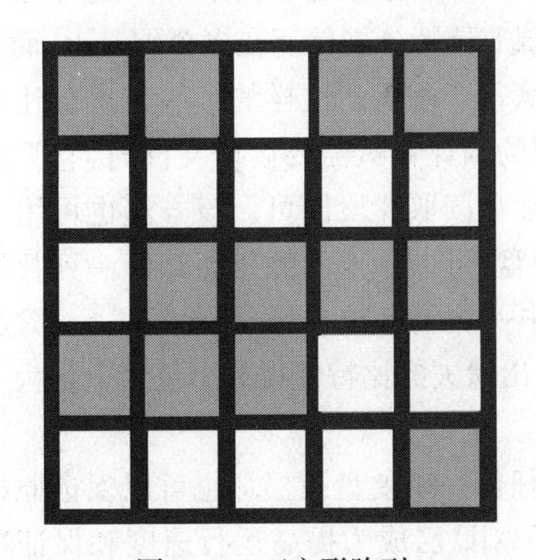

图5-3　正方形阵列

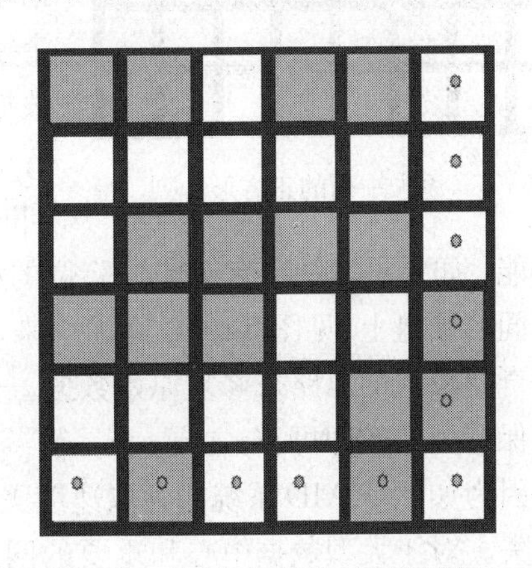

图5-4　增加行列的正方形阵列

以上是奇偶校验检验并修正一个错误的案例，当计算机中不止一个数据发生错误时，奇偶校验是如何工作的呢？有时候，仅须检测到错误的发生就足够了。比如两台计算机正通过网络收发数据，如果接受方察觉数据在传输过程中被改变了，它只用让发送方再传送一次即可。然而，有时候数据是无法再一次被发送的，例如用磁盘或闪存保存的数据。一旦由于磁化或过热导致磁盘上的数据被改变，除非计算机能够修正错误的部分。否则这个数据就永远地遗失了。因此，检错和纠错都是相当重要的。

当发生一系列错误时，什么情况下计算机能利用奇偶校验位来检测并修正错误？下面的

表5-1总结了结果：如果发生了一个错误，它总能被检测出来并能被修正；如果发生了2个或3个错误，计算机能够检测出来，但或许无法修正错误；如果发生了4个错误，计算机可能连一个错误都检测不出来！

表5-1 计算机利用奇偶校验位来检测并修正错误情况

错误数	总能检测?	总能修正?
1	是	是
2或3	是	否
4	否	否

当发生多个错误的时候，有一种特殊情况错误能被纠正，即图5-5灰色区域所示的多个错误。这一点非常有用。图5-5显示了一个奇偶校验阵列（每行每列的白色卡片数均为偶数），但是它的第四列全部丢失（灰色区域）。

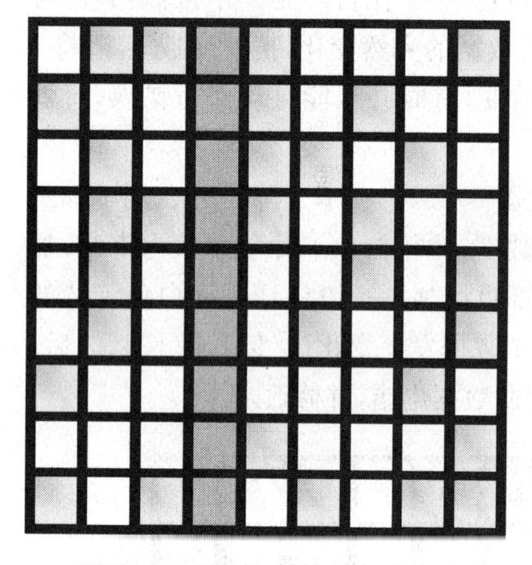

图5-5 丢失一列的正方形阵列

RAID(redundant array of independent disks 独立冗余磁盘阵列）硬盘系统采用的就是这种纠错方式，通过将数据分散储存在多块而不是一块硬盘中，来保证运行的高速性和稳定性。RAID利用额外附加的硬盘来提高硬盘速度和纠错性能。

例如，奇偶校验系统的一个优化方案称为RAID 5。假设需要使用8个硬盘来储存大量的数据，这些数据包含大量字节，可能超过数亿字节。这时可以将每个字节打散成8比特分别储存在多个硬盘上，而不是将数据陆续填满每个磁盘。这样的存储方式会让系统运行得更快，因为当计算机需要读取文件时，它只用分别同时向每块硬盘读取片段即可。该方法也可用于提高纠错性能：如果再增加存有奇偶校验位的第9块硬盘，可以用上面的思想让每一列数据分别放在不同的硬盘上（见图5-6），这样一来，如果其中一块硬盘被损坏，即使损失全部数据，仍能依靠奇偶校验的思路来修复原始数据——只用算出遗失的比特使得9个硬盘上值为1的比特数总保持为偶数即可。

正因为如此，RAID系统的存取速度飞快，就算任何一块硬盘被损坏也可以保证原始数据不被丢失。对于大型数据中心和重要的网站来说，RAID已成为提高运行速度和保证稳定性的廉价方案。因为坏掉了一块硬盘，只要买一块便宜的替代就可以了，比起购买8块性能稍稳定但价格不菲的硬盘来说，买9块便宜的硬盘和一些备用盘更加经济实用。

每一本公开发行的书都会在封底编上一个10位或13位的编号，称为国际标准书号(International Standard Book Number，ISBN)。ISBN的最后一位数字称为计算机校验码(check digit)，相当于前面使用到的奇偶校验位。这是书籍编码中的一种检验技术，如果用ISBN订购一本书，书店可以用其中的计算机校验码来检查是否订错。经常会发生的错误有：某一位的数值发生改变；两个相邻的数字弄反；多加了一位数字或少输了一位数字。书店的计算机仅通过查看ISBN的校验码便能判断是否犯了以上错误，避免买错书。

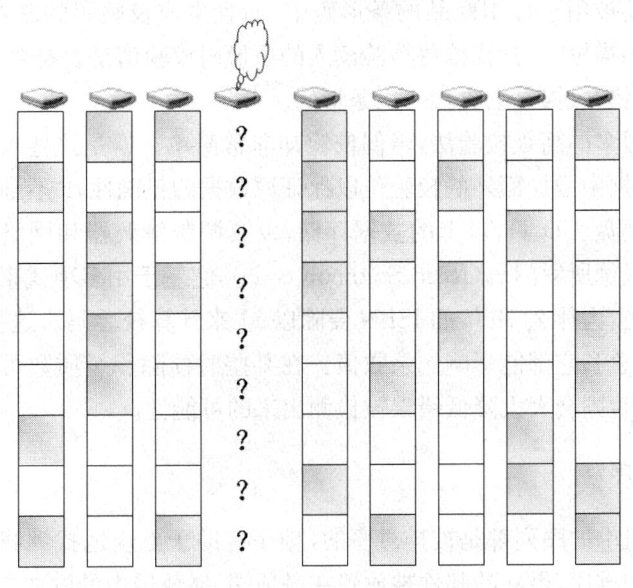

图 5-6 独立冗余磁盘阵列

从 2007 年 1 月开始，图书统一开始使用 13 位的 ISBN，而在此之前，ISBN 通常只有 10 位。10 位 ISBN 的校验码算法如下：

将第一位数字乘以 10，第二位乘以 9，第三位乘以 8，以此类推，一直到第 9 位乘以 2，将它们相加的总和除以 11，记下余数；再将这个余数减掉 11 之后就是 ISBN 的最后一位数字。有时候校验码的值为 10，这种情况下用 X 代替(X 在罗马数字中代表 10)。

例如：

ISBN 0-13-911991-4

$$(0\times10)+(1\times9)+(3\times8)+(9\times7)+(1\times6)$$
$$+(1\times5)+(9\times4)+(9\times3)+(1\times2)=172$$
$$172\div11=15\quad(余\ 7)$$
$$11-7=4$$

如果最后一位不是 4 的话，在输入 ISBN 时一定发生了错误。

当使用 13 位 ISBN 后，生成校验码的公式变简单了，只需将第一位乘以 1，第 2 位乘以 3，第 3 位乘以 1，第四位乘以 3，以此类推，直到第 12 位乘以 3，将各位结果相加之后，取总和的末位数字(即除以 10 后的余数)后再减去 10(如果结果为 10，取 0)即可。

例如：

ISBN-978-897283571-4

$$(9\times1)+(7\times3)+(8\times1)+(8\times3)+(9\times1)+(7\times3)+$$
$$(2\times1)+(8\times3)+(3\times1)+(5\times3)+(7\times1)+(1\times3)$$
$$=146$$
$$146\div10=14\quad(余\ 6)$$
$$10-6=4$$

这样的校验码还被用于日用商品的条形码中，而且生成校验码的基本公式也相差无几。商品通过结账处的扫描枪时，扫描枪将检验读入的条形码校验值是否符合计算结果，如果不符合，扫描枪将鸣声报错，收银员会再扫一次条形码。

相对现在使用很多的高级校验法，奇偶校验却非常简单。但是这些校验法都是基于类似的原理，即通过在数据中增加额外的校验位以保证原数据的正确性，或保证至少能检测出原数据产生的错误。在硬盘、CD、DVD上的数据存储，以及调制解调器和网络上的数据传输中广泛应用的纠错码是里德所罗门码(Reed-Solomon code)，它基于用多项式来表达数据。

这里要说明的是，为什么10位的ISBN要除以11来计算校验码。这主要是因为11是质数，无论得到怎样的总和它都能影响到余数值。在某些时候除一个质数可以避免意外得到大量同一的计算结果，否则会大大降低错误被检测出来的可能性。

5.2.2 案例二 排序

几乎所有计算机中的序列都是被排过序的，排序有助于更快地找到我们想要的东西。电子邮件列表按照日期排序，最新的邮件被放置在最顶端；播放器中的歌曲按照名字或歌手名排在一起，以快速查找到想听的那首歌；而文件名往往是按照字母顺序排列的。在计算机中有许多种方法进行排序，这里介绍用于排序的几种算法。

排序是将一组无序输入的关键字(key)变成一组有序输出的过程。计算机每次只能对比两个数据，模拟计算机的运行方式，请观看排序游戏的录像。

1. 选择排序法

要找出总量最重的物体(或最大数字的卡片，或最后的日期等)，在物体中逐个比较确定最重的，将最重的物体(数字、日期等)放在一边，然后再在剩下的物体中挑选最重的那个，以此类推。重复上述步骤直到所有的物体都被挑了出来，此时物体已经从重到轻被排列整齐。在此过程中，总是持续地选择最大(重)的数值，因此，这个方法称为选择排序。

选择排序需要比较的次数是 $1+2+\cdots+(n-1)=n^2/2-n/2$

请观看选择排序的游戏录像，图5-7是选择排序游戏中的一幅画面。

图5-7 选择排序游戏

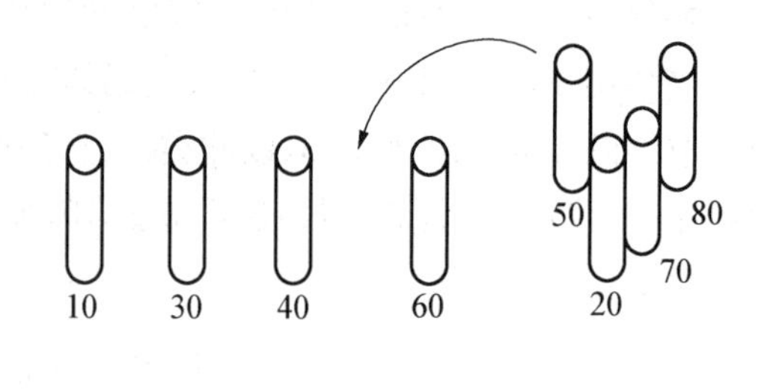

图5-8 插入排序

2. 插入排序

在一个未排序的序列中依次移出每个对象，将它们插入到有序序列的正确位置(如图5-8所示)。

第一步，随机挑出一个对象作为左侧有序序列中的第一个物品。第二步，从右侧未排序的序列中选择第二个对象，确定它与第一个对象的大小。第三步，选取第三个对象，确定同前一次比较中较大者(在右侧的那一个)之间孰大孰小，如果第三个对象较大的话，将它放在左侧序列的最右端，如果较小的话，将它与第一个对象比较，根据结果来确定将它放在第一个对象的左侧还是右侧。按照上述方法持续从右侧乱序序列中选择对象，并将其插入到左侧序列中的正确位置，如果它比前一个被插入对象大的话，则将它直接插入到前一个被插入对象的右侧。

3. 冒泡排序

冒泡排序是一种需要将整个序列反复扫描，并交换所有相对位置错误的相邻数据的方法。这个方法的效率并不高，但它是最容易被理解，所以这种方法常常被用于教学举例中(如图5-9所示)。

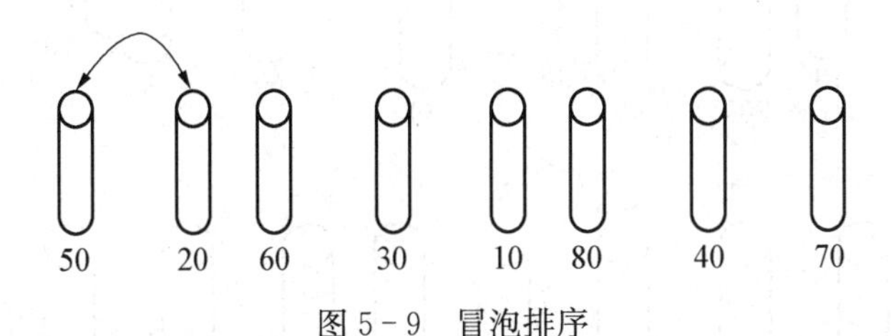

图5-9 冒泡排序

将8个数据随机排列，然后用冒泡排序法对它们排序：比较图5-9所示的第一组数据，如果它们的相对位置错误，则交换它们的位置。接着比较第二组数据(在本例中，经过第一组物体的比较后50已处于第2位的位置，此时需要将50和60比较，所以不需要交换它们的顺序)。如果一直检查到序列的最右边都不需要交换任何两相邻数据的时候，说明排序已经完成；否则需要将刚才的过程再来一次，直到整个序列中都不需要交换任何数据。

4. 快速排序法

首先任意选取一个数值，第二步，将剩下的所有数值依次地和这个数值进行对比，将较小的放在左边，较大的放在右边，然后(将所有数值分成两组后)将之前选取的数值放在两组之间。第一阶段的比较结果如图5-10第一行所示。两组对象中分别包括数值小于50的一组和数值大于50的一组(当然你有可能得到一组数值的数量比另一组多甚至为零的情况)。

一开始选出的数值我们把它称为基准。基准(比如图5-10第一行中的50)在最后排好的序列中正好位于正确的位置——它的左侧有4个比它小的数值，右侧有3个比他大的数值。不需要对基准做任何的操作，要做的只是对基准两侧的两组数据进行排序。

仍采用之前的方式——选择其中的一组重复上述“分裂”过程，即再在该组中随机选出基准对象再将组中剩余对象分裂成两组，比基准对象小的放在左侧，比基准对象大的放在右侧，基准对象放在中间。对另一组也进行同样的处理，如图5-10第2行所示，其中左边一组的基准为20，右边一组的基准为60，接下来只剩下两组只含两个对象的序列需再次排序了，而其他的对象已经处于排好序的状态。

对剩下的各组进行同样的操作，直到每组中只有一个对象。当所有组都被拆分成单项时，数值序列也就完成了从最小到最大的排序。

快速排序是否“快速”取决于是否选对了“基准”对象。在快速排序中用到了递归原理，即不断用相同的原则将序列化分成越来越小的各部分,并采用相同的步骤对各部分排序。这种特殊的递归法被称为分而治之。在实际运用中快速排序法的运行速度明显快于其他方法。

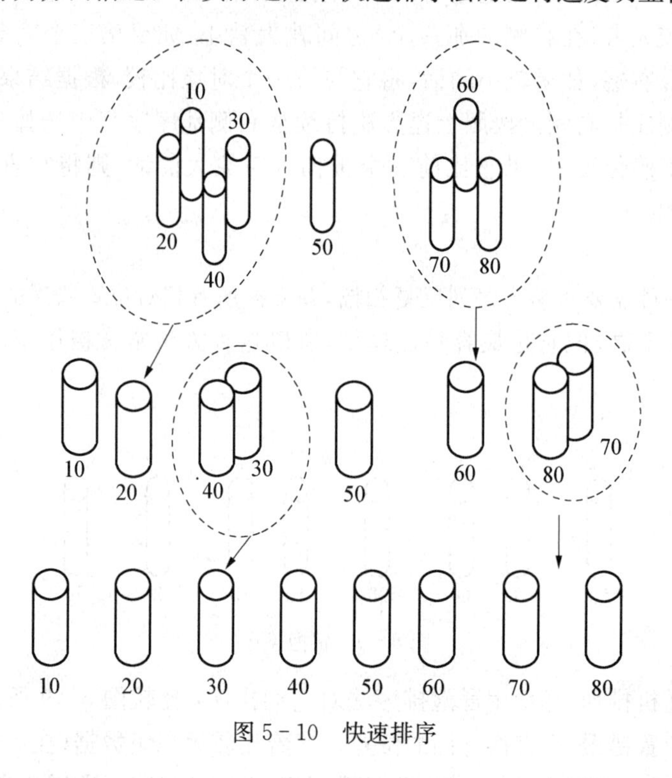

图 5-10　快速排序

5. 归并排序

归并排序是另一个用到“分而治之”原理的排序算法。首先,将待排序序列随机分成两组且两组中对象数相同(如果对象数为奇数的话,两组的数量则应接近相等)。然后分别对两组对象进行排序,再将两组对象归并起来。归并两个已经排好序的序列很容易,只要不断地移出两组对象最前端较小的那个即可。在图 5-11 中,数值 40 和 60 位于两个子序列的前端,通过比较,选出较小的 40 即可。之后再比较数值 50 和 60,把 50 移出放入排好序的序列中。

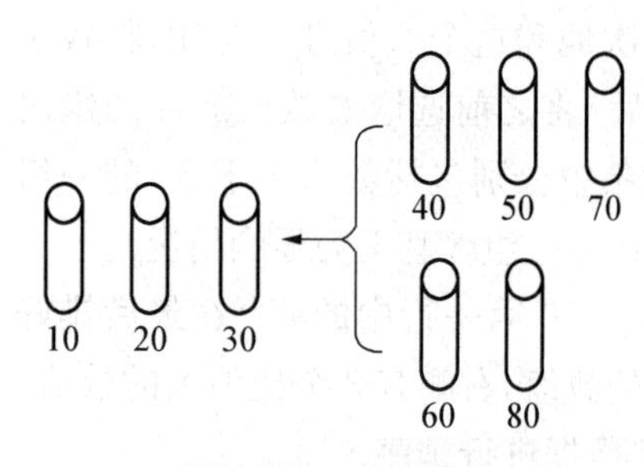

图 5-11　归并排序

对子序列的排序也用归并排序法,即将子序列分割成两半,对他们排序,再归并起来。最终,所有的子序列都变成了单独的对象,此时每个子序列中的对象都已经被排好序了。

正因为排序操作在计算机系统中被频繁使用,所以系统通常都会内置一个快速的排序算法,从而避免用户再来反复编写程序。但即使用系统内置的排序法,还是务必知道不同排序算法的性能差别。例如在实际应用中需特别注意待排序数据的存储方式,即数据是存储在计算机内存中还是在硬盘中。因为归并排序法一般会合并大的数据系列,因此它比较适合处理存储在硬盘上的数据,而快速排序法总是要将数据移动到不同的位置,因此它更适合处理存储在计算机内存中的数据。

快速排序法对 n 个对象进行排序平均需比较 $1.39n\log_2 n$ 次,其中 $\log_2 n$ 是以 2 为底的 n

的对数。

5.2.3 案例三 并行排序

尽管计算机的运算速度很快,可人们一直渴望让计算机处理信息的速度变得更快。一种进一步加快运行速度的方法是让不同的计算机同时处理问题的不同部分。本节将使用并行网络来实现一次性进行多次比较的高效排序。

比起其他排序法,快速排序和归并排序已经从根本上提升了排序的效率,但是却无法变得更快,除非采用完全不同的算法。并行计算是进一步加快运算速度的方案之一,事实上往往也是唯一选择,因为像归并排序这样的算法,在只能一回比较一次的计算机中已经公认是最快的算法了。

请观看网络排序游戏录像。

图 5-12 所示的排序网络可以一次对 6 个数字进行排序。

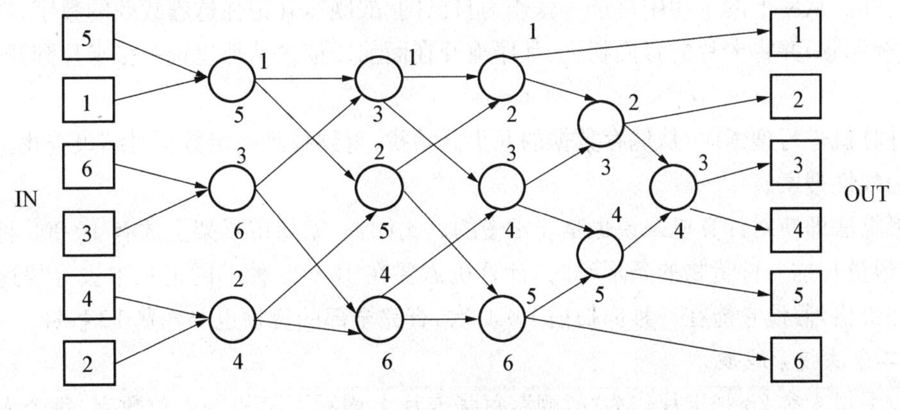

图 5-12 排序网络

待排序的 6 个数字开始被放在左侧的 6 个框中。每一步,将它们沿着箭头移动到圆圈中(称为一个节点)。在节点处比较此处的两个数字,较小的数字沿着向上的箭头移出节点,较大的数字沿着向下箭头移动(从站在节点的人的角度来看,较小的数字向左移动,较大的数字向右移动),图 5-12 中显示了所有数字在该排序网络中移动的方式。移动到最右侧的数字已经被排好顺序了。

网络中能同时进行 3 组比较。一个并行网络比一次只能执行一组比较的系统要快上 2 倍,但排序网络则要使用到 3 倍数量的设备资源。

一般的排序仍多采用非并行方式来实现,但是思考并着手设计并行方式的排序算法对今后制造出更先进的新系统是很好的锻炼。实际应用中的排序网络往往太过庞大,不适合手工书写程序,因此计算机科学家们也在着力研究出能自动设计并生成排序网络的算法。

让一个计算机程序生成另一个计算机程序是一个非常了不起的想法。事实上,计算机中运行的大多数程序都是这样产生的。首先有人用特定的语言编写出人们易于理解的程序(比如 Java、C 或 Basic),然后计算机将它“编译”成机器能执行的程序命令。此外,现代计算机芯片的复杂程度已经超出了人为设计的能力,一般来说都是由计算机程序来管理芯片设计的细节。

总的来说，并行操作能让有些事情做得更快，而对于需要先完成一部分，然后才能开始下一部分的操作，并行操作并不合适。

5.2.4 案例四 搜索

计算机最重要的功能之一就是在海量的数据中找到用户所要的信息，因此更快捷、更有效的搜索方式显得尤为重要，若要使搜索速度不断提高，必须不断发明快速的算法。

算法是完成特定任务的方法，它通常由一个指令序列来描述，即计算机程序。

以下是一个在一长串数列中查找特定数字的不同算法。这里举例的对象是数字，由于计算机中的所有东西都能用数字表达，因此同样的算法也能用于搜索任何类型的数据，比如文字、条码号或作者名字，称为搜索关键词。

1. 线性搜索战舰

拿 25 张卡片作为“战舰”，每张卡片上均写了随机的 4 位数字，最好保证每张卡片上的数字都不一样。从手上的卡片中挑选一张作为自己的“战舰”，并记住这艘战舰的数字，然后洗牌(包括战舰那张)并将卡片的背面朝上、乱序摊开在面前。依次从那里选一张卡片翻开，直到找到战舰。

当计算机进行搜索时，从储存数据的开头开始找，直到找到指定数据时结束查找。这种方式被称为线性搜索。

线形算法即使对计算机来说也是非常慢的。比如，一家超市货架上放有 10 000 种不同货品，当收银员扫描一件货物的条形码时，计算机需要在 10 000 种不同记录中去寻找这件商品的名称和价格，假设它能在一秒内扫描 1 000 次，查完全部的货物也要耗费 10 秒钟。

2. 二分法搜索战舰

两对手每人拿 25 张卡片作为“战舰”，每张卡片上均写了随机的 4 位数字，每个人从手上的卡片中挑选一张作为自己的“秘密战舰”，并告诉对手这艘战舰的数字，在开始搜索前，先把手上的战舰从小到大排列后放在一行中(最小的数字在最左边，最大的数字在最右边)。当对手也排列好手上的战舰后，从正中间的位置选一艘战舰，并进一步判断对方的秘密战舰位于其左边还是右边。如果对方秘密战舰的数字比选出的中间战舰的数字大的话，就说明秘密战舰在右边数字较大的队列这一半；如果对方秘密战舰的数字比中间战舰小的话，说明秘密战舰在左边数字较小的队列那一半。重复这个过程，便能逐渐缩小秘密战舰所在的范围。

使用二分法搜索寻找战舰花费的寻找次数比使用线性搜索法少——只用检查队列中的中间项就可锁定搜索关键词位于哪一半队列，这样一来，每猜一次相当于将待查找的目标数量减少一半。

再看看超市的例子，如果采用二分搜索方式在 10 000 件货品中查找，现在仅需用到 14 次搜索，也许就是两百分之一秒的事——快到令人无法察觉。

3. 哈希法搜索战舰

有时还会用到更高效的查找算法。将战舰代码的各数位哈希化，从而为每艘战舰按照它的搜索关键词指定一个类。这样一来，当要查找该关键词的时候，便能精确定位需要查找的类。哈希算法是计算机中搜索数据最快的方法。

一个简单的哈希函数是将战舰代码的每个数位数字相加，取其总和的末位数字。总和的末位数字决定了该把这艘战舰放置在哪一类中,因此共有10类(0到9)。例如:编号为2345的战舰,将代码各位数字相加2+3+4+5得到14。由于总和的末位数为4,所以这艘战舰将被归到数字4的类中。

准备10个类别的标签放在面前的桌子上(0到9),或者将类别号直接写在上述对应战舰卡的背后。然后算出每张卡片的哈希值,并将它们归放到相应的类中,同时不要忘记选出秘密战舰。这样锁定对手秘密战舰的速度很快了——例如:目标是战舰5 678,将各位数字相加之后得到26,说明只要在对手标为6的类中寻找目标即可。

通常来说哈希法是最佳的搜索算法,但是它的运行速度取决于类别中对象的数量和类别的数量。可以设计不同的哈希函数从而生成更多的类别。在计算机中类别的数量总是比每类包含的对象数量要多,所以多数情况下,一个类中只包含一个对象,有时候甚至一个类中一个对象都没有,这也就意味着计算机通过简单计算之后,往往能直接锁定关键词储存的位置。

哈希法基于的原理:每个关键词生成的"随机"数字都不尽相同,这一点保证了算法的成功。

5.2.5 案例五 路由和死锁

死锁是一种相持不下的情况。当许多人同时使用同一个资源时,常常会发生死锁。交通堵塞会引起道路死锁,网络消息的拥堵也会引起网络的死锁。当一系列竞争状态的操作互相等待的时候也可能会出现死锁。为了避免发生死锁,唯一能做的就是寻找一条有效合作的方法。

网络负责从一台计算机传送消息到另一台计算机直到它到达目的地。当发送电子邮件时,计算机会将它传给所在城市的另外一台计算机,然后将电子邮件转发到离接收方较近的另外一座城市,直到它被最终传送到接收方的计算机上。同样的,当点击网页上的一条链接后,计算机便提交一项请求页面的要求并将它从一台计算机传到另一台,直到到达储存这个页面的计算机。然后该页面再从一台计算机到另一台计算机被回传过来,直到到达提交请求页面的计算机,而所有这一切只发生在一瞬间。

可以把网络想象成一个高速公路系统,信息在繁忙的路上奔驰着,计算机在岔口处认真地接受着每条信息,然后将它们转发到正确的目的地。和真正的道路不同,这些路上的每个岔口处每秒钟都有数以千计的信息到达。将信息发送给正确的目的地被称为"路由",事实上,常常有一个叫做"路由器"的设备作为网络的一部分,用以传送所有信息到正确的计算机。如果不按照这些路由的步骤来发送信息,则必须在每两个计算机间建立一个直接连接用于交流信息,这弄不好将需用到无穷根网线。

请观看"橘子游戏"的视频,其中的一幅画面如图5-13所示。

在这个游戏中将要来切身体验一下如何在网络中传递信息。假定在网络上只有5台计算机每次只有一条或两条信息传送给每台计算机。规则是:网络上的每台计算机每次不能让两条以上的信息停留。

将5个人标上号(假定的计算机),如字母A、B、C等,并为每个人准备1到2张卡片,上面标上同样的字母,要求除了一个人只有一条与自身字母编号匹配的信息外,其他每个人都有两条信息。由于每只手只能拿一条信息,因此有一个人将空出一只手来,而其他的人每只手上都拿着一个卡片。

图 5-13　橘子游戏(路由和死锁)

初始情况下卡片将随机放在这个网络中,每台计算机(每个人)将拥有两条任意的信息,除了一个空位外。

游戏的目标是“路由”,即将每条信息转发给拥有相同字母的“计算机”,但只能将信息传递给相邻的计算机(人),最终所有“计算机”都需要拿到属于它们的正确的信息。由于每台“计算机”一次只能“拿着”两条信息,因此当开始传递的时候,只有与有空位的“计算机”相邻的“计算机”才能传递信息。应注意每台“计算机”每次只能传递一条信息。

游戏中当传递信息的时候,需要控制网络中的全部信息,而且可以控制每台“计算机”每步应该做什么。这和真实网络中计算机的运行方式不同,因为真实情况下每台计算机都是自主运行的,并没有人告诉它们每一步应该怎么做。

尽管所有计算机都为一个共同目标工作着,但计算机有时候会使用到贪婪法则,即在每一时刻每台计算机都试图按照能让自己获得最大利益的方式来运行。在贪婪路由算法中,一旦某台计算机收到它的目标信息后,他就不会让这条信息离开自己了。

在这个路由游戏中,贪婪算法将导致死锁。而当出现死锁,游戏便无法继续下去,因为有人拿着别人需要的资源却不肯放手。

除了在计算机间传送信息外,网络上还会出现其他情况的死锁。

在许多网络中都存在路由和死锁,好比道路交通系统、电话和计算机系统等。工程师们花费大量时间来试图解决这些问题,并且试着设计出更容易解决这些问题的网络。

在实际应用中,网络上的节点在等待传送信息的过程中可以储存大量信息,这一现象被称为缓冲或队列。然而,缓冲的大小取决于计算机上的可用空间,如果缓冲溢出,这台计算机要么将无法接收任何信息直到缓冲队列重新为空,要么会丢失传送过来的信息。橘子游戏中使用的“缓冲”只能储存一条“信息”(即只有一只手空出来),但是在计算机中的缓冲通常能一边等待下一台计算机或网络设备准备好接受下一条信息,一边自己储存大量信息。

过溢的缓冲可能暴露出计算机被攻击的弱点。比如在某些系统中,一个“拒绝服务”攻击会同时发送大量信息给这台计算机,一旦这台计算机的缓冲队列被填满,那么它将丢失接下来进入的信息,包括它自身需要的合法信息。在设计系统时要尽量杜绝这种情况发生,否则一个计算机网络甚至一个政府通信系统将有可能被其他国家的人恶意破坏。

5.2.6 案例六 计算机对话——图灵测试

图灵测试(又称“图灵判断”)是图灵提出的一个关于机器人的著名判断原则。在这里图灵避开了颇有争议的智能的定义,提出了一种有趣的建立智能的方法。所谓图灵测试是一种测试机器是不是具备人类智能的方法。被测试的对象一个是人,另一个是声称自己有人类智力的机器,如图5-14所示。

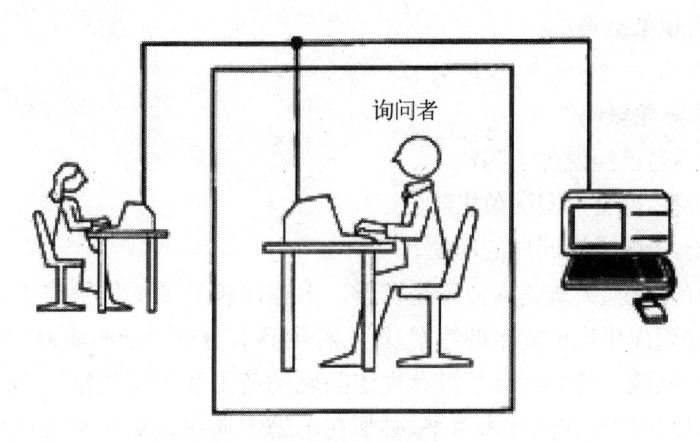

图5-14 图灵测试

1950年,图灵发表了题为《机器能思考吗?》的论文。在这篇论文里,图灵第一次提出“机器思维”的概念。同时提出一个假想:即一个人在不接触对方的情况下,通过一种特殊的方式,和对方进行一系列的问答,如果在相当长时间内,他无法根据这些问题判断对方是人还是计算机,那么,就可以认为这个计算机具有同人相当的智力,即这台计算机是能思维的。这就是著名的“图灵测试”(Turing Testing)。

图灵曾为测试亲自拟定了几个示范性问题:

问:请给我写出有关“第四号桥”主题的十四行诗。

答:不要问我这道题,我从来不会写诗。

问:34 957加70 764等于多少?

答:(停30秒后)105 721。

问:你会下国际象棋吗?

答:是的。

问:我在我的K1处有棋子K;你仅在K6处有棋子K,在R1处有棋子R。现在轮到你走,你应该下哪步棋?

答:(停15秒钟后)棋子R走到R8处,将军!

图灵指出:“如果机器在某些现实的条件下,能够非常好地模仿人回答问题,以至提问者在相当长时间里误认它不是机器,那么机器就可以被认为是能够思维的。”

从表面上看,要使机器回答按一定范围提出的问题似乎没有什么困难,可以通过编制特殊的程序来实现。然而,如果提问者并不遵循常规标准,编制回答的程序是极其困难的事情。例如,提问与回答呈现出下列状况:

问:你会下国际象棋吗?

答：是的。

问：你会下国际象棋吗？

答：是的。

问：请再次回答，你会下国际象棋吗？

答：是的。

你多半会想到，面前的这位是一部笨机器。如果提问与回答呈现出另一种状态：

问：你会下国际象棋吗？

答：是的。

问：你会下国际象棋吗？

答：是的，我不是已经说过了吗？

问：请再次回答，你会下国际象棋吗？

答：你烦不烦，干嘛老提同样的问题。

那么，你面前的这位，大概是人而不是机器。上述两种对话的区别在于，第一种可明显地感到回答者是从知识库里提取简单的答案，第二种则具有分析综合的能力，回答者知道观察者在反复提出同样的问题。"图灵测试"没有规定问题的范围和提问的标准，如果想要制造出能通过试验的机器，以我们现在的技术水平，必须在电脑中储存人类所有可以想到的问题，储存对这些问题的所有合乎常理的回答，并且还需要理智地作出选择。

1950年全世界只有几台电脑，根本无法通过这一测试。但图灵预言，在本世纪末，一定会有电脑通过"图灵测试"。终于他的预言在IBM的"深蓝"身上得到彻底实现。当然，卡斯帕罗夫和"深蓝"之间不是猜谜式的泛泛而谈，而是你输我赢的彼此较量。

5.3 生活中的计算思维

我们在不断发明新工具的同时，这些新工具也在改变着我们：从行为到思维。计算思维可以做什么？请看下面的例子。

5.3.1 身边的计算思维

计算思维1：预置和缓存

当学生早晨去学校时，他把当天需要的东西放进背包，这就是预置和缓存。

计算思维2：回推

小学生弄丢他的手套时，人们总是建议他沿走过的路寻找，这就是回推。

计算思维3：在线算法

在什么时候停止租用滑雪板而为自己买一付呢？这就是在线算法。

计算思维4：多服务器系统的性能模型

在超市付账时，你应当去排哪个队呢？这就是多服务器系统的性能模型。

计算思维5：失败的无关性和设计的冗余性

为什么停电时你的电话仍然可用？这就是失败的无关性和设计的冗余性。

计算思维6：充分利用求解人工智能难题之艰难来挫败计算代理程序

完全自动的大众图灵测试如何区分计算机和人类，即 CAPTCHA 程序是怎样鉴别人类的？这就是充分利用求解人工智能难题之艰难来挫败计算代理程序。

5.3.2 娱乐中的计算思维(读心术魔术)

这个魔术用二进制数来读出别人在想什么。让游戏参与者在 0 到 63 之间选一个数字（比如生日），然后让他们在图 5－15 中的 6 张卡片中选择出有那个数字的所有卡片，把这些卡片交给你。

32 33 34 35	16 17 18 19	8 9 10 11	4 5 6 7	2 3 6 7	1 3 5 7
36 37 38 39	20 21 22 23	12 13 14 15	12 13 14 15	10 11 14 15	9 11 13 15
40 41 42 43	24 25 26 27	24 25 26 27	20 21 22 23	18 19 22 23	17 19 21 23
44 45 46 47	28 29 30 31	28 29 30 31	28 29 30 31	26 27 30 31	25 27 29 31
48 49 50 51	48 49 50 51	40 41 42 43	36 37 38 39	34 35 38 39	33 35 37 39
52 53 54 55	52 53 54 55	44 45 46 47	44 45 46 47	42 43 46 47	41 43 45 47
56 57 58 59	56 57 58 59	56 57 58 59	52 53 54 55	50 51 54 55	49 51 53 55
60 61 62 63	60 61 62 63	60 61 62 63	60 61 62 63	58 59 62 63	57 59 61 63

图 5－15 读心术卡片

只要简单地将这些卡片中的第一个数字相加，就能“猜”出他们选择的数字是多少。比如，如果他们选择的数字是 23，它们会交给你以 16、4、2、1 开头的 4 张卡片。因为这 4 张卡片上都写着 23，把这 4 张卡片的第一个数字相加，即 16＋4＋2＋1，便能得出他们所选的数字了。

这个魔术背后的秘密是：卡片上的数字能通过 6 位二进制数来算出。第一张卡片上写的是第一位为 1 的所有 6 位二进制数（100000、100001、100010、100011 等），第二张卡片包含了第二位为 1 的所有 6 位二进制数，以此类推，最后一张卡片包含了末位为 1 的全部 6 位二进制数，它们均为奇数。

5.3.3 有趣的计算思维

1. 奥巴马回答（排序问题）

在美国 2008 年大选前，Google 采访了总统候选人贝拉克·奥巴马。当奥巴马被问到“对 100 万个 32 位整数进行排序的最佳方法”时，他回答道“冒泡排序法绝对不是正确答案”。这个回答相当巧妙，赢得听众的好评。

采用冒泡排序法来做这个题目，将需要比较 499 999 500 000 次，而快速排序法需要比较 20 000 000 次，比冒泡排序法整整快了 25 000 倍。这说明：一旦选对了算法，将极大地提高运算效率。

2. 布里丹之驴（死锁问题）

一个中世纪的悖论讲述的是，一头驴在周围有充足草料包围的情况下差点活活饿死。出现问题是因为驴的身边有两个距离完全相等的草堆，它站在两个草堆正中间却无法下决心走向哪一边。最终，驴因为太饿而昏倒，它倒下的时候头稍微偏向了其中一个草堆，然后它挣扎着爬了过去……

这是一个只含有单一主体的死锁情况，通常情况下的死锁涉及许多主体（比如大城市里交通堵塞导致数以千计的司机被困在路上）。比起人类来，计算机更像是布里丹之驴——它们没有大脑。一旦发生死锁，它们会一直等到有人介入，否则就像那头驴一样，耗尽电力。

若计算机对鼠标和键盘毫无反应,那么就是遇到死锁了。仅仅只要关掉它并重启(或给它一点干草),一切便可以迎刃而解了。

3. 旅行商问题(最短路径问题)

寻找两点间最短距离的算法决定了如何将发送的 Email 传送到目的地。如果一封相同的电子邮件被同时抄送给许多人,需要一种算法用来寻找访问所有接收方的最短路径。这个问题通常被称为"旅行商问题",即一个销售员如何访问居住在不同城市的客户。

旅行商问题(Traveling Saleman Problem,TSP 又译为旅行推销员问题、货郎担问题,简称为 TSP 问题,图 5-16 是其网站主页)是最基本的路线问题,该问题是在寻求单一旅行者由起点出发,通过所有给定的需求点之后,最后再回到原点的最小路径成本。最早的旅行商问题的数学规划是 1959 年提出的。

计算机科学家们迄今还未在任何网络中找到旅行商问题的最优解,或许对于 GPS 自动定位系统来说很容易就能找出从一个地方到另一个地方的有效路径,但是让一个销售员穿梭于不同地点并拿到全部包裹的最佳路径就很难找出来了。

"世界旅行商问题"用于寻找世界上 1 904 711 座不同城市的最佳访问路径,至今还没有人解开这个难题。但是人们离这个目标只差一点点:在这个问题被提出的 2002 年,算出的最短方案长度为 7 524 170.430 千米;到 2007 年,一些数学家证明路径最短应为 7 512 218.268 千米(这也被称为"下界证明",这是另外一个难解的课题);2008 年 11 月,有人写了一个计算机程序,找到了 7 515 947.511 千米的路径解决方案,比下界仅多出了 0.049 7%。最短路径应该介于这两值之间,但是直到现在还没有人知道正确的答案。

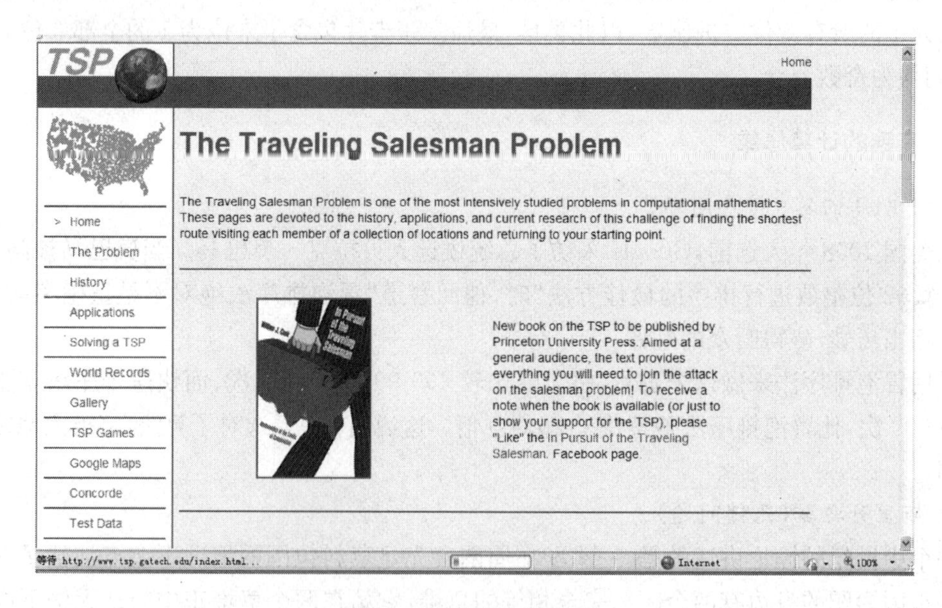

图 5-16 TSP 网站主页

4. 验证码(CAPTCHA 程序是怎样鉴别人类)

全自动区分计算机和人类的图灵测试(Completely Automated Public Turing Test to Tell Computers and Humans Apart,简称为 CAPTCHA),俗称验证码,是一种区分用户是计算机还是人的公共全自动程序。在 CAPTCHA 测试中,作为服务器的计算机会自动生成一个问题由用户来解答。这个问题可以由计算机生成并评判，但是必须只有人类才能解答。由于计算机无法解答 CAPTCHA 的问题，所以回答出问题的用户就可以被认为是人类。

一种常用的 CAPTCHA 测试是让用户输入一个扭曲变形的图片上所显示的文字或数字，如图 5-17。扭曲变形是为了避免被光学字符识别(Optical Character Recognition，简称 OCR)之类的电脑程式自动辨识出图片上的文字或数字而失去效果。由于这个测试是由计算机来考人类，而不是标准图灵测试中那样由人类来考计算机，人们有时称 CAPTCHA 是一种反向图灵测试。

CAPTCHA 目前广泛用于网站的留言板，许多留言板为防止有人利用电脑程式大量在留言板上张贴广告或其他垃圾讯息，因此会放置 CAPTCHA 要求留言者必须输入图片上所显示的文字数字或是算术题才可完成留言。而一些网络上的交易系统(如订票系统、网络银行)为避免被电脑程式以暴力法大量尝试交易，也会有 CAPTCHA 的机制。

早期的 Captcha 验证码"smwm"由 EZ-Gimpy 程序产生，使用扭曲的字母和背景颜色梯度。

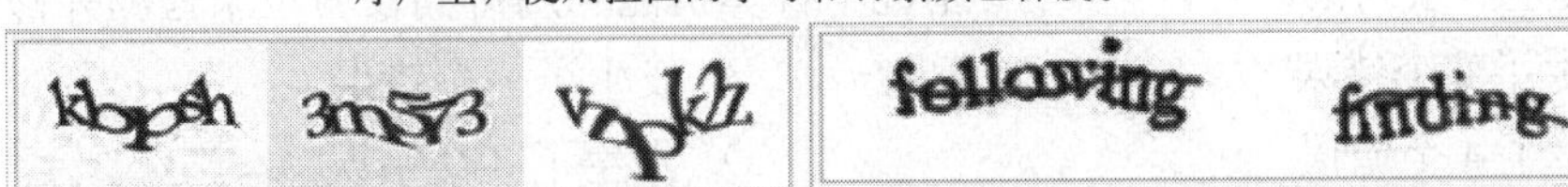

另一种增加图像分割难度的方法为将符号彼此拥挤在一起，但其也使得真人用户比较难以识别。

一种更现代的 CAPTCHA，其不使用扭曲的背景及字母，而是增加一条曲线来使得图像分割更困难。

图 5-17 验证码

CAPTCHA 也有一些方法可以破解。俄罗斯的一个黑客组织使用一个自动识别软件在 2006 年破解了 Yahoo 的 CAPTCHA。准确率大概是 15%，但是攻击者可以每天尝试 10 万次，相对来说成本很低。而在 2008 年，Google 的 CAPTCHA 也被俄罗斯黑客所破解。攻击者使用两台不同的电脑来调整破解进程，用第二台电脑学习第一台对 CAPTCHA 的破解，或者是对成效进行监视。甚至有人工破解验证码的例子，Gmail 邮箱注册验证系统的破解即是经由此方法。

CAPTCHA 的目的是区分计算机和人类的一种程序算法，这种程序必须能生成并评价人类能很容易通过但计算机却通不过的测试。这个要求本身就是悖论，因为这意味着一个 CAPTCHA 必须能生成一个它自己不能通过的测试。

习　题

一、单选题

1. 计算思维是一种________。

A. 逻辑思维　　B. 形象思维　　C. 递归思维　　D. 实证思维

2. 计算思维是________。

A. 计算机出现以后才有的

B. 从人类思维出现以后就一直相伴而存在的

C. 一种逻辑思维

D. 一种实证思维

3. 计算思维中最根本的两个概念是：________。

A. 抽象和自动化　　B. 抽象和程序化　　C. 概念和程序化　　D. 概念和自动化

4. 以下属于计算思维特征的是：________。

A. 概念化　　B. 程序化

C. 计算机的思维方式　　D. 机械化思维方式

5. 改变着物理学家思考方式的是________。

A. 计算博弈理论　　B. 量子计算　　C. 纳米计算　　D. 数据结构和算法

6. 储存在计算机或传送在计算机之间的数据都是采用________数字的形式予以表达的。

A. 十进制　　B. 八进制　　C. 二进制　　D. 十六进制

7. 在计算机科学中被广泛使用的"二进制位"称为________，其值可以是 0 或 1。

A. 比特(bit)　　B. 基数(base)　　C. 字节(byte)　　D. 以上都是

8. 当发生一系列错误时，________情况下计算机能利用奇偶校验位来检测并修正错误。

A. 发生了 2 个错误　　B. 发生了一个错误

C. 发生了 4 个错误　　D. 发生了 3 个错误

9. ________是一种需要将整个序列反复扫描，并交换所有相对位置错误的相邻数据的方法。

A. 选择排序法　　B. 快速排序法　　C. 冒泡排序　　D. 归并排序法

10. ________是在一个未排序的序列中依次移出每个对象，将它们插入到有序序列的正确位置的方法。

A. 归并排序法　　B. 并行排序法　　C. 网络排序法　　D. 插入排序法

11. 属丁搜索方式的算法为________。

A. 哈希法搜索　　B. 二分法搜索　　C. 线性搜索　　D. 以上都是

12. 导致死锁的算法是：________。

A. 线性算法　　B. 校验算法　　C. 贪婪算法　　D. 随机算法

13. 所谓图灵测试是一种________。

A. 关于机器智能的定义　　B. 测试机器是不是具备人类智能的方法

C. 关于"机器思维"的概念　　D. 求解机器智能难题的方法

14. 读心术魔术背后的秘密是：卡片上的数字能通过________来算出。

A. 6 位二进制数　　B. 5 位二进制数

C. 将这些卡片中的第一个数字相加　　D. 十进制数

15. 由于全自动区分计算机和人类的测试(CAPTCHA)是由________，人们有时称 CAPTCHA 是一种反向图灵测试。

A. 人类来考人类　　B. 计算机来考人类

C. 人类来考计算机　　D. 计算机来考计算机

二、多选题

1. 科学思维的三个主要特征是________。一种思维是否具备科学性，关键在于它是否具备这三个特征。

A. 实证思维　　B. 逻辑思维　　C. 构造思维　　D. 形象思维

2. 计算思维是通过________等方法，把一个看来困难的问题重新阐释成一个我们知道问题怎样解决的思维方法。

A. 约简　　B. 嵌入　　C. 转化　　D. 仿真

3. 计算思维是利用海量数据来加快计算，________进行折衷的思维方法。

A. 在时间和空间之间　　B. 在时间和效率之间

C. 在处理能力和存储容量之间　　D. 在处理效率和存储速率之间

4. 以下属于计算思维特征的是________。

A. 根本的技能　　B. 数学和工程思维的互补与融合嵌入

C. 计算机的思维方式　　D. 是人的思维方式。

5. 以下属于排序算法的是________。

A. 合并排序法　　B. 插入排序法　　C. 快速排序法　　D. 选择排序法

三、填空题

1. 计算思维是运用________的基础概念进行问题求解、系统设计以及人类行为理解的涵盖了计算机科学之广度的一系列思维活动。

2. 中国古代学者认为，当一个问题能够在算盘上解算的时候，这个问题就是________的，这就是中国的"算法化"思想。

3. 算法是完成特定任务的方法，它通常由一个________序列来描述，即计算机程序。

4. 哈希法基于的原理：每个________生成的"随机"数字都不尽相同，这一点保证了算法的成功。

5. 当许多人同时使用同一个资源时，常常会发生________。

6. 将信息发送给正确的目的地被称为"________"。

四、简答题

1. 什么是图灵测试？

2. CAPTCHA程序是怎样鉴别人类的？

3. 简述搜索的几种算法。

4. 简述排序的几种算法。

5. 简述奇偶校验法。

第 6 章　数据统计与分析

数据统计分析是指使用计算机工具，运用数学模型，对数据进行定量分析和解释的过程。随着信息技术的高速发展，人们积累的数据量急剧增长，这些数据中包含着有用的信息。若要准确地、科学地提取这些信息，需要应用各种统计分析方法，使用统计分析软件对数据进行处理。

6.1　概述

数据统计分析通过收集数据、整理数据和分析数据等步骤，对数据进行描述统计或推断统计。常用的统计分析软件集成了多种成熟的统计分析方法，能够帮助我们方便地进行数据统计分析工作。

6.1.1　数据统计与分析简介

在一家超市中，人们发现了一个特别有趣的现象：尿布与啤酒这两种风马牛不相及的商品居然摆在一起。但这一奇怪的举措居然使尿布和啤酒的销量大幅增加了。这可不是一个笑话，而是一直被商家所津津乐道的发生在美国沃尔玛连锁超市的真实案例。原来，美国的妇女通常在家照顾孩子，所以她们经常会嘱咐丈夫在下班回家的路上为孩子买尿布，而丈夫在买尿布的同时又会顺手购买自己爱喝的啤酒，这个发现为商家带来了大量的利润。可以发现，数据统计与分析使得从浩如烟海却又杂乱无章的数据中，发现了啤酒和尿布销售之间的联系。

在社会各项经济活动和科学研究过程中，会获得大量数据，这些数据中包含着有用的信息。若要准确地、科学地提取这些信息，就要应用各种统计分析方法。统计是对数据进行定量处理的理论与技术，统计分析，指对收集到的有关数据资料进行整理归类并进行解释的过程。图 6－1 给出了数据统计与分析的使用过程。

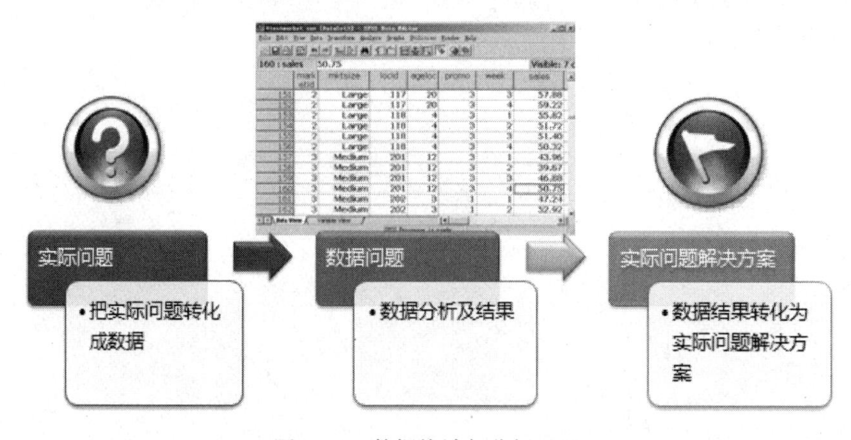

图 6－1　数据统计与分析过程

1. 统计分析方法的主要类别

根据不同的分类标准,统计分析方法可划分为不同的类别,常用的分类标准是功能标准,依此标准进行划分,统计分析可分为描述统计和推断统计。

(1) 描述统计。

描述统计是指对数据资料进行整理分析,以此描述和归纳数据的分布状态、特征及变量之间关系的一种基本统计方法。描述统计主要涉及数据的集中趋势、离散程度和相关强度等。

(2) 推断统计。

推断统计指用概率形式来决断数据之间是否存在某种关系及用样本统计值来推测总体特征的统计方法。

例如,在教育领域中,对某幼儿园大班开展一项识字教改实验,期末进行一次测试,并对测试所得数据进行统计分析。如果只需了解该班儿童识字的成绩(平均数及标准差)及其分布,此时,应采用描述统计方法;若还需进一步了解该实验班与另一对照班(未进行教改实验)儿童的识字成绩有无差异,从而判断教改实验是否有效时,除了要对两个班的成绩进行描述统计之外,还需采用推断统计方法。

2. 统计分析的基本步骤

(1) 收集数据。

收集数据是进行统计分析的前提和基础。收集数据的可通过实验、观察、测量、调查等获得直接资料,也可通过文献检索、阅读等来获得间接资料。

(2) 整理数据。

整理数据是按一定的标准对收集到的数据进行归类汇总的过程。

(3) 分析数据。

分析数据指在整理数据的基础上,通过统计运算,得出结论的过程,它是统计分析的核心和关键。

6.1.2　常用的统计分析软件

本节简单介绍常用的统计分析软件。统计分析软件的一般特点有:

(1) 功能全面,系统地集成了多种成熟的统计分析方法。

(2) 有完善的数据定义、操作和管理功能。

(3) 方便地生成各种统计图形和统计表格。

(4) 使用方式简单,有完备的联机帮助功能。

(5) 软件开放性好,能方便地和其他软件进行数据交换。

1. Excel

Microsoft Excel 是微软公司的办公软件 Microsoft office 的组件之一,可以进行各种数据的处理、统计分析和辅助决策操作,广泛地应用于管理、统计财经、金融等众多领域。图 6 - 2 是 Excel 软件主界面。

2. SPSS

SPSS 是世界上最早的统计分析软件,由美国斯坦福大学的三位研究生于 20 世纪 60 年代

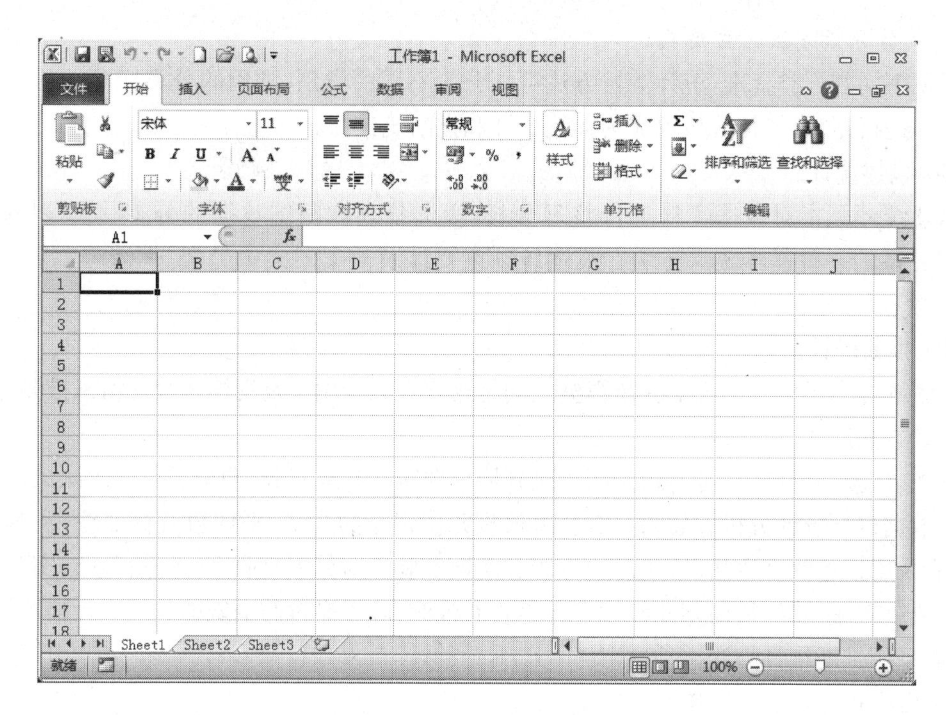

图 6－2　Excel 软件主界面

末研制，同时成立了 SPSS 公司。SPSS 软件广泛应用于银行、证券、保险、通讯、医疗、制造、商业、科研教育等多个领域和行业。图 6－3 是 SPSS 软件界面。

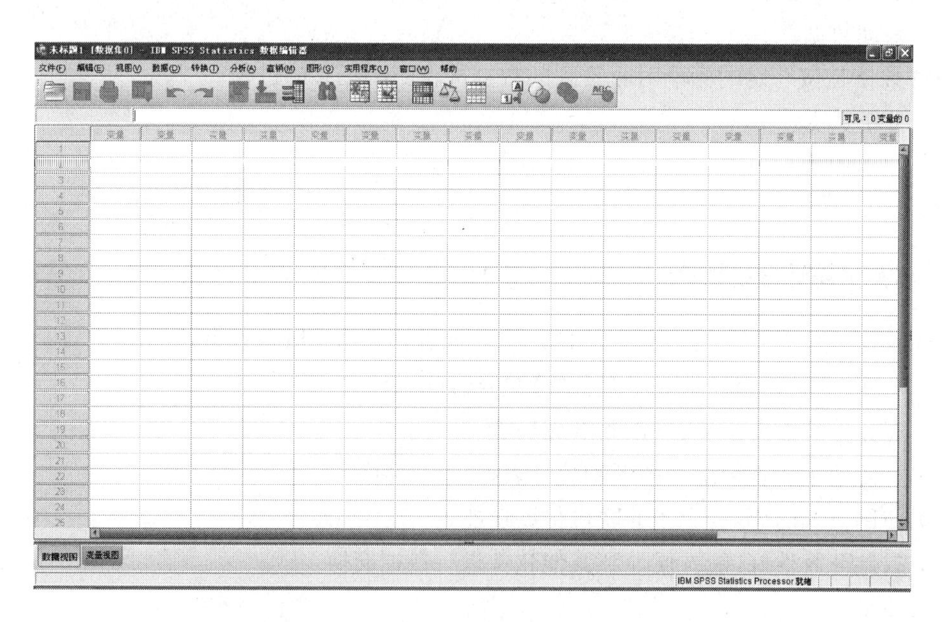

图 6－3　SPSS 软件界面

3. EViews

EViews(Econometric Views)是美国 QMS 公司(Quantitative Micro Software Co.)开发的一款运行于 Windows 环境下的经济计量分析统计软件，广泛应用于经济学、金融保险、社会科学、自然科学等众多领域。图 6－4 是 EViews 软件主界面。

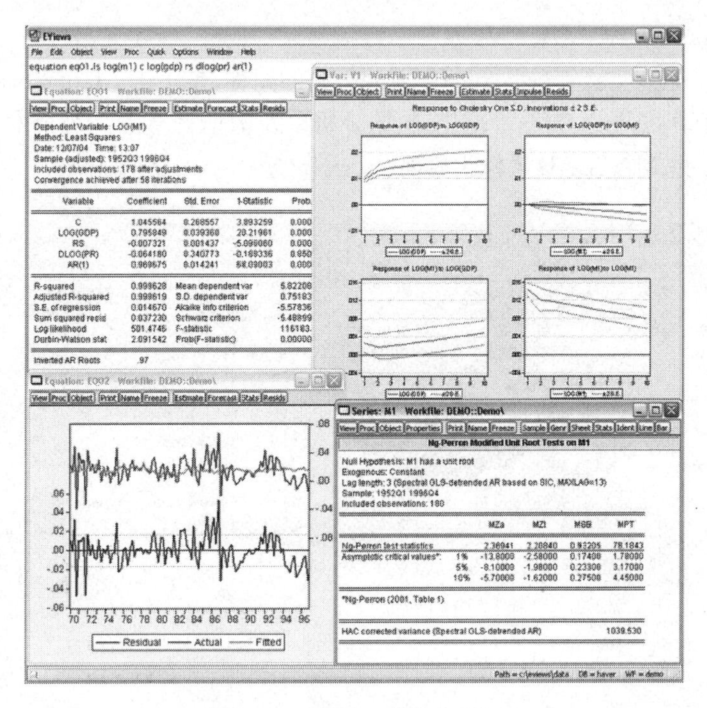

图 6 - 4　EViews 软件主界面

4. SAS

SAS 系统全称为 Statistics Analysis System，最早由北卡罗来纳大学的两位生物统计学研究生编制，并于 1976 年成立了 SAS 软件研究所，正式推出了 SAS 软件。SAS 是用于决策支持的大型集成信息系统。经过多年的发展，SAS 已被全世界 120 多个国家和地区的近三万家机构所采用，遍及金融、医药卫生、生产、运输、通讯、政府和教育科研等领域。图 6 - 5 是 SAS 软件主界面。

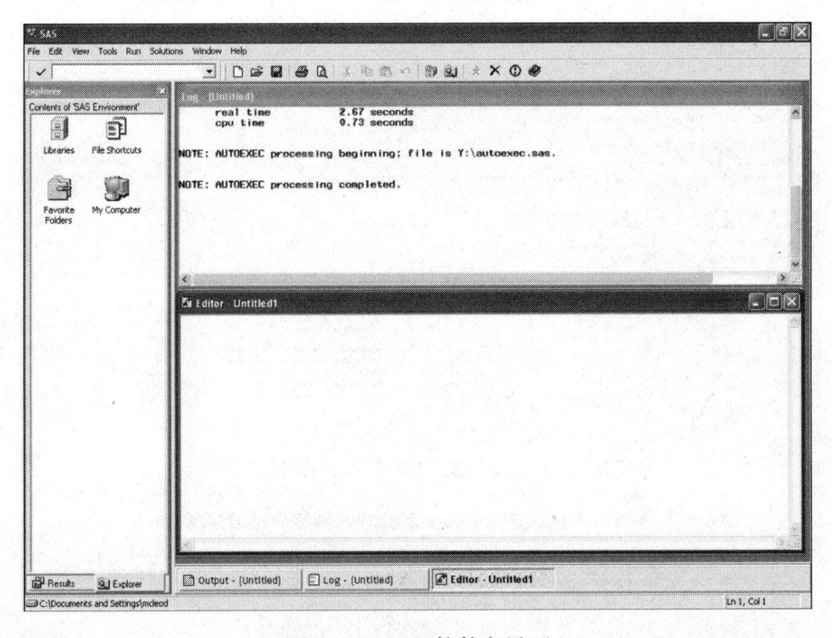

图 6 - 5　SAS 软件主界面

5. MATLAB

MATLAB 是矩阵实验室(Matrix Laboratory)的简称，是美国 MathWorks 公司出品的商业数学软件，用于算法开发、数据可视化、数据分析以及数值计算的高级技术计算语言和交互式环境。图 6-6 是 MATLAB 软件主界面。

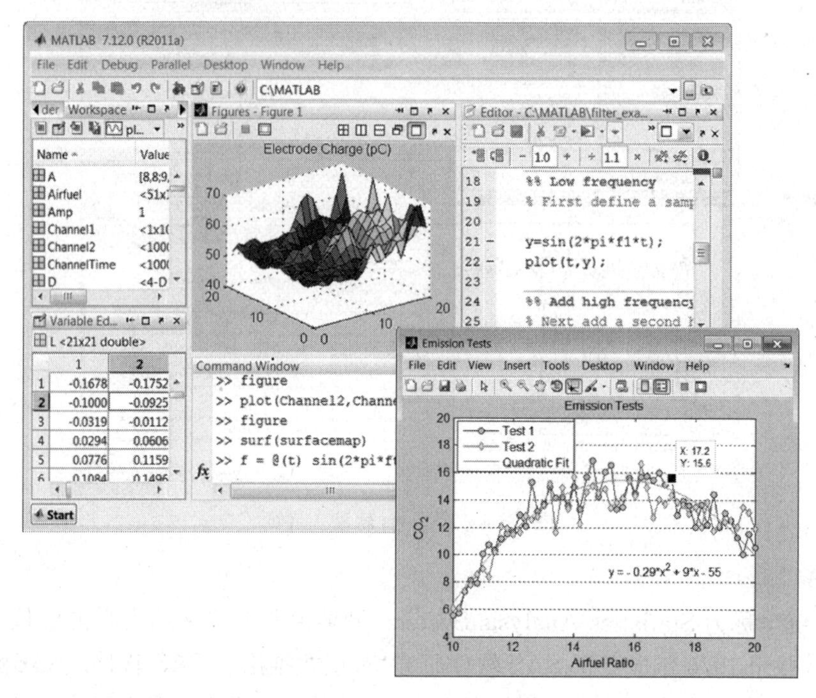

图 6-6 MATLAB 软件主界面

6. Stata

Stata 是 Statacorp 公司开发的数据分析、数据管理以及绘制专业图表的整合性统计软件，广泛应用于经济学、社会学、政治学及医学等领域。图 6-7 是 Stata 软件主界面。

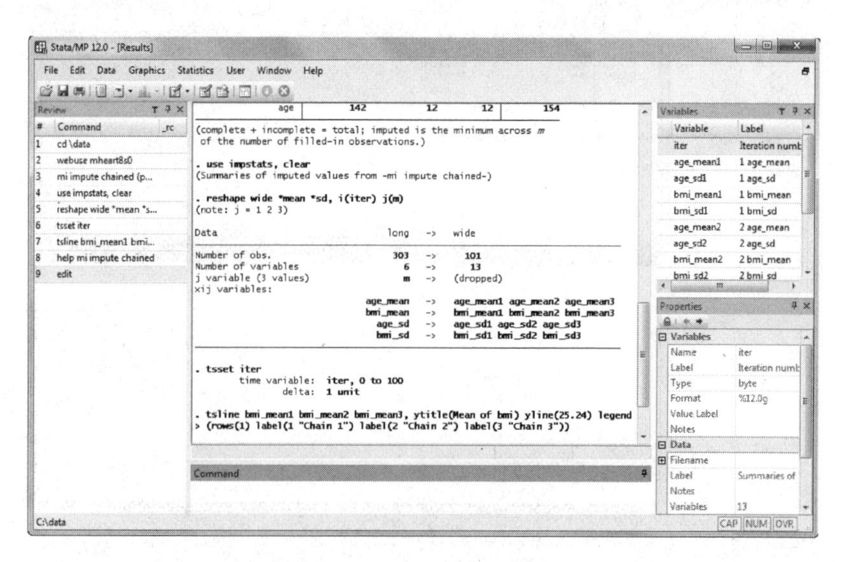

图 6-7 Stata 软件主界面

6.2 SPSS软件介绍

SPSS是软件英文名称的首字母缩写,原意为statistical package for the social sciences,即"社会科学统计软件包"。其是世界上最早的统计分析软件,由美国斯坦福大学的三位研究生于20世纪60年代末研制,同时成立了SPSS公司,并于1975年在芝加哥组建了SPSS总部。1984年SPSS总部首先推出了世界上第一个统计分析软件微机版本SPSS/PC+,开创了SPSS微机系列产品的开发方向,极大地扩充了它的应用范围,并使其能很快地应用于自然科学、技术科学、社会科学的各个领域。迄今SPSS在全球约有25万家产品用户,分布于通讯、医疗、银行、证券、保险、制造、商业、市场研究、科研教育等多个领域和行业,是世界上应用最广泛的专业统计软件。2009年7月28日,IBM以12亿美元收购了SPSS。

6.2.1 SPSS简介

随着SPSS产品服务领域的扩大和服务深度的增加,SPSS公司于2000年正式将英文全称更改为Statistical Product and Service Solutions,意为"统计产品与服务解决方案",标志着SPSS的战略方向正在做出重大调整。

1. SPSS的特点

(1) 操作简便:界面非常友好,除了数据录入及部分命令程序等少数输入工作需要键盘键入外,大多数操作可通过鼠标拖曳、点击"菜单"、"按钮"和"对话框"来完成。

(2) 编程方便:具有第四代语言的特点,SPSS只需用户粗通统计分析原理和算法,即可得到统计分析结果。

(3) 功能强大:具有完整的数据输入、编辑、统计分析、报表、图形制作等功能。

(4) 全面的数据接口:与其他软件有数据转化接口,能够读取及输出多种格式的文件。

(5) 灵活的功能模块组合:具有若干功能模块,用户可以根据自己的分析需要和计算机的实际配置情况灵活选择。

2. SPSS窗口介绍

(1) 数据编辑窗口。

启动SPSS后,系统自动打开数据编辑窗口,如图6-8所示。在数据编辑窗口的左下角显示编辑窗口的两个视区:数据视图(data view)和变量视图(variable view),分别用于输入变量的值和定义变量类型。

(2) 输出窗口。

SPSS的输出窗口用于显示和编辑数据分析的输出结果。如果分析过程中所设的参数和统计过程正确,则显示分析结果;如果分析过程中发生错误使处理失败,则在该窗口中显示系统给出的错误信息。

6.2.2 SPSS案例

1. SPSS的描述性分析案例

描述性统计分析是基础的统计分析过程,通过描述性统计分析,可以挖掘出多个统计量的

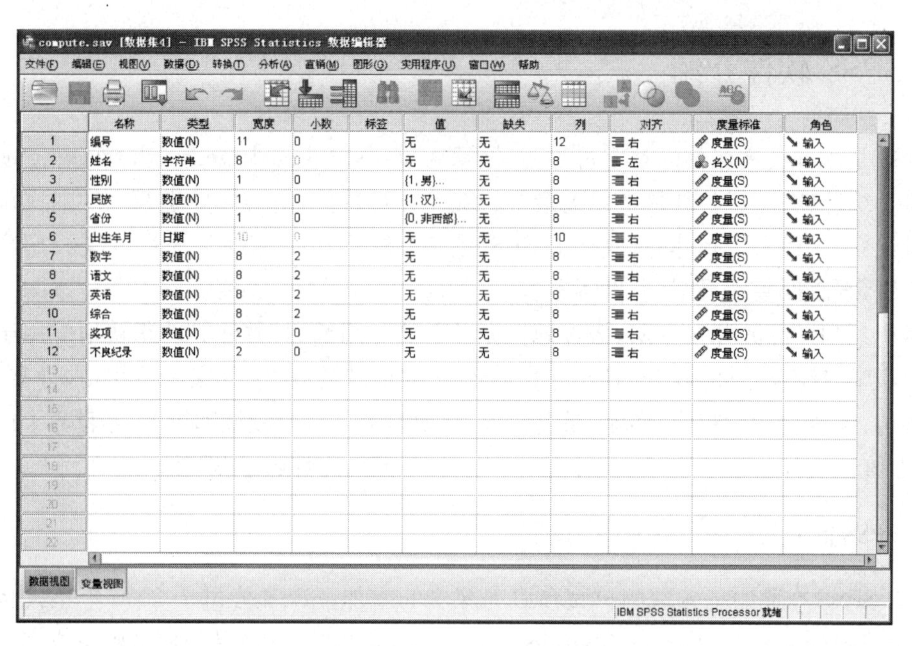

图 6-8 SPSS 数据编辑窗口

特征。图 6-9 是从某校中选取的 3 个班级共 16 名学生的体检列表，列出了性别、年龄、体重、身高的数据，以班级为单位列表计算年龄、体重、身高的统计量。

班级	性别	年龄	体重	身高
1	2	15	46.00	156.00
1	1	15	50.00	160.00
1	1	14	38.00	150.00
2	1	16	60.00	170.00
2	2	16	60.00	165.00
1	2	14	41.00	149.00
1	1	13	48.00	155.00
2	1	16	55.00	165.00
2	2	17	50.00	160.00
2	1	17	65.00	175.00
3	2	18	65.00	165.00
3	1	18	70.00	180.00
3	1	17	68.00	176.00
3	2	17	58.00	160.00
3	2	18	61.00	162.00
3	1	16	55.00	171.00

图 6-9 学生体检数据

分析操作步骤如下：

(1) 打开数据文件。执行“数据”|“拆分文件”命令，打开“拆分文件”对话框，如图 6-10 所示。选择“比较组”单选项，再将数据列表中的“班级”变量移至“分组方式”列表框，单击“确

定”按钮，完成数据按班级拆分的操作。

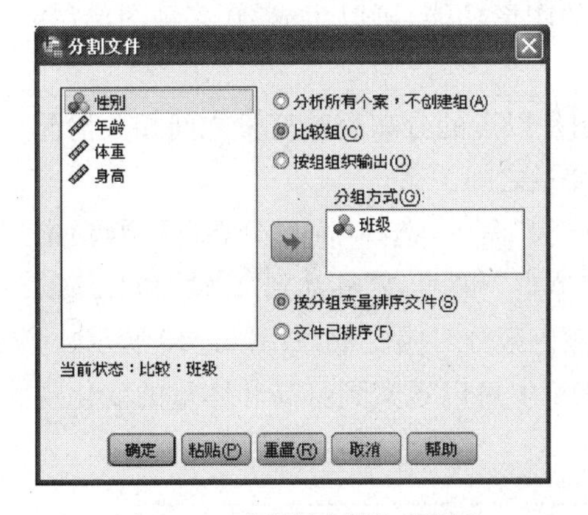

图 6－10　“分割文件”对话框

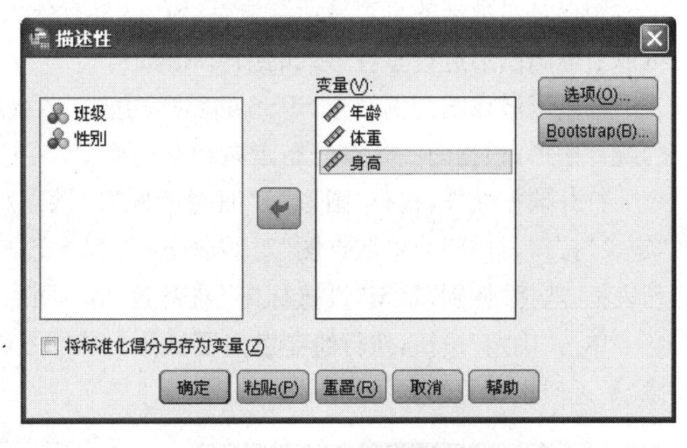

图 6－11　“描述性”对话框

（2）执行“分析”|“描述统计”|“描述”，打开“描述”对话框，如图 6－11 所示。在变量列表中选择变量“年龄”、“体重”、“身高”，单击右向箭头按钮，将选择的变量移动到“变量”列表框，并选择“将标准化得分另存为变量”复选框，即要求以变量形式保存标准值。

（3）单击“选项”按钮，打开“描述：选项”子对话框，如图 6－12 所示。选择统计量“均值”、“标准差”、“最小值”、“最大值”、“方差”、“范围”，单击“继续”按钮，返回到主对话框。单击“确定”按钮，执行描述性分析操作。

表 6－1 是经过描述性统计分析的结果，其分别给出了三个班级的相应统计量。

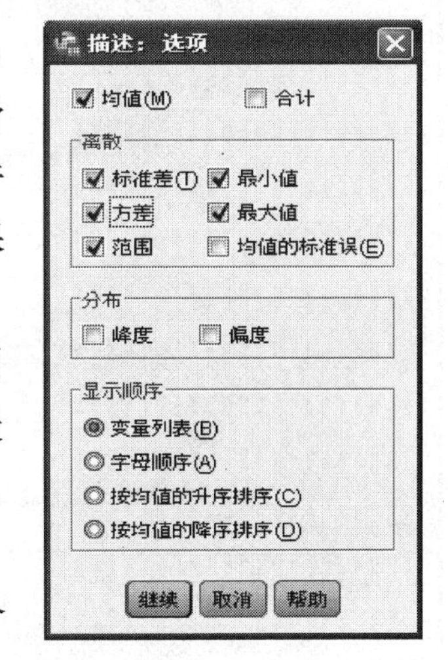

图 6－12　“描述：选项”子对话框

表 6－1　学生体检数据的描述性分析

班　级		N	全　距	极小值	极大值	均　值	标准差	方　差
1	年龄	5	2	13	15	14.20	.837	.700
	体重	5	12.00	38.00	50.00	44.600 0	4.979 96	24.800
	身高	5	11.00	149.00	160.00	154.000 0	4.527 69	20.500
	有效的 N(列表状态)	5						
2	年龄	5	1	16	17	16.40	.548	.300
	体重	5	15.00	50.00	65.00	58.000 0	5.700 88	32.500
	身高	5	15.00	160.00	175.00	167.000 0	5.700 88	32.500
	有效的 N(列表状态)	5						
3	年龄	6	2	16	18	17.33	.816	.667
	体重	6	15.00	55.00	70.00	62.833 3	5.845 23	34.167
	身高	6	20.00	160.00	180.00	169.000 0	8.000 00	64.000
	有效的 N(列表状态)	6						

2. 统计图形的创建

图形是对数据的直观显示与概括，SPSS具有强大的图形功能，可以生成20多种图形，并可以对输出图形进行多种形式的编辑和修改。

本例以散点图为例简介SPSS的图形功能。散点图是以点的分布反映变量之间相关情况的统计图形，根据图中各点分布走向和密集程度，判定变量之间关系。

打开数据文件，执行"图形"|"旧对话框"|"散点/点状"命令，选择"简单分布"选项，单击"定义"按钮，打开"简单散点图"对话框，分别选择变量"体重"和"身高"移动到"Y轴"和"X轴"列表框，选择"性别"移至"设置标记"列表框，用不同的颜色区分对应变量，如图6-13所示。

单击"确定"按钮，执行绘制散点图操作。从图6-14中可以观察到身高和体重的变化规律，呈近似正相关的变化趋势。

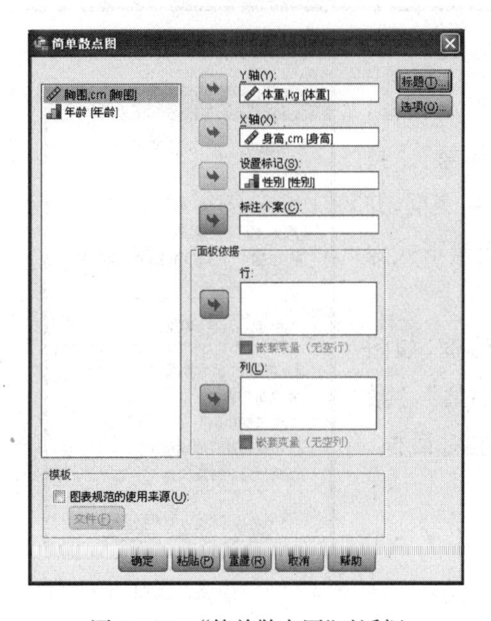

图6-13 "简单散点图"对话框

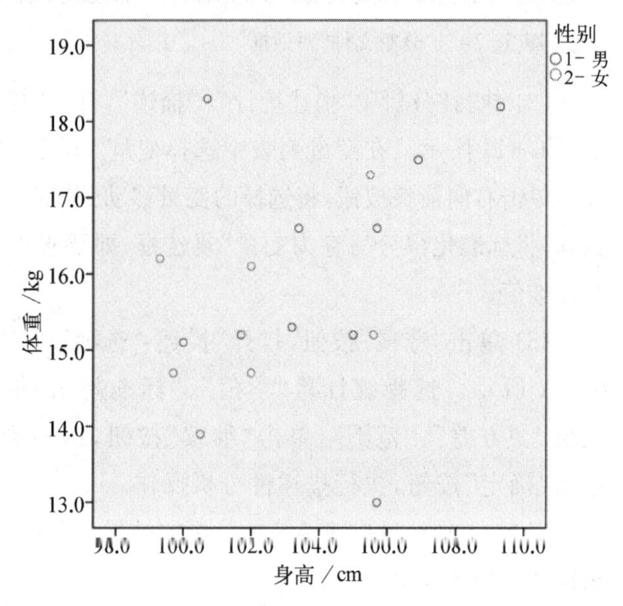

图6-14 身高与体重简单散点图

3. 相关分析

相关分析是研究变量之间密切程度的一种统计方法。在统计分析中常利用相关系数定量地描述两个变量之间线性关系的密切程度。例如，家庭输入和支出、子女的身高和父母的身高之间的关系等。

本例给出157例各种不同车型的数据，表6-2显示变量列表。数据包括汽车生产厂家，汽车型号，各种型号汽车的销售额、价格、燃油效率等相关数据，要求分析汽车价格和汽车燃油效率之间是否存在显性关系。

表6-2 数据文件的变量信息

变　　量	变量标签	变　　量	变量标签
manufact	生产厂家	wheelbase	轮　　胎
model	型　　号	width	宽　　度
sales	销售额(千)	length	长　　度

（续表）

变　　量	变 量 标 签	变　　量	变 量 标 签
resale	4 年销售总额	curb_wgt	重　　量
type	汽车类型	fuel_cap	燃料容量
price	价　　格	mpg	燃油效率
engine_s	发动机尺寸	lnsales	销售额的对数
horsepow	功　　率		

分析操作步骤如下：

(1) 执行“分析”|“相关”|“双变量”命令，打开“双变量相关”对话框，如图 6－15 所示；在该对话框中将变量“sales in thousands”和“fuel efficiency”从变量列表框中移至“变量”中。

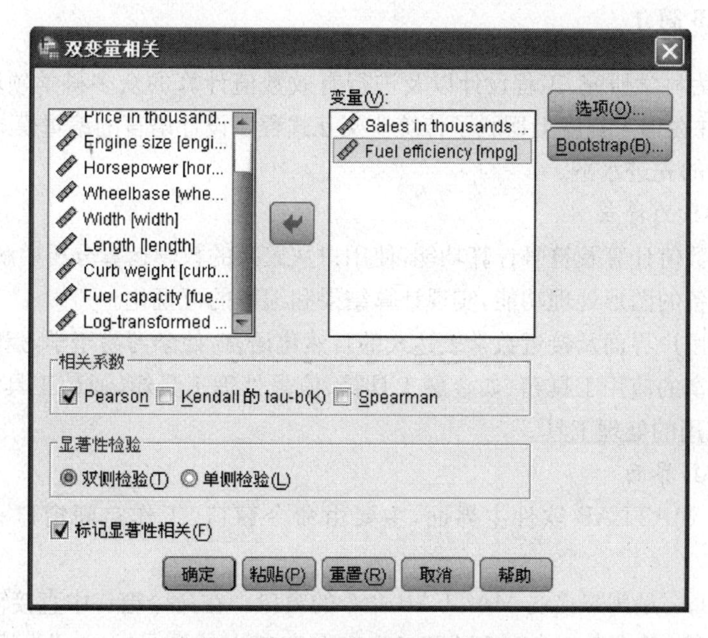

图 6－15　“双变量相关”对话框

(2) 单击“选项”按钮，在打开的“双变量相关性”对话框中选择“均值和标准差”和“叉积偏差和协方差”选项，单击“继续”按钮，返回主对话框。单击“确定”按钮，执行相关分析操作。从表 6－3 中可以看出，两个变量的 Pearson 的相关系数为－0.017，小于零；呈负相关，表示燃油效率低的汽车销售额有增高的趋势。

表 6－3　相关分析结果

		Sales in thousands	Fuel efficiency
Sales in thousands	Pearson 相关性	1	－.017
	显著性(双侧)		.837
	平方与叉积的和	721 968.352	－750.071
	协方差	4 628.002	－4.902
	N	157	154

(续表)

		Sales in thousands	Fuel efficiency
Fuel efficiency	Pearson 相关性	-.017	1
	显著性(双侧)	.837	
	平方与叉积的和	-750.071	2 806.279
	协方差	-4.902	18.342
	N	154	154

6.3 MATLAB 软件介绍

6.3.1 MATLAB 简介

MATLAB 为科学研究、工程设计以及进行有效数值计算的众多科学领域提供了一种全面的解决方案,并在很大程度上摆脱了传统非交互式程序设计语言的编辑模式,代表了当今国际科学计算软件的先进水平。

1. MATLAB 的特点

(1) 高效的数值计算及符号计算功能,使用户从繁杂的数学运算分析中解脱出来。

(2) 具有完备的图形处理功能,实现计算结果和编程的可视化。

(3) 友好的用户界面及接近数学表达式的自然化语言,使学习易于学习和掌握。

(4) 功能丰富的应用工具箱(如金融工具箱、信号处理工具箱、通信工具箱等),为用户提供了大量方便实用的处理工具。

2. MATLAB 界面

图 6-16 是 MATLAB 软件主界面,主要由命令窗口、工作空间窗口和历史命令窗口组成。

(1) 命令窗口:是用来接受 MATLAB 命令的窗口。在命令窗口中直接输入命令,可以实现显示、清除、计算、绘图等功能。MATLAB 命令窗口中的符号"＞＞"为运算提示符,表示 MATLAB 处于准备状态。当在提示符后输入一段程序或一段运算式后按回车键,MATLAB 会给出计算结果。

(2) 工作空间窗口:显示当前 MATLAB 的内存中使用的所有变量的变量名、变量的大小和变量的数据结构等信息,数据结构不同的变量对应不同的图标。

(3) 历史命令窗口:显示所执行过的命令及使用时间。利用该窗口,一方面可以查看曾经执行过的命令;另一方面,可以重复使用原来输入的命令,只需在命令历史窗口中直接双击某个命令,就可以执行该命令。

6.3.2 MATLAB 案例

MATLAB 中的统计工具箱(statistics toolbox)是一套建立在 MATLAB 数值计算环境下的统计分析工具,包含了 200 多个用于概率统计的功能函数,且具有简单的接口操作,能够支持范围广泛的统计计算任务。

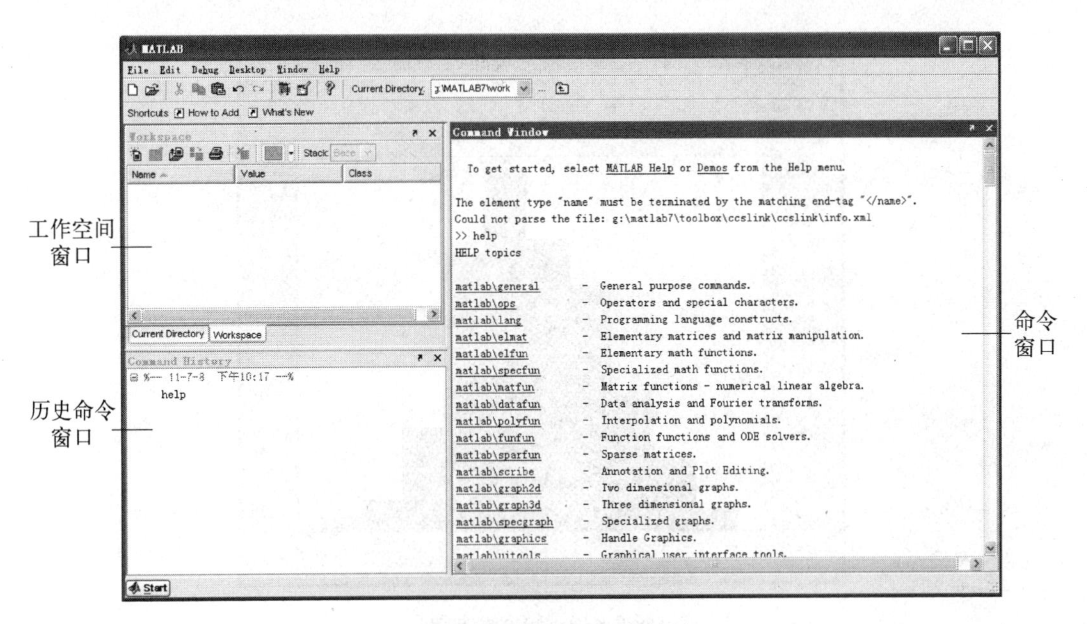

图 6－16　MATLAB 主界面

1. 随机数

MATLAB 中可以产生指定分布的随机数。

>>rd=normrnd(0,1,1,500);　　　%产生 500 个服从 $N(0,1)$ 正态分布的随机数

>>plot(rd,'o');　　　%画出这些随机数点，如图 6－17 所示。

>>hist(rd);　　　绘制随机数的频率直方图，如图 6－18 所示。

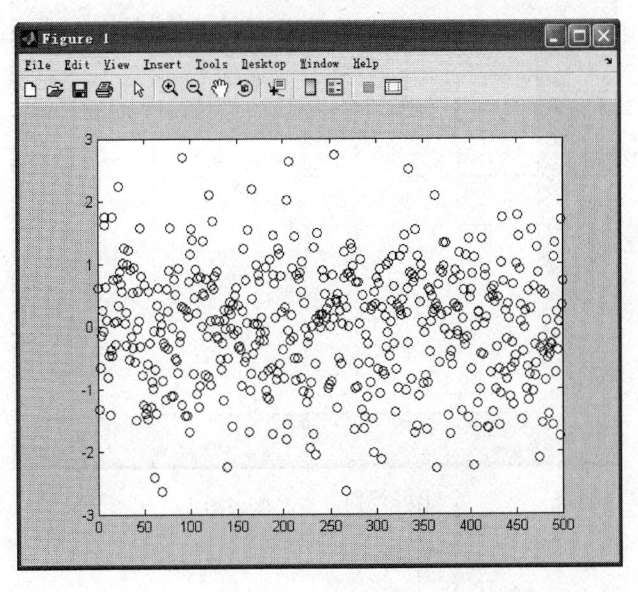

图 6－17　随机数点

2. 绘制正态概率图

在命令窗口输入：

>>x=normrnd(0,1,50,1);　%产生正态随机数

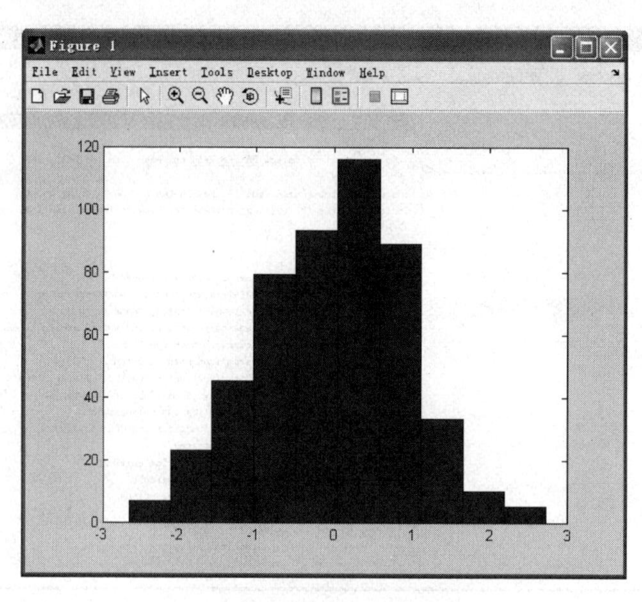

图 6-18　频率直方图

>>h=normplot(x);

得到正态概率图，如图 6-19 所示。由于样本是由正态随机数发生器产生的，因此其服从正态分布，故所得的概率图呈线性。

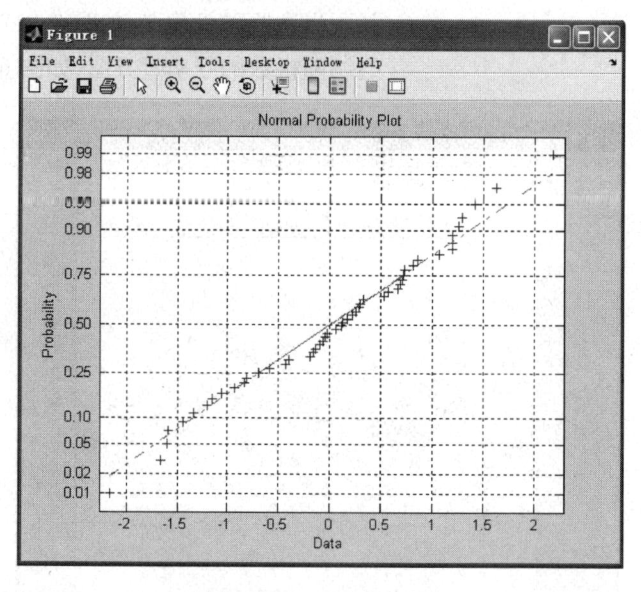

图 6-19　正态概率图

3. 聚类分析

将物理或抽象对象的集合分成由类似的对象组成的多个类的过程被称为聚类。由聚类所生成的簇是一组数据对象的集合，这些对象与同一个簇中的对象彼此相似，与其他簇中的对象相异。

表 6-4 是各个地区的信息值，根据信息值对各个地区进行聚类。

表 6－4　数据文件信息

	A	B	C	D	E	F	G	H	I
1	地　区	食　品	衣　着	居　住	家庭设备用品及服务	医疗保健	交通和通信	教育文化娱乐服务	杂项商品和服务
2	北　京	4934.05	1512.88	1246.19	981.13	1294.07	2328.51	2383.96	649.66
3	天　津	4249.31	1024.15	1417.45	760.56	1163.98	1309.94	1639.83	463.64
4	河　北	2789.85	975.94	917.19	546.75	833.51	1010.51	895.06	266.16
5	山　西	2600.37	1064.61	991.77	477.74	640.22	1027.99	1054.05	245.07
6	内蒙古	2824.89	1396.86	941.79	561.71	719.13	1123.82	1245.09	468.17
7	辽　宁	3560.21	1017.65	1047.04	439.28	879.08	1033.36	1052.94	400.16
8	吉　林	2842.68	1127.09	1062.46	407.35	854.8	873.88	997.75	394.29
9	黑龙江	2633.18	1021.45	784.51	355.67	729.55	746.03	938.21	310.67
10	上　海	6125.45	1330.05	1412.1	959.49	857.11	3153.72	2653.67	763.8
11	江　苏	3928.71	990.03	1020.09	707.31	689.37	1303.02	1699.26	377.37
12	浙　江	4892.58	1406.2	1168.08	666.02	859.06	2473.4	2158.32	467.52
13	安　徽	3384.38	906.47	850.24	465.68	554.44	891.38	1169.99	309.3
14	福　建	4296.22	940.72	1261.18	645.4	502.41	1606.9	1426.34	375.98
15	江　西	3192.61	915.09	728.76	587.4	385.91	732.97	973.38	294.6
16	山　东	3180.64	1238.34	1027.58	661.03	708.58	1333.63	1191.18	325.64
17	河　南	2707.44	1053.13	795.39	549.14	626.55	858.33	936.55	300.19
18	湖　北	3455.98	1046.62	856.97	550.16	525.32	903.02	1120.29	242.82
19	湖　南	3243.88	1017.59	869.59	603.18	668.53	986.89	1285.24	315.82
20	广　东	5056.68	814.57	1444.91	853.18	752.52	2966.08	1994.86	454.09
21	广　西	3398.09	656.69	803.04	491.03	542.07	932.87	1050.04	277.43
22	海　南	3546.67	452.85	819.02	519.99	503.78	1401.89	837.83	210.85
23	重　庆	3674.28	1171.15	968.45	706.77	749.51	1118.79	1237.35	264.01
24	四　川	3580.14	949.74	690.27	562.02	511.78	1074.91	1031.81	291.32
25	贵　州	3122.46	910.3	718.65	463.56	354.52	895.04	1035.96	258.21
26	云　南	3562.33	859.65	673.07	280.62	631.7	1034.71	705.51	174.23
27	西　藏	3836.51	880.1	628.35	271.29	272.81	866.33	441.02	335.66
28	陕　西	3063.69	910.29	831.27	513.08	678.38	866.76	1230.74	332.84
29	甘　肃	2824.42	939.89	768.28	505.16	564.25	861.47	1058.66	353.65
30	青　海	2803.45	898.54	641.93	484.71	613.24	785.27	953.87	331.38
31	宁　夏	2760.74	994.47	910.68	480.84	645.98	859.04	863.36	302.17
32	新　疆	2760.69	1183.69	736.99	475.23	598.78	890.3	896.79	331.8

使用 MATLAB 进行聚类，结果如图 6－20 所示。

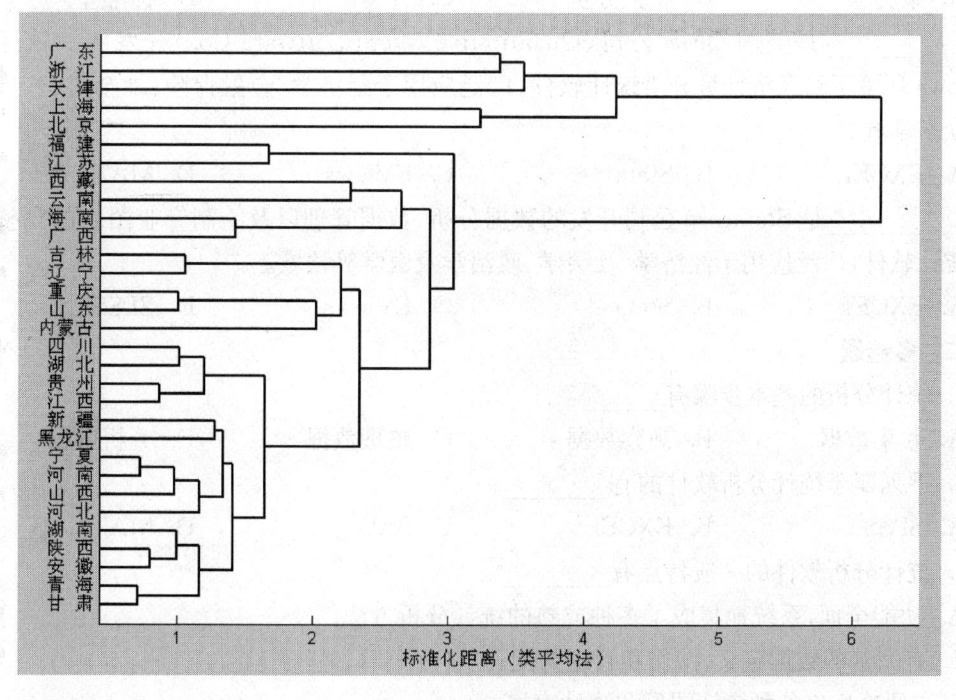

图 6－20　聚类结果图

习　题

一、单选题

1. ________是指对数据资料进行整理分析，以此描述和归纳数据的分布状态、特征及变量之间关系的一种基本统计方法。

A. 描述统计　　B. 推断统计　　C. 统计分析　　D. 分析数据

2. ________是指用概率形式来决断数据之间是否存在某种关系及用样本统计值来推测总体特征的统计方法。

A. 描述统计　　B. 推断统计　　C. 统计分析　　D. 分析数据

3. 统计分析软件________是指“统计产品与服务解决方案”软件，2009 年 7 月被 IBM 以 12 亿美元收购。

A. EViews　　B. EXCEL　　C. SPSS　　D. MATLAB

4. ________是美国 MathWorks 公司出品的商业数学软件，用于算法开发、数据可视化、数据分析以及数值计算的高级技术计算语言和交互式环境。

A. EXCEL　　B. MATLAB　　C. EViews　　D. SPSS

5. ________是研究数据变量之间密切程度的一种统计方法。

A. 分类汇总　　B. 相关分析　　C. 均值　　D. 标准差

6. ________是将物理或抽象对象的集合分成由类似的对象组成的多个类的过程被称为聚类。

A. 聚类　　B. 相关分析　　C. 分类　　D. 标准差

7. ________是美国 QMS 公司(Quantitative Micro Software Co.)开发的一款运行于 Windows 环境下的经济计量分析统计软件，广泛应用于经济学、金融保险、社会科学、自然科学等众多领域。

A. EXCEL　　B. Stata　　C. EViews　　D. MATLAB

8. ________是 Statacorp 公司开发的数据分析、数据管理以及绘制专业图表的完整及整合性统计软件，广泛应用于经济学、社会学、政治学及医学等领域。

A. EXCEL　　B. Stata　　C. EViews　　D. SPSS

二、多选题

1. 统计分析的基本步骤有________。

A. 收集数据　　B. 观察数据　　C. 整理数据　　D. 分析数据

2. 下列属于统计分析软件的有________。

A. SPSS　　B. EXCEL　　C. SAS　　D. MATLAB

3. 统计分析软件的一般特点有________。

A. 功能全面，系统地集成了多种成熟的统计分析方法。

B. 有完善的数据定义、操作和管理功能。

C. 方便地生成各种统计图形和统计表格。

D. 使用方式简单，有完备的联机帮助功能。

E. 软件开放性好，能方便地和其他软件进行数据交换。

4. MATLAB 软件界面，主要由________窗口组成。

A. 命令窗口　　B. 工作空间窗口　　C. 编辑窗口　　D. 历史命令窗口

5. SPSS 的特点包括________。

A. 操作简便：界面非常友好，除了数据录入及部分命令程序等少数输入工作需要键盘键入外，大多数操作可通过鼠标拖曳、点击"菜单"、"按钮"和"对话框"来完成。

B. 编程方便：具有第四代语言的特点，SPSS 只需用户粗通统计分析原理和算法，即可得到统计分析结果。

C. 功能强大：具有完整的数据输入、编辑、统计分析、报表、图形制作等功能。

D. 全面的数据接口：与其他软件有数据转化接口，能够读取及输出多种格式的文件。

E. 灵活的功能模块组合：具有若干功能模块，用户可以根据自己的分析需要和计算机的实际配置情况灵活选择。

三、填空题

1. 从功能标准上，统计分析可分为描述统计和________。

2. 描述统计主要描述数据的集中趋势、离散程度和________等特征。

3. ________软件是微软公司的办公软件 Microsoft office 的组件之一，可以进行各种数据的处理、统计分析和辅助决策操作，广泛地应用于管理、统计财经、金融等众多领域。

4. ________是以点的分布反映变量之间相关情况的统计图形，根据图中各点分布走向和密集程度，判定变量之间关系。

5. 相关分析是研究变量之间密切程度的一种统计方法。在统计分析中常利用________定量地描述两个变量之间线性关系的密切程度。

四、简答题

1. 常用的统计分析软件有哪些？

2. 统计分析软件的一般特点有哪些？

3. 简述 MATLAB 软件的特点。

第7章　工 具 软 件

随着人类社会步入信息时代,计算机日益成为人们工作、生活不可或缺的工具。但随着计算机的日益普及,计算机技术的日新月异,对计算机的应用已不再局限于简单的文字处理了,而是能够借助各种工具软件提高工作、学习和生活的效率,以达到事半功倍、快速迅捷地解决问题的效果。

本章主要介绍电子阅读器、媒体工具、光盘工具和系统安全工具,从实用的角度出发,对每一部分介绍几种经过精心挑选的常用工具软件的使用。

7.1　电子阅读器

随着网络应用的不断普及,人们阅读书籍的方式也逐步从纸质阅读转向电子阅读。电子文档具有体积小、内容形式丰富多彩的优点,尤其是语音和视频的内容形式,更增加了阅读的趣味性。

常见的电子文档格式有 EXE 、DOC、XLS、PPT、CHM、PDF、PDG 和 CAJ 等文件格式。EXE 文件格式无需专门的阅读器就可以阅读,而其他的文件格式都需要专门的阅读器才能阅读。在无纸化阅读已成为潮流的当今社会,能否掌握电子文件格式相对应的阅读器的使用方法,将直接影响到阅读的效率。

7.1.1　PDF 文档阅读工具 Adobe Reader

PDF(portable document format)文件格式是由 Adobe 公司开发的一种独特的跨平台的电子读物文件格式,它把文档的格式、字体、图形图像和声音等所有信息封装在一个特殊的整合文件中。由于其不依赖于硬件、操作系统和创建文档的应用程序,PDF 文件格式已成为新一代电子发行文档的事实上的标准。

Adobe Reader 是美国 Adobe 公司开发的一款优秀的免费 PDF 文档阅读工具,使用 Adobe Reader 可以查看、打印和管理 PDF 文档。本节介绍 Adobe Reader X 10.0 的使用方法。

1. Adobe Reader 主界面

启动 Adobe Reader,打开某 PDF 文档后,其主界面如图 7－1 所示。主要包括标题栏、菜单栏、工具栏、导航面板和浏览区等。

(1) 标题栏用于显示当前打开的 PDF 文档的文件名。

(2) 菜单栏以菜单方式列出包括查看、打印和管理 PDF 文档的所有操作命令。菜单栏包括“文件”、“编辑”、“视图”、“窗口”和“帮助”5 个菜单项。

(3) 工具栏以按钮方式列出菜单命令的快捷方式。通常包括文件工具、页面导览、选择和缩放工具和页面显示等工具。(可以通过“视图”|“显示/隐藏”|“工具栏项目”下的相应命令显示或隐藏某工具)

(4) 导航面板包括页面缩略图、附件和书签等按钮,单击页面缩略图或书签可以从整体上了解该 PDF 的内容结构。

(5) 浏览区是查看 PDF 的主要区域。

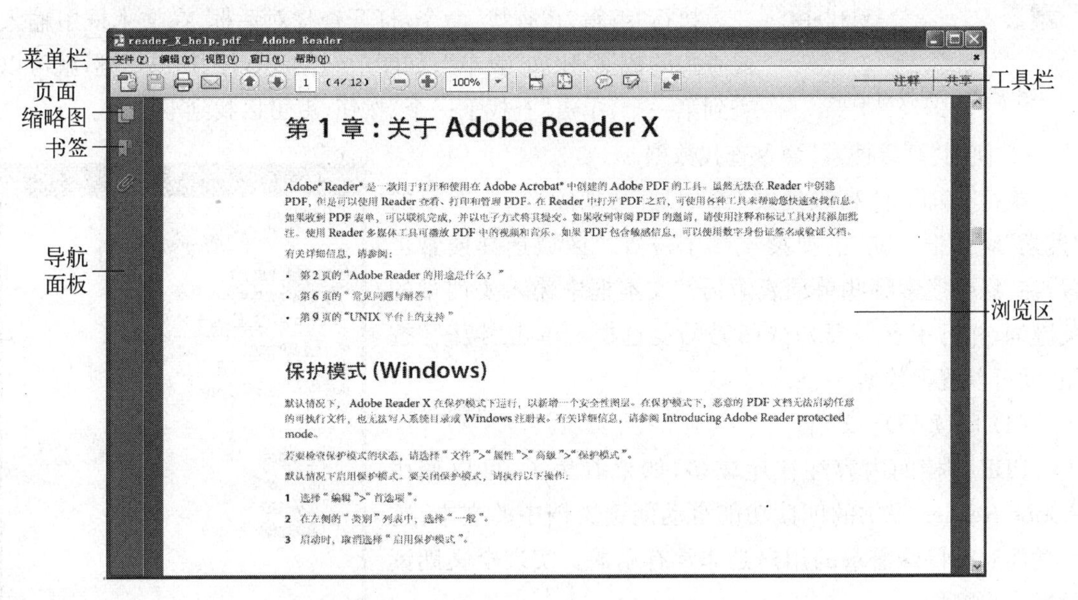

图 7-1　Adobe Reader 主界面

2. Adobe Reader 基本使用

(1) 浏览 PDF 文档。

打开 PDF 文档后,单击工具栏中的“放大”或“缩小”按钮可以调整到合适的比例显示;单击工具栏上的“适合窗口宽度并启用滚动”或“适合一个整页至窗口”按钮,可将页面调节到最佳阅读的形式;执行“视图”|“全屏模式”命令可实现全屏阅读;执行“视图”|“页面显示”|“自动滚动”命令可使文档具有自动滚屏功能。

如果需要阅读文档中某章节的内容时,可以使用目录或页面缩略图跳转页面。

① 单击导航面板中的“书签”按钮,显示 PDF 文档的目录,然后单击相应目录链接,便可快速打开相关页面进行阅读。

② 单击导航面板中的“页面缩略图”按钮,显示 PDF 文档每一页的缩略图,然后单击相应缩略图,便可快速打开对应的页面进行阅读。

(2) 摘录 PDF 文档中的内容。

在阅读 PDF 文档时,不能直接在其中编辑内容,但可以复制其中的内容,以获取有用的文本和图片。操作步骤如下:

① 右击浏览区,执行快捷菜单中的“选择工具”命令,选择需要的内容。

② 右击选择的文本,执行快捷菜单中的“复制”命令;或右击选择的图片,执行快捷菜单中

的“复制图像”命令，复制 PDF 文档内容到剪贴板。复制完成后就可以将该内容粘贴到其他地方。

(3) 搜索 PDF 文档中的文字。

使用“查找”命令或“高级搜索”命令可以搜索页面内容。可以执行简单的搜索，在单个文件中查找数据，也可以执行复杂的搜索，在一个或多个 PDF 文件中查找各种数据。

① 使用“查找”命令查找数据。

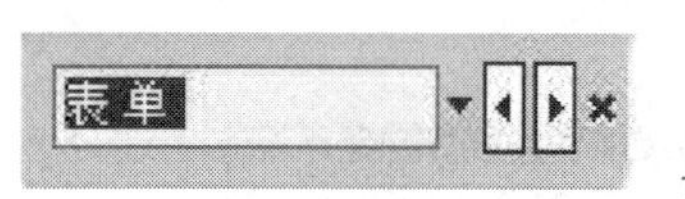

图 7-2　查找对话框

执行“编辑”|“查找”命令，打开查找对话框，在文本框中输入要查找的数据，比如“表单”，如图 7-2 所示，按“Enter”键，就可以查到第一个，单击“查找下一个”按钮，就可以找到下一个。

② 使用“高级搜索”命令查找数据。

执行“编辑”|“高级搜索”命令，打开如图 7-3 所示的“搜索”对话框。在“您要搜索哪个位置?”区域选择搜索位置，在“您要搜索哪些单词或短语?”文本框中输入要搜索的关键词，并可根据需要勾选所需的复选框。单击“搜索”按钮，就可以搜索数据。

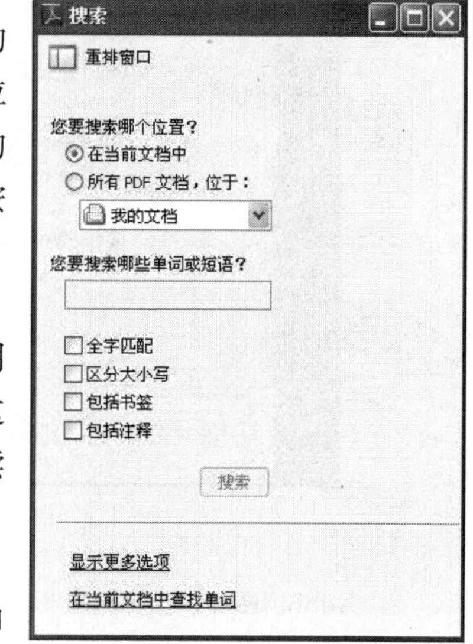

图 7-3　“搜索”对话框

(4) 朗读 PDF 文档。

PDF 文档的内容往往比较多，如果看累了，可以使用 Adobe Reader 提供的朗读功能自动朗读文档中的文本，这个功能对有特殊需求的用户是非常有用的。实现全文朗读的操作步骤如下：

① 执行“视图”|“朗读”|“启用朗读”命令。

② 执行“视图”|“朗读”|“朗读到文档结尾处”命令，即可实现全文朗读。

在自动朗读过程中，执行“视图”|“朗读”|“暂停”命令可以暂停朗读，执行“视图”|“朗读”|“停止”命令可以停止朗读，执行“视图”|“朗读”|“停用朗读”命令可以停用朗读功能。

(5) 对 PDF 文档添加注释

默认情况下，可以在 PDF 文档中添加附注和高亮文本。单击工具栏中的“添加附注”按钮，在需加附注的地方单击，打开注释框，在其中输入文本即可添加附注。单击工具栏中的“高亮文本”按钮，拖动需设置高亮的文本即可在文档中为文本添加高亮(底纹)。

(6) 将 PDF 另存为文本。

如果要复制大量的文本，可以执行“文件”|“另存为”|“文本”命令，在打开的“另存为”对话框中指定文件名和保存位置，单击“保存”按钮，即可复制 PDF 文档中所有文本到指定的文件名中。

(7) 打印 PDF 文档。

如果需要将正在浏览的 PDF 文档打印，则执行“文件”|“打印”命令，打开如图 7-4 的对话框，对打印机、打印范围和页面处理等选项进行设置后，单击“确定”按钮进行打印。

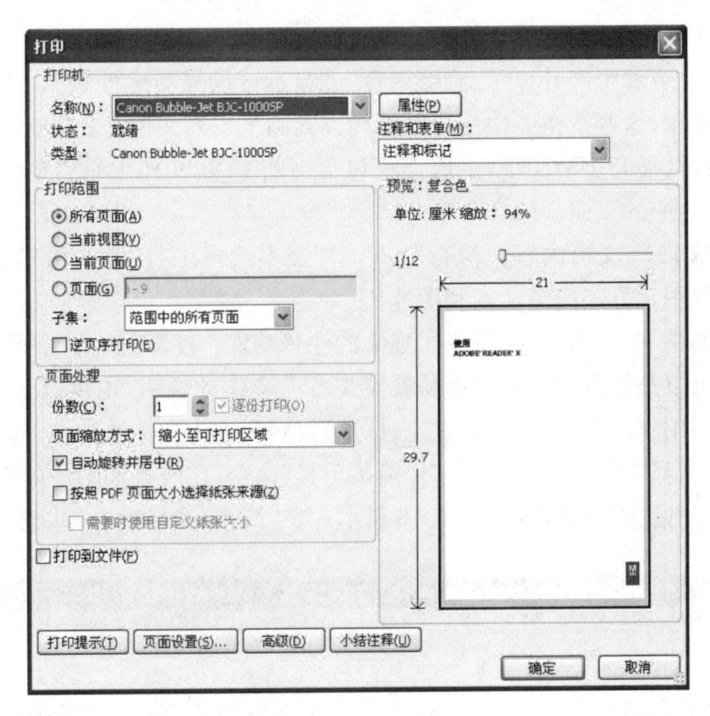

图 7-4　“打印”对话框

7.1.2　PDF 文档阅读工具 Foxit Reader

Foxit Reader，即福昕阅读器，由福昕软件开发有限公司开发的一款阅读 PDF 格式文档的工具软件，可以从其官网(http：//www. fuxinsoftware. com. cn)下载安装。与 Adobe Reader 相比，它具有体积小巧、速度快捷、功能丰富、使用更加方便等优点，而且具有添加附件，填写表单和为 PDF 文档添加图片等简单易用的高级编辑功能，是真正绿色免费的 PDF 阅读器。

启动 Foxit Reader，打开某 PDF 文档后，其主界面如图 7-5 所示。主要包括标题栏、菜单栏、工具栏、导航面板、文档区域和状态栏。

图 7-5　Foxit Reader 主界面

导航面板位于文档区域的左侧，导航面板包含"使用书签跳至指定页面"、"使用页面缩略图转到指定页面"、"查看图层并显示/隐藏内容"、"显示或隐藏签名面板"、"查看文档注释"和"查看文档附件"按钮，这些按钮方便用户以不同方式浏览当前文档。如单击"使用页面缩略图转到指定页面"按钮，展开页面面板，页面面板包含当前 PDF 文档中每页的缩略图，单击缩略图，可打开缩略图对应的页面。

文档区域显示 PDF 文档内容。执行"工具"|"文本选择工具"命令可摘录文本，执行"工具"|"快照"命令以图片方式摘录文本和图片。

需特别强调的是 Foxit Reader 提供了强大的注释功能。注释是一种书面的解释说明和注解图画。注释既可以是作者为了他人更易看懂文章内容作的说明，也可以是读者阅读文章后作的读书笔记。利用附注工具、图形标注工具等可以轻松地为文档添加注释。

如可以执行"注释"|"图形标注工具"|"箭头工具"命令，在需添加附注处拖动鼠标，绘制箭头，双击箭头，打开"箭头"注释框，如图 7-6 所示。在"箭头"注释框中可以输入文本。

图 7-6　添加箭头注释

7.1.3　PDF 文档生成工具 PDF24 Creator

PDF24 Creator 是一款简单易用、功能独特的 PDF 生成工具，可以将其他格式的文件(如 Word 文档、JPEG 格式文件等)转换成 PDF 格式。

启动 PDF24 Creator 后，主界面如图 7-7 所示，由标题栏、菜单栏、工具栏和浏览区组成。

将 Word 文档转换成 PDF 文档的操作步骤如下：

(1) 执行"文件"|"打开"命令，打开"选择文档"对话框。在该对话框中，选择所需转换的文档，如图 7-8 所示。

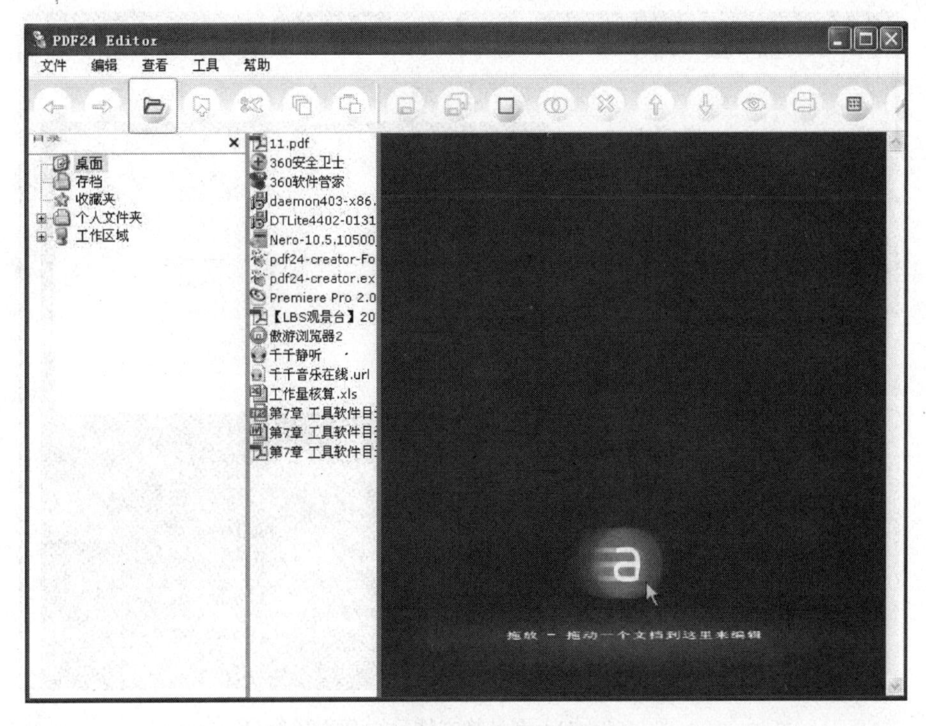

图 7-7 PDF24 Creator 主界面

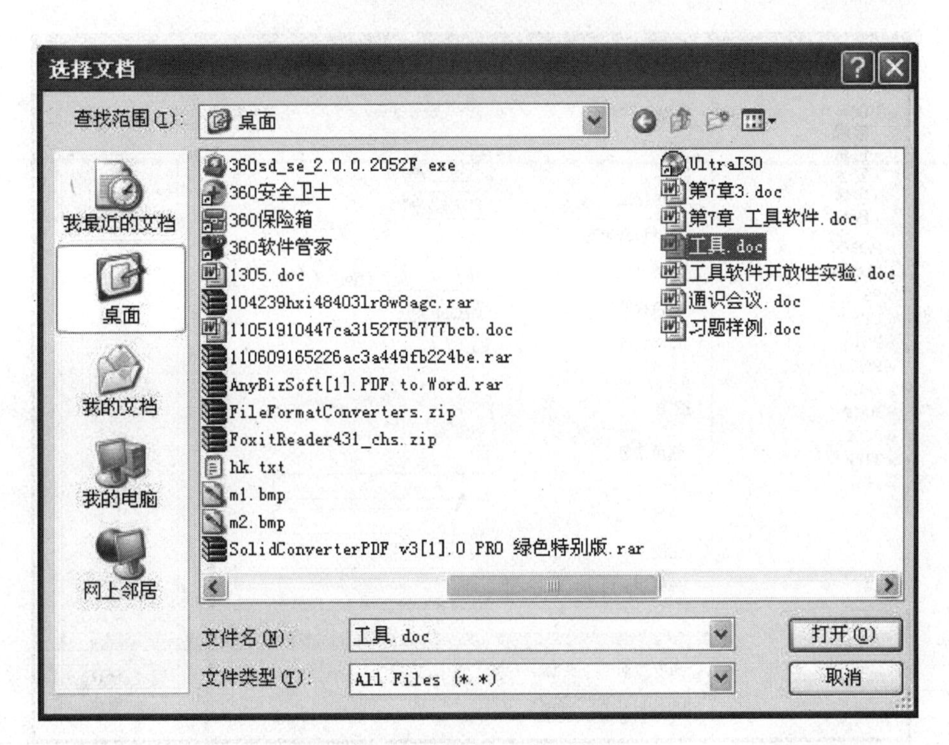

图 7-8 “选择文档”对话框

(2) 单击“打开”按钮,打开如图 7-9 所示的窗口。

(3) 执行“文件”|“保存”命令,打开“格式属性”对话框,如图 7-10 所示。

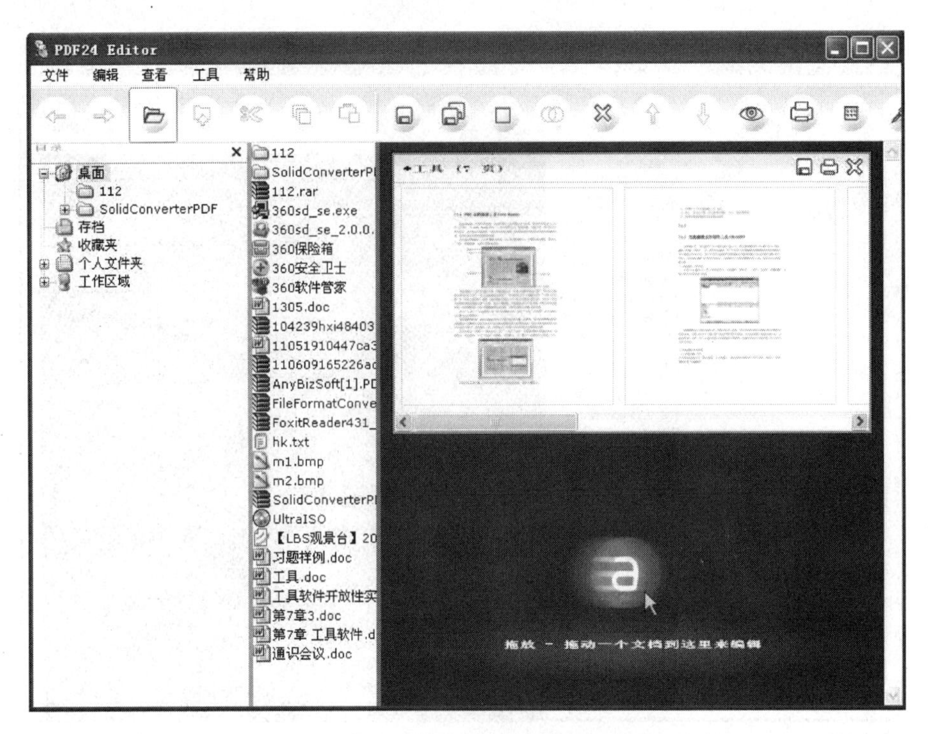

图 7 - 9　打开需转换文件后的 PDF24 窗口

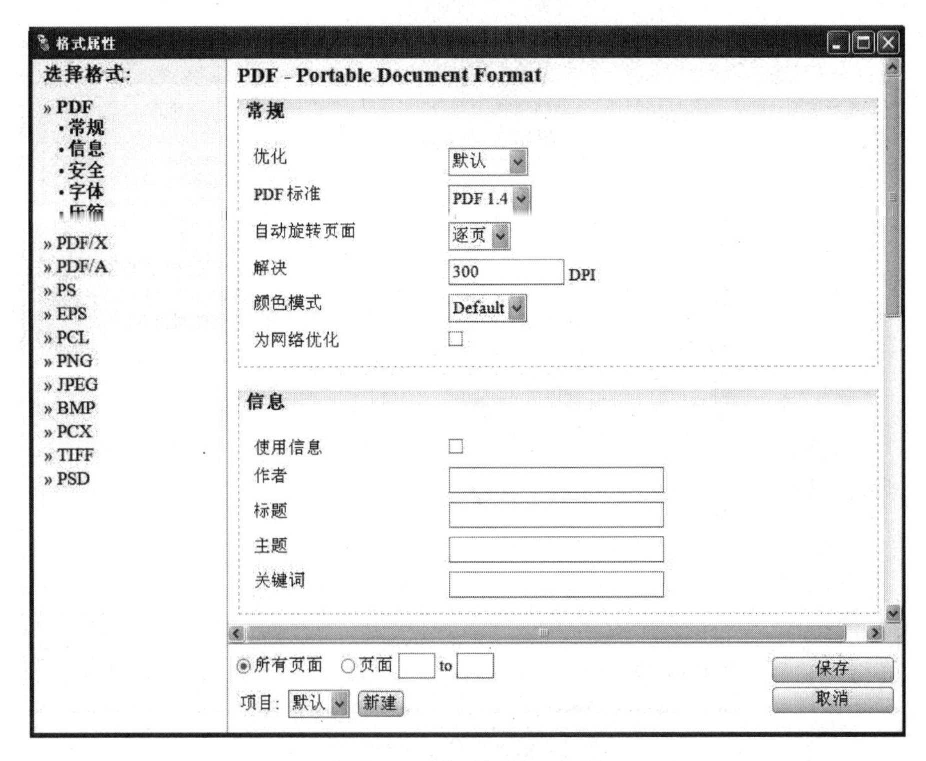

图 7 - 10　“格式属性”对话框

(4) 单击“保存”按钮，打开“另存为”对话框，设置保存位置和文件名，单击“保存”命令，即将 Word 文档转换成 PDF 文档了。

7.1.4 PDF文档转Word文档工具Solid Converter PDF

Solid Converter PDF是一款专业的PDF转Word格式的转换工具，使用它可以方便地将PDF格式文档转换成Word格式文档，以便用户修改和使用文档中的文字、表格等内容。

使用Solid Converter PDF工具软件将PDF文档转换成Word文档的操作步骤如下：

(1) 启动Solid Converter PDF，在打开的对话框中选择需转换的PDF文档，如图7-11所示。

(2) 单击"转换"按钮，打开如图7-12所示的对话框。

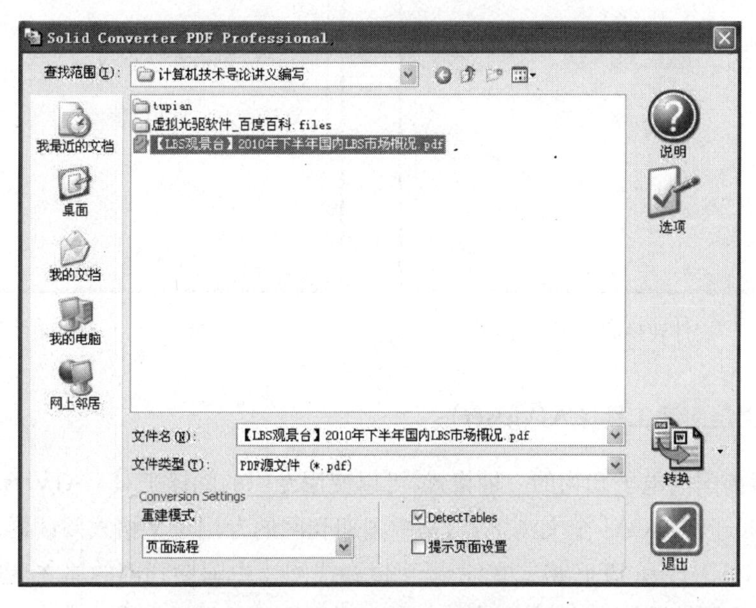

图7-11 Solid Converter PDF界面

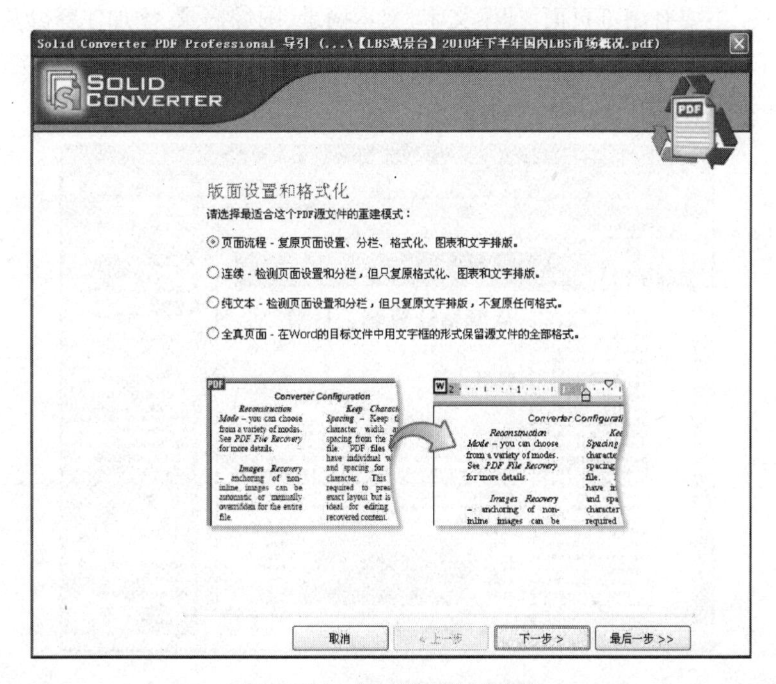

图7-12 版面设置和格式化

(3) 依次单击“下一步”按钮，选择默认选项，最后单击“完成”按钮，打开如图 7－13 所示的对话框。对话框中有进度条指示转换的进度。

(4) 转换完成后，打开如图 7－14 所示的对话框。

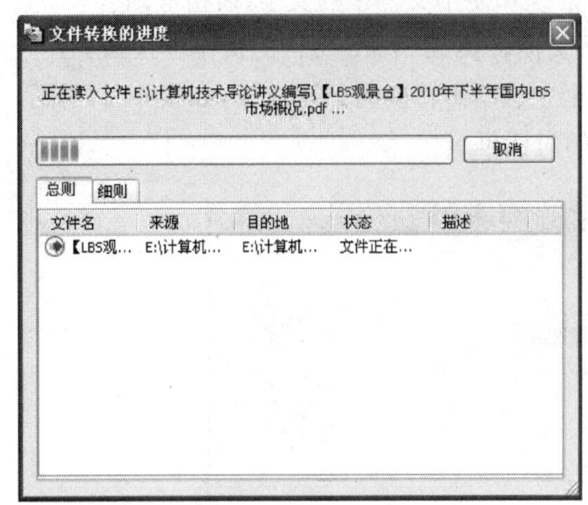
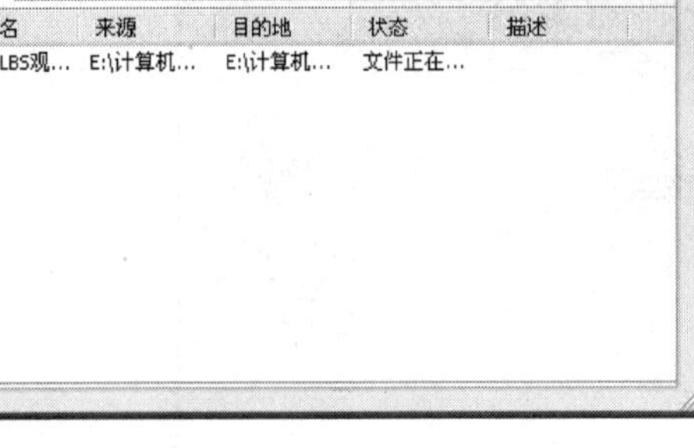

图 7－13 “文件转换的进度”对话框

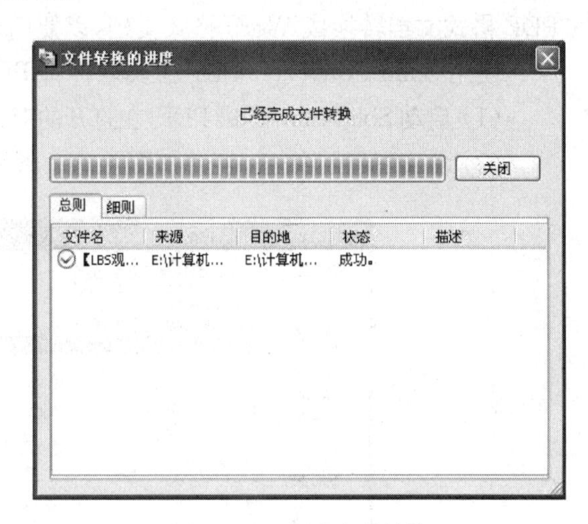

图 7－14 完成文件转换

7.1.5 其他文档阅读工具(CAJViewer)

CAJ 是目前国内电子刊物的一种格式，可以使用专门的阅读工具 CAJViewer 来阅读。

CAJViewer，又名 CAJ 全文浏览器，是中国期刊网的专用全文格式阅读器，支持中国期刊网的 CAJ、NH、KDH 和 PDF 格式文件，既可以在线阅读中国期刊网的原文，也可以阅读下载到本地硬盘的中国期刊网全文，并且它的打印效果与原版的显示效果一致。

CAJViewer 主要有浏览页面、搜索文字、文本摘录、图像摘录、添加注释以及打印等功能。

启动 CAJViewer，打开某 CAJ 文档后，其主界面如图 7－15 所示。主要包括标题栏、菜单栏、工具栏、导航面板、主页面和任务窗格等。

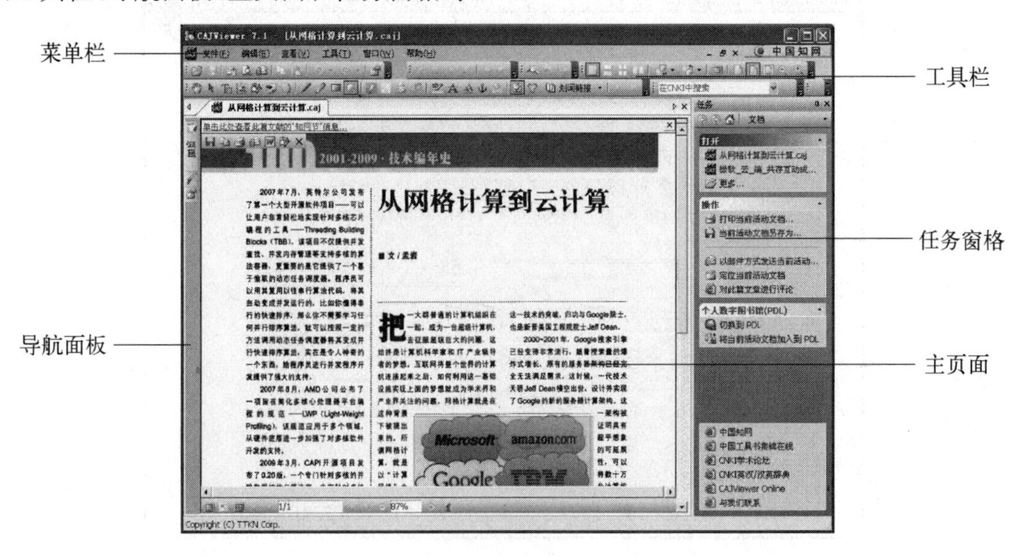

图 7－15 CAJviewer 主界面

(1) 标题栏用于显示当前打开的CAJ文档的文件名。

(2) 菜单栏以菜单方式列出CAJViewer的所有操作命令。菜单栏包括"文件"、"编辑"、"查看"、"工具"、"窗口"和"帮助"6个菜单项。

(3) 工具栏以按钮方式列出菜单命令的快捷方式。通常包括文件、选择、导航和布局等工具。可以通过"查看"|"工具栏"下的相应命令显示或隐藏某工具。

(4) 导航面板包括页面、标注和属性等标签。当鼠标移至页面标签上时(或执行"查看"|"页面"命令),即展开页面窗口,默认情况下,该窗口是以书签形式显示文档所有页。右击页面窗口,执行快捷菜单中的"以缩略图显示"命令,页面窗口即以缩略图方式显示。

(5) 主页面是查看CAJ文档内容的主要区域。

(6) 任务窗格在主页面的右侧,包括文档、搜索和帮助等任务窗格。文档任务窗格包括打开、操作、PDL和链接4个内容。帮助任务窗格包括协助、CAJViewer Oline和CNKI事件3个内容。如果关闭了任务窗格,可以执行"查看"|"工具栏"|"任务"命令,即可显示任务窗格。

7.2 媒体工具

视频是多媒体中一种重要的媒体形式,通过计算机观看电影、欣赏MTV以及在线观看热播影视剧等已经成为大家重要的休闲和娱乐方式。视频文件分为两大类:影像文件和流式视频文件。目前,常见的影像文件类型包括:Avi、Mpeg、Mov等,流式视频文件类型包括:Rm、Rmvb、Asf、Flv、Mov等。

视频播放器是指能播放以数字信号形式存储的视频的软件,也指具有播放视频功能的电子器件产品。除了少数波形文件外,大多数视频播放器携带解码器以还原经过压缩的媒体文件,视频播放器还要内置一整套转换频率以及缓冲的算法。大部分的视频播放器还能支持音频文件的播放。视频播放器的种类众多,常见的播放工具包括:暴风影音、RealPlayer、QQ影音、风行、Qvod、Pplive、KMPlayer等。

常见的视频格式有很多,某一格式的视频文件往往和特定的播放器对应:Mov格式文件用QuickTime播放,Rm格式的文件用RealPlayer播放等。假如计算机中只安装了单一的播放器,却想播放多种类型的视频文件,最好的办法就是找到一种工具,将两种视频格式进行转换,这样就可以欣赏精彩的影视剧了。

格式转换工具有许多,Windows Movie Maker是Windows系统自带的视频编辑工具,使用它,可以将多种类型的视频文件(如Avi)导入,经过编辑后,生成电影文件(Wmv),快捷方便。常用的格式转换工具包括:超级转换秀、Mp4/Rm转换专家、格式工厂、3gp视频格式转换器、私房视频格式转换器等。其中,私房视频格式转换器支持各种流行的掌上设备,包括手机、iPod、iPhone4、联想乐phone、MP4播放器、PSP、MP3播放器等,支持100种以上的音频、视频格式的相互转换,并且界面友好,操作方便。

常见的格式转换模式包括:Rmvb转为Mp4、Mts转为Dvd、Rmvb转为3gp、Avi转为Mpeg、Mpeg转为Avi、Mov转为Mpeg、Dvd转为Vcd、Vcd转为Mpeg4等。

7.2.1 多媒体播放工具——暴风影音

暴风影音是暴风网际公司推出的一款视频播放器,该播放器兼容大多数的视频和音频格式。支持的常见视频文件格式包括：Avi、Wmv、Wmp、RM、Mov、Mpeg2、Mpeg4、Vob、Flv等，支持的常见音频文件格式包括：Wma、Wav、AC3、Mp3、Cda、Dts、Mpc 等，多格式的媒体封装以及字幕也得到支持。

暴风影音除了本地播放多媒体文件外，还可以在线直播、在线点播、高清播放。并且与中国网络电视台合作，推出中国网络电视台暴风台。

启动暴风影音，主界面如图 7－16 所示。主要包括标题栏、菜单栏、视频窗口、播放列表和状态栏。

图 7－16　暴风影音主界面

1. 添加到播放列表

添加本地影音文件的常用方法有以下三种：

(1) 单击“正在播放”菜单栏右侧的下三角按钮，执行“打开文件”命令，选择影音文件所存放的盘符和路径，单击“打开”按钮。

(2) 单击“正在播放”菜单栏右侧的下三角按钮，执行“打开文件夹”命令，可同时打开同一文件夹下的多个影音文件。

(3) 单击“播放列表”上方的“添加到播放列表”按钮，选择影音文件，单击“打开”按钮。

在主菜单中执行“打开文件”命令或者执行快捷键“Ctrl＋O”，也可以将本地的影音文件添加到播放列表中。

2. 调整播放列表

如果想从播放列表中删除影音文件，可以选择文件后，单击“从播放列表删除”按钮，单击“清空播放列表”按钮会删除列表中所有文件，单击“顺序播放”按钮使列表中的影音文件按顺序自动播放。

3. 调节设置

对正在播放的影音文件可以对音频调节、视频调节、字幕调节进行设置。单击“正在播放”菜单栏右侧的下三角按钮，执行“视频调节”命令，打开“设置”对话框，如图 7－17 所示。改变亮度、对比度等。也可在“音频调节”设置改变音量大小、声道等设置。

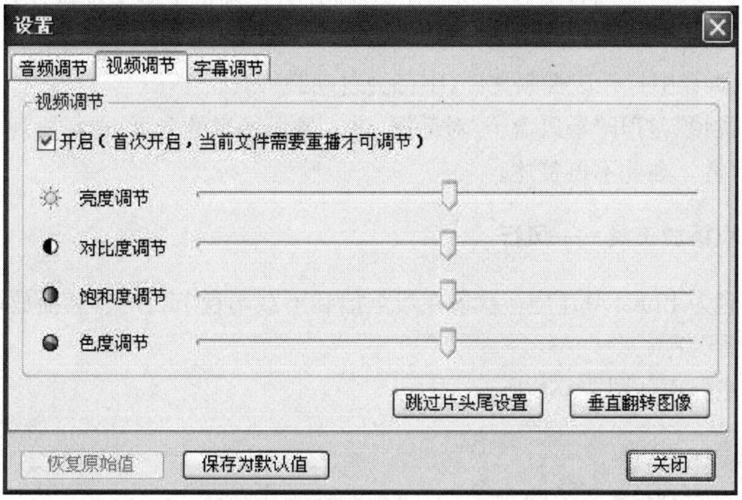

图 7-17 视频调节设置

4. 制作字幕

为影音文件添加字幕，可提高影片的观看效果。字幕文件通常有两种形式：一是 srt 文件，二是 idx 和 sub 文件。对于 srt 文件，可以从网上直接下载。目前，活跃着许多字幕组，对热播的欧美剧或日韩剧在第一时间下载源视频文件，经过翻译、校对、调整时间轴，最后将字幕压入源视频文件，上传到服务器，仅耗时七小时左右。

简单的字幕可以使用纯文本编辑器来制作，如"记事本"。例如在一个 Avi 文件的 1.00～3.00 秒插入字幕"仅以此片献给"，设置字体颜色为红色，3.10～6.00 秒插入字幕"跟我一起走天下的"，设置字体颜色为蓝色，操作步骤如下：

(1) 启动"记事本"，输入代码

```
1
00:00:01,000 --> 00:00:03,000
<font color="red">仅以此片献给</font>

2
00:00:03,100 --> 00:00:06,000
<font color="blue">跟我一起走天下的</font>
```

SRT(Subripper)是简单的文字字幕格式，分三行组成，一行是字幕序号，一行是时间代码，一行是字幕数据。

其中，时间 00:00:00:000 分别是小时:分:秒:毫秒。常用代码包括：

<i>斜体字</i>

换行</br>

<u>加下划线</u>

<font color="red">和<font color="#ff0000">一样，可以设置字幕的字体颜色为红色。

有兴趣的话，可以自己去查阅代码。

(2) 以 srt 为文件扩展名，文件名和 Avi 文件相同，并且将字幕文件保存到 Avi 文件所在的文件夹中。

(3) 在暴风影音中打开该视频文件，字幕会自动载入。

单击“在线视频”，打开“暴风盒子”对话框，进入暴风影音的首页，选择要观看的剧目，可以快速在线影音欣赏。在此不再赘述。

7.2.2 在线影视播放工具——风行

风行，英文名为 Funshion，是一款集在线点播和下载影视节目的视频播放软件，具有风行首创的“边下边看”特点。

启动风行，主界面如图 7－18 所示。

图 7－18　风行启动界面

1. 软件菜单

单击标题栏右侧的“风行”按钮，可以执行菜单操作。

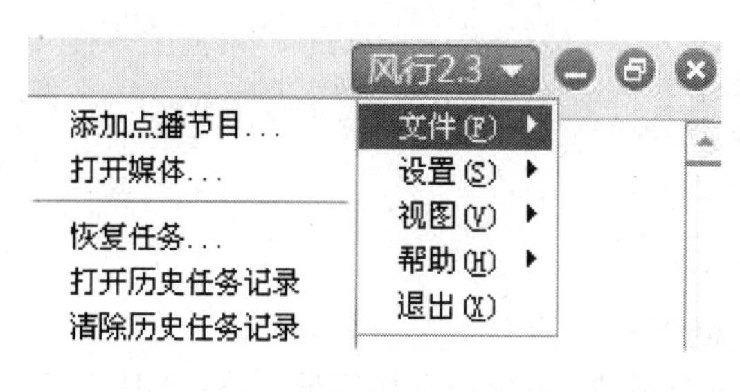

图 7－19　风行菜单

(1) 文件菜单。可以进行添加点播任务，打开本地的多媒体文件，恢复任务，打开和清除历史记录等。

(2) 设置菜单。可以进行中/英语言选择，设置下载完成后自动关机，在选项中进行各种设置。

(3) 视图菜单。可以切换界面模式，全屏切换，打开任务列表。

(4) 帮助菜单。包括软件帮助，风行网站，进入论坛，联系我们，检查更新等。

(5) 退出菜单。点击退出将会关闭风行软件。如果您仍然有下载的任务或者有正在播放的影片，会提示是否确定退出风行软件。

2. 注册登录

目前风行实行注册通行证制度，所谓注册通行证，就是说在风行网(www.funshion.com)中注册的用户可以登录风行软件，可以直接进入风行游戏，同时也可以在我们的资源库中搜索更多资源。

免费注册成为风行会员，可以享受到更流畅的播放服务、更高速的下载服务，在网站上可以收藏和管理自己的影视剧，进行评分、发表影评，可以查看其他用户的个人空间，添加好友，发表日志等更多的服务。

3. 快捷键

(1) 快进和快退：Ctrl+← 、Ctrl+→分别向后、前跳 10s 画面。

(2) 音量调节：Ctrl+↑、Ctrl+↓下箭头，分别是提高、减小音量。

(3) 静音：Ctrl+M。

(4) 暂停/播放：空格键。

(5) 全屏播放/还原：按回车键或者鼠标双击播放窗口。

4. 任务列表

切换到“播放”界面，单击窗口下方的“展开列表”按钮，打开任务管理窗口，如图 7-20 所示。

图 7-20　任务管理窗口

用户对某个节目的操作，如点播、下载、删除等事件组合称作任务。任务的主体是某个影视节目，因此任务也可表示某个节目，在“任务管理”窗口中可以对各个任务进行一些操作。任务管理将任务分为“未完成”、“已完成”和“回收站”三个组。

风行必须先把影视资源文件从互联网下载到本地，需等到本地有一定资源内容时方可播放，这个过程就称作“缓冲”。缓冲完成到 100%的时候，就开始播放影片。缓冲时间的长短视网络环境而定。

风行采用 P2P 技术(point to point)。这是下载术语，意思是在你下载的同时，本地计算机同时作为主机上传，基于 P2P 传输的“源”文件称为“种子”。连接数是指影片资源在同一时间内在线观看的一个大致人员数目。连接数越多，“种子”数也越大，下载的速度就越快。FSP (funshion server protocol)，风行服务协议，同时风行的种子文件也以.fsp 结尾。

7.2.3　多媒体文件转换格式工厂

格式工厂(Format Factory)是一款应用于 Windows 操作系统下的多功能的多媒体格式转换软件，可以实现大多数视频、音频以及图像不同格式之间的相互转换。

格式工厂可以在转换过程中修复一些损坏的视频文件，支持 iphone、PsP 等设备，图像文件转换时支持缩放、旋转等。

启动格式工厂，主界面如图 7-21 所示。

如要将 Avi 转换为 Mp4，操作步骤如下所示：

图 7－21　格式工厂主界面

(1) 单击选取“视频”类型下的“所有转到 Mp4”。

(2) 在弹出的对话框中，单击“添加文件”按钮，打开 Avi 文件所在的盘符和路径，选取相关文件，按 Ctrl，单击文件名，可以同时选取同一文件夹下的多个文件，单击“打开”按钮。

(3) 在“输出文件夹”中，单击“浏览”按钮，选择输出视频文件所存放的文件夹，单击“确定”按钮。

(4) 返回格式工厂主界面，单击“开始”按钮。

单击“光驱设备\DVD\CD\ISO”按钮，可以将 DVD 转换为视频文件并保存到本地，或者将 CD 音轨转换为音频文件。

单击“高级”按钮，单击“视频合并”按钮可以将数个视频文件合并输出为一个视频文件。音频合并操作相同。

7.3　光盘工具

随着个人计算机的普及和多媒体技术的快速发展，光盘存储器的作用也越来越大。和磁盘存储器相比，光盘存储器具有记录密度低、容量大、成本低以及便于携带等优点。由于它具有许多磁盘存储器所不具备的优点，光盘存储器在现代信息社会的各个领域发挥它独特的作用和优势。鉴于这些，掌握与光盘存储器相关的一些工具软件的使用就显得尤为重要。

7.3.1　光盘刻录工具 Nero Burning ROM

随着计算机价格的下降，刻录光驱(光盘刻录机)已成为微机和笔记本的标准配置。越来越多的人希望通过刻录光盘将自己重要的文件(如照片，摄录的视频等)保存下来。要进行光盘刻录，除了需光盘刻录机、可以刻录的光盘外，还必须有一个光盘刻录软件。

Nero Burning ROM是由德国Nero公司出品的一款优秀的专业光盘刻录软件，它的功能强大而且操作简单，无论是数据，音频还是视频都可以刻录到光盘。本节介绍的Nero Burning ROM版本是作为Nero Multimedia Suite 10程序的一部分。

1. Nero Burning ROM主界面

启动Nero Burning ROM后，其主界面由标题栏、菜单栏和工具栏组成。如图7-22所示。

Nero Burning ROM的主要功能是选择文件和文件夹，并将其刻录到光盘。实现这个功能需以下三个基本步骤：

(1) 在"新编辑"对话框中，选择光盘类型和光盘格式，并在选项卡上设置选项。

(2) 在选择屏幕中，选择要刻录的文件。

(3) 开始刻录过程。

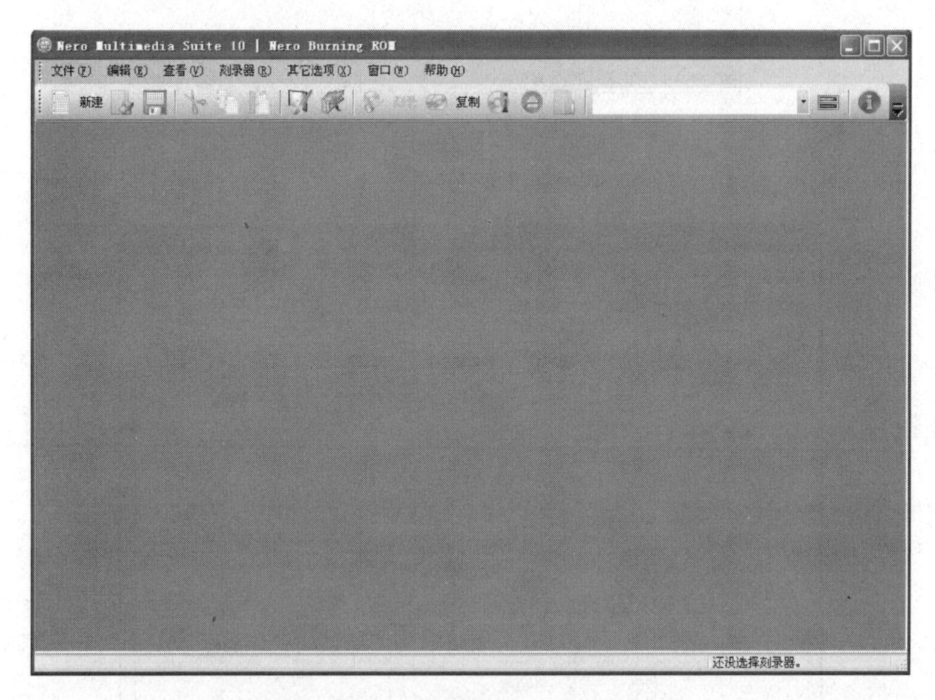

图7-22　Nero Burning ROM主界面

2. Nero Burning ROM基本使用

(1) 刻录光盘。

刻录光盘的操作步骤如下：

① 将一张空白光盘放入刻录机。

② 在图7-23所示的"新编辑"对话框的光盘类型下拉菜单中，选择所刻光盘的格式(如选择"DVD"选项)。如果"新编辑"对话框未打开，可单击主界面工具栏中的"新建"按钮。

③ 在下面的列表框中为选择的光盘格式选择编辑类型，如选择"DVD-ROM(ISO)"。

④ 在选项卡上设置所需选项，如单击"标签"选项卡，在"光盘名称"文本框中输入多媒体软件。如图7-24所示。

图 7-23 “新编辑”对话框

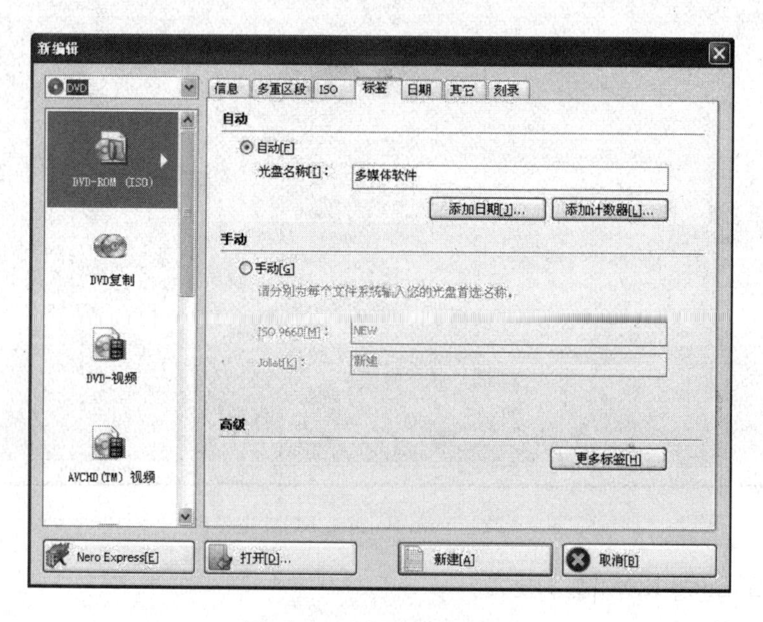

图 7-24 “新编辑”对话框

⑤ 单击“新建”按钮，关闭“新编辑”对话框，并打开选择屏幕。

⑥ 从浏览器区域中选择要刻录的文件(可以同时选择多个文件)，将其拖到左侧编辑区域中，选择的文件即会添加到编辑区域中，同时容量栏会指示所需要的光盘空间。如图 7-25 所示。

⑦ 执行“刻录器”|“选择刻录器”命令，打开“选择刻录器”对话框，如图 7-26 所示。选择所用的刻录器。

⑧ 单击“确定”按钮。执行“刻录器”|“刻录编译”命令，打开“刻录编译”对话框，如图 7-27所示。

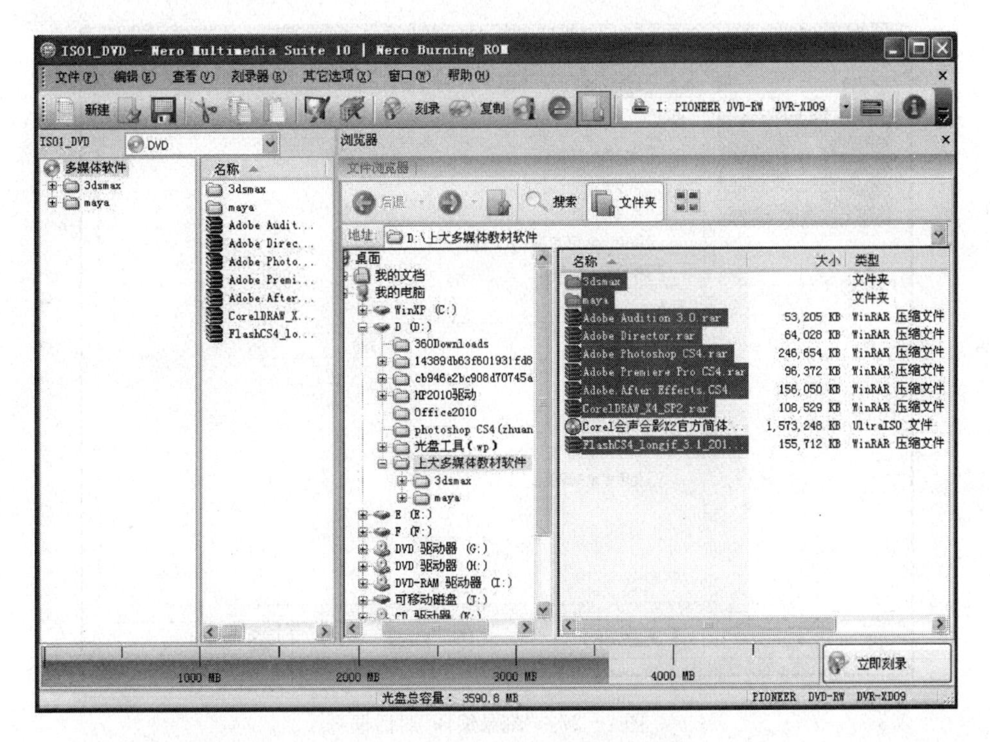

图 7 - 25　“DVD - ROM(ISO)”编辑窗口

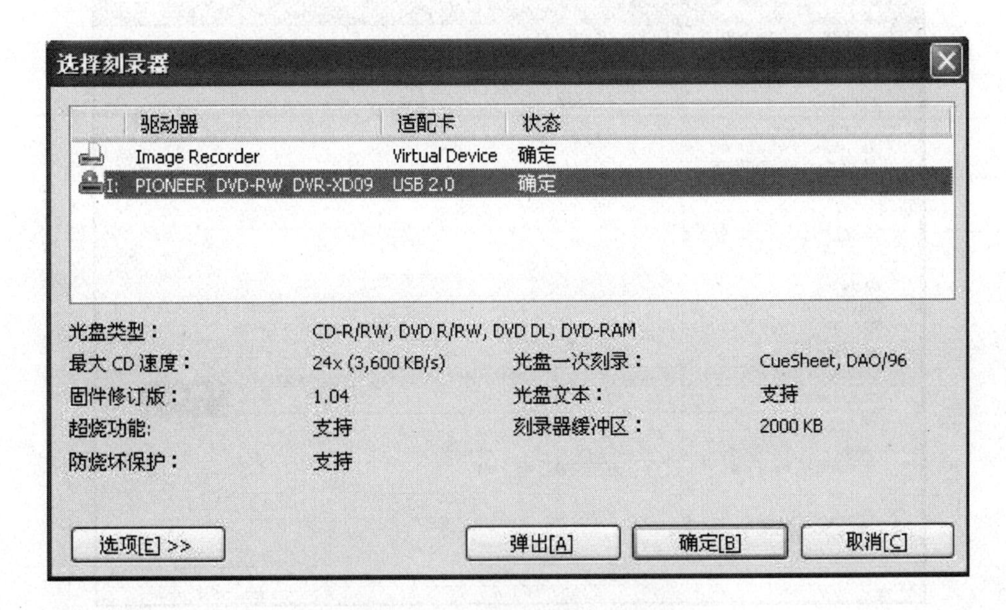

图 7 - 26　“选择刻录器”对话框

⑨ 单击“刻录”按钮，开始刻录过程。屏幕上会显示“写入光盘”对话框，其中有一个进度条，指示刻录过程的当前进度，如图 7 - 28 所示。

⑩ 刻录完成后，打开如图 7 - 29 所示的对话框。单击“确定”按钮，完成刻录光盘。从刻录机中取出光盘。

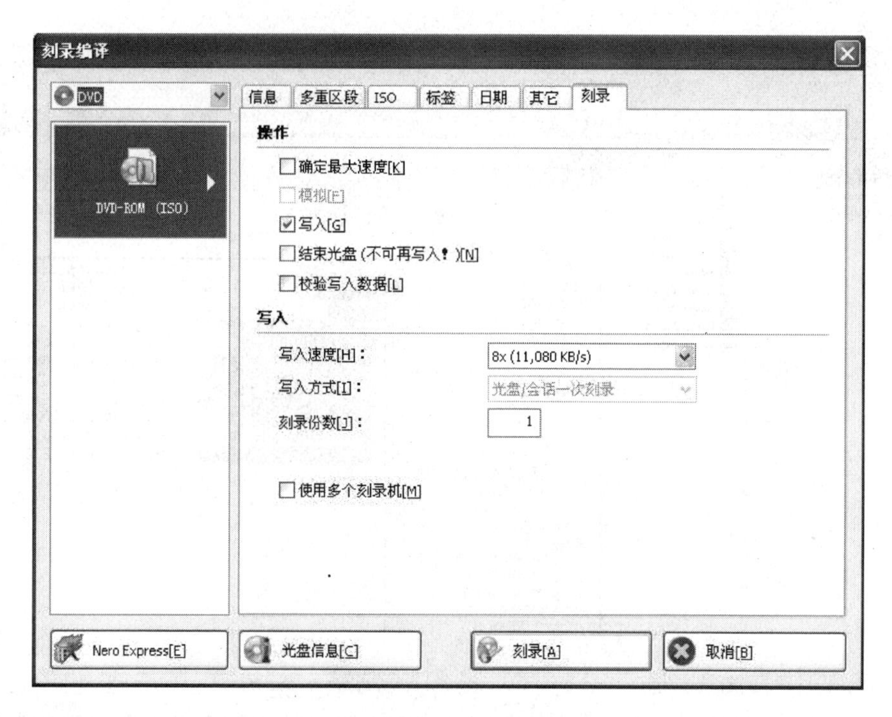

图 7－27 “刻录编译”对话框

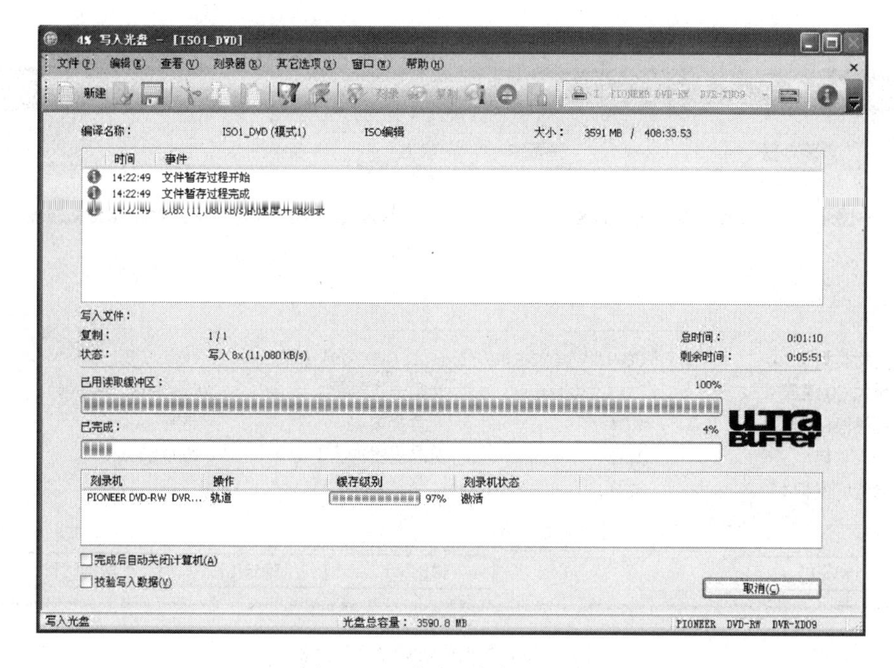

图 7－28 “写入光盘”对话框

(2) 刻录映像文件。

如果要刻录的是已有的 ISO 文件，比如 Windows 安装程序(SHU-XPSP3-Cn. iso)，则可以按以下步骤操作：

① 将一张空白 CD 光盘放入刻录机。

② 执行“刻录器”|“刻录映像文件”命令,打开“打开”对话框,如图7-30所示。

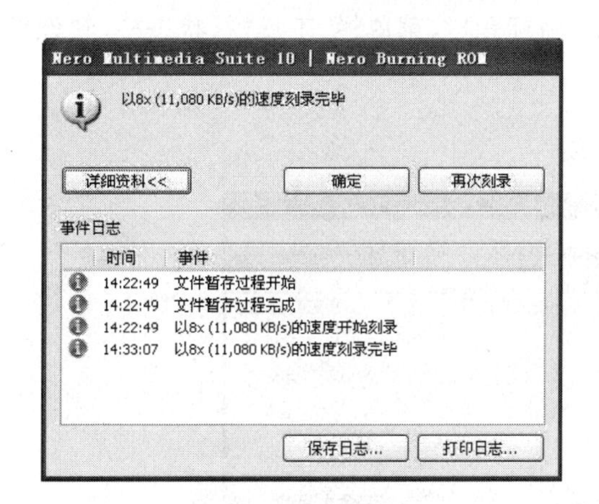

图7-29 刻录完毕

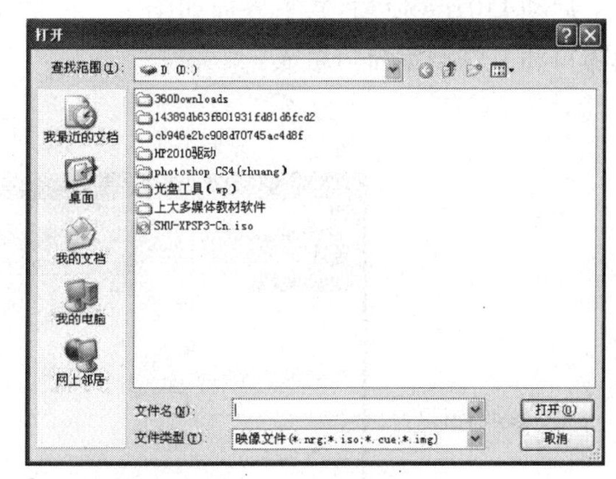

图7-30 “打开”对话框

③ 选择需刻录的映像文件,如“SHU-XPSP3-Cn.iso”,单击“打开”按钮,打开“刻录编译”对话框,如图7-31所示。

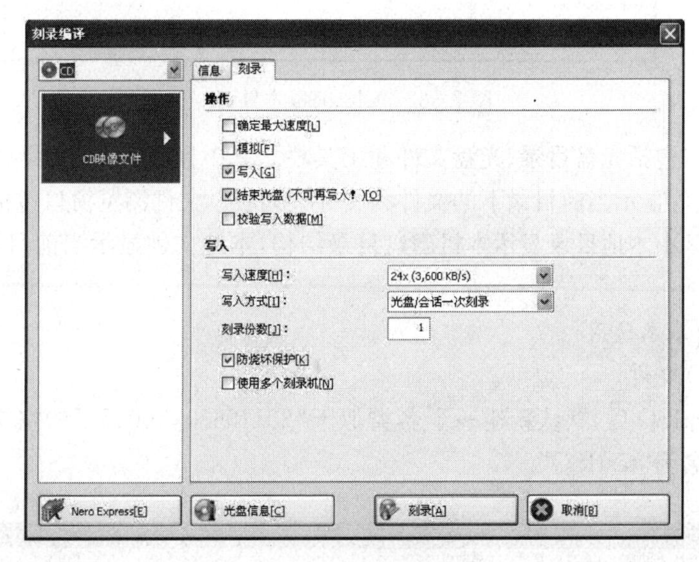

图7-31 “刻录编译”对话框

④ 单击“刻录”按钮,开始刻录过程。屏幕上会显示一个进度条,指示刻录过程的当前进度。

⑤ 刻录完毕后,屏幕提示刻录完毕。单击“确定”按钮,完成刻录光盘。

7.3.2 光盘镜像文件制作工具 UltraISO

UltraISO是一款功能强大且方便、实用的光盘工具,集光盘映像文件(即ISO文件)制作、编辑、转换、刻录于一身。使用UltraISO,用户不仅可以直接编辑光盘映像文件和从映像文件中提取文件和目录,而且可以从光盘制作光盘映像文件或将硬盘上的文件制作ISO文件。同时,可以处理ISO文件的启动信息,从而制作可引导光盘和启动U盘,甚至可以实现虚拟光驱。

1. UltraISO 主界面

启动 UltraISO 后，其主界面如图 7－32 所示，由标题栏、菜单栏、工具栏、状态栏、映像编辑窗口和文件浏览窗口组成。

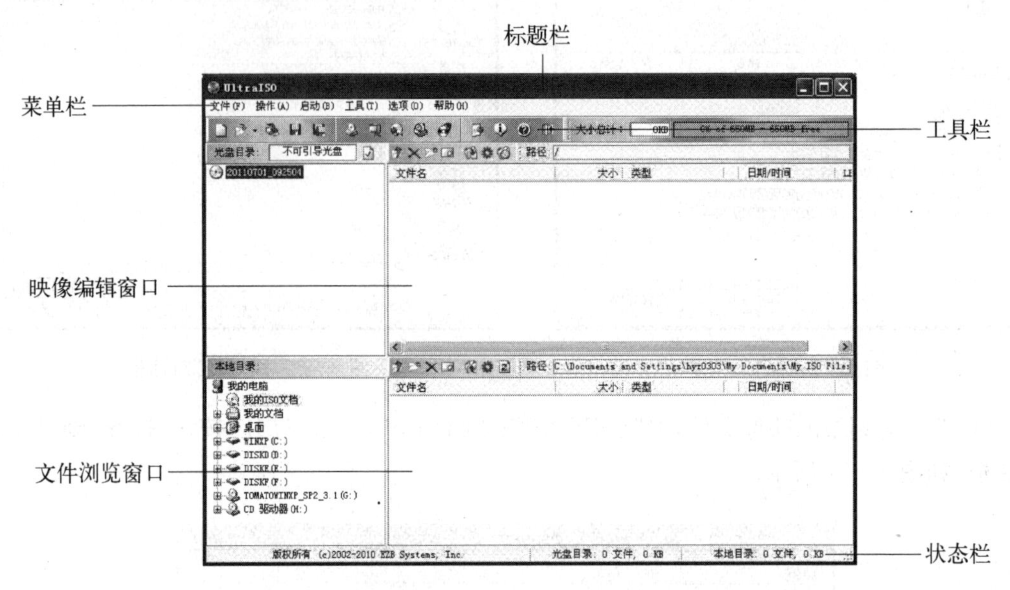

图 7－32　UltraISO 主界面

映像编辑窗口包括光盘目录、光盘文件和工具栏。其中光盘目录显示映像文件的卷标和目录结构，光盘文件显示当前目录下的文件和文件夹列表。文件浏览窗口包括本地目录、本地文件和工具栏。其中本地目录显示本机磁盘目录结构，本地文件显示当前目录下的文件和文件夹列表。

2. UltraISO 基本使用

(1) 新建 ISO 文件。

① 启动 UltraISO 后，默认新建一个名类似于“20110630_160455”的空文档，如图 7－33 所示。将其重命名为“testISO”。

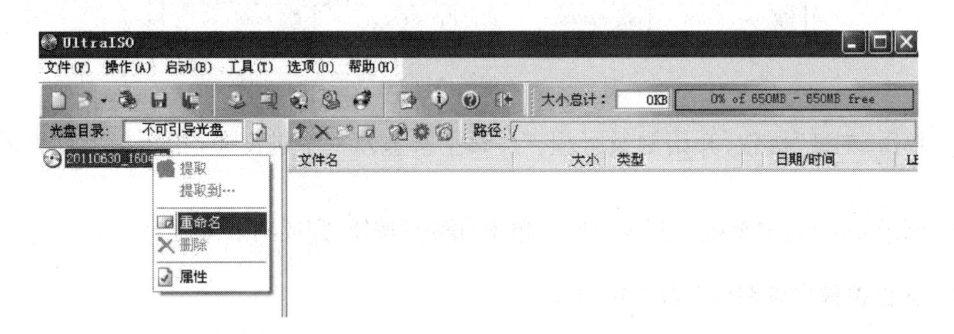

图 7－33　文档命名

② 在文件浏览窗口中，选择需制成 ISO 文件的文件或文件夹，单击“添加”按钮，将选择的文件或文件夹添加到映像文件窗口中。如图 7－34 所示。

③ 执行“文件”|“保存”命令，打开“ISO 文件另存”对话框，指定保存位置，如图 7－35 所示。

图7-34　添加文件

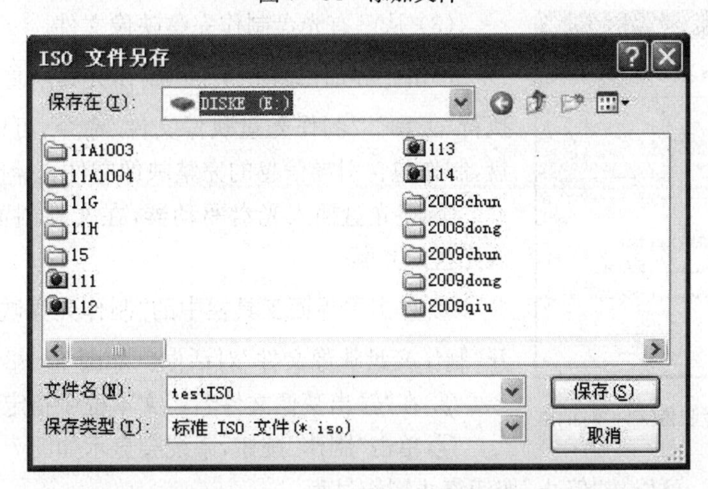

图7-35　“ISO文件另存”对话框

④ 单击“保存”按钮，系统会显示如图7-36所示的制作进度，在此过程中，可以按“停止”按钮终止制作过程。

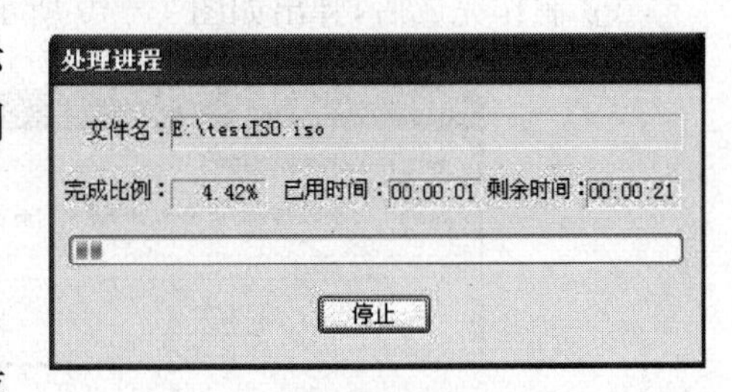

图7-36　“处理进程”对话框

(2) 编辑ISO文件。

① 打开需要编辑的ISO文件，如图7-37所示。

② 在映像编辑窗口中，右击需要编辑的文件或文件夹，执行快捷菜单中的相应命令，如执行快捷菜单中的“删除”命令，即将选择的文件或文件夹从映像文件中删除；如执行快捷菜单中的“提取”命令，即从映像文件中提取选择的文件或文件夹。

③ 如需添加文件到映像文件中，可以在文件浏览窗口中，选择需添加的文件或文件夹，单击“添加”按钮，将选择的文件或文件夹添加到映像文件窗口中。

④ 单击工具栏中的“保存”按钮保存。

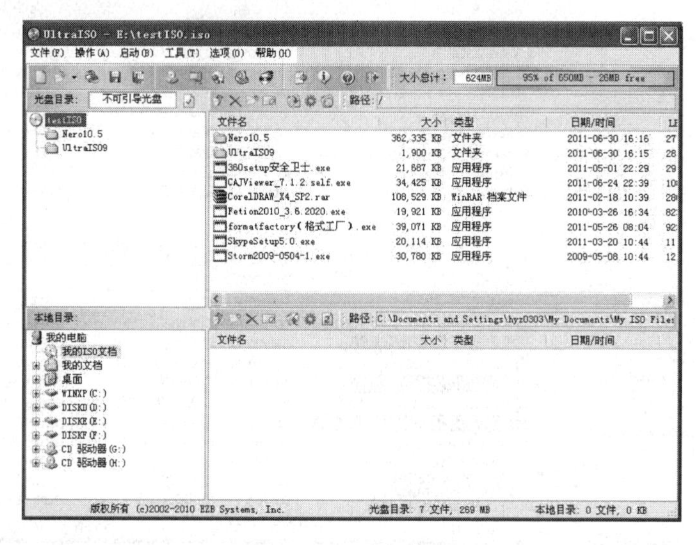

图 7-37　编辑窗口

(3) 从已有光盘制作完整映像文件。

单击主界面工具栏中的“制作光盘映像”按钮，或者执行“工具”|“制作光盘映像文件”命令，可以逐扇区复制光盘，制作包含引导信息的完整映像文件。操作步骤如下：

① 将光盘插入光盘驱动器，在文件浏览窗口选择已插入光盘的光驱。

② 单击主界面工具栏中的“制作光盘映像”按钮，打开“制作光盘映像文件”对话框。如图 7-38 所示。

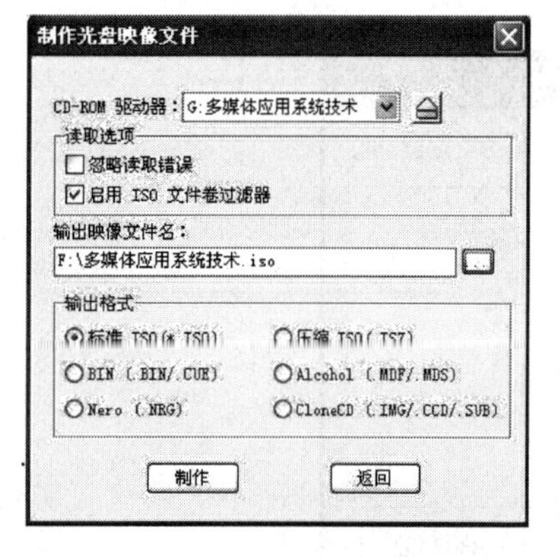

图 7-38　“制作光盘映像文件”对话框

③ 在“输出映像文件名:”文本框中指定映像文件名。

④ 单击“制作”按钮，系统会显示如图 7-39 所示的制作进度，在此过程中，可以按“停止”按钮终止制作过程。

⑤ 制作完成后，弹出如图 7-40 所示的“提示”对话框。

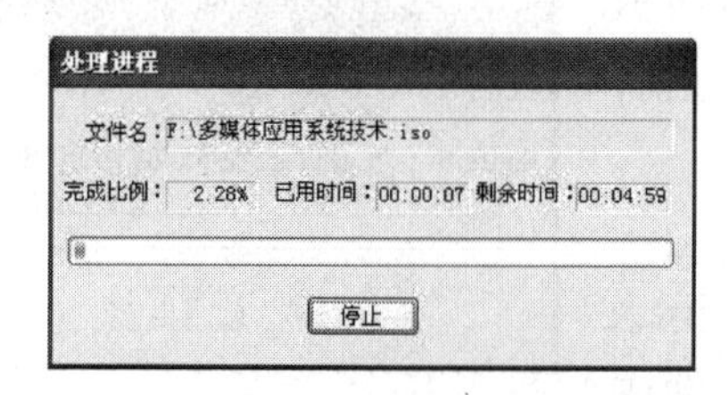

图 7-39　“处理进程”对话框

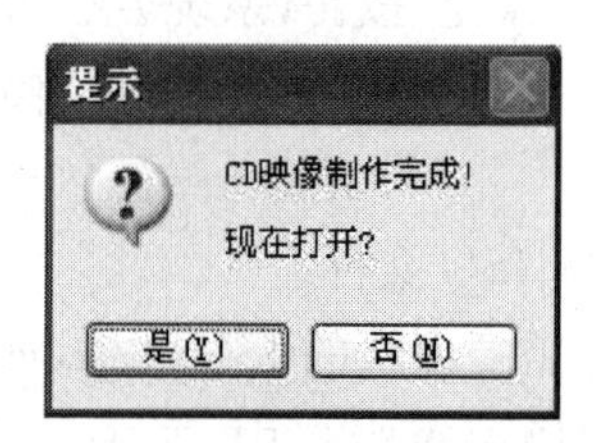

图 7-40　“提示”对话框

⑥ 可以根据需要单击相应的按钮。单击“是”按钮，打开光盘映像文件。单击“否”按钮，不打开光盘映像文件。

(4) 刻录光盘。

可以将光盘映像文件刻录到光盘，具体操作步骤如下：

① 将一张空白光盘放入刻录机。

② 执行“工具”|“刻录光盘映像”命令，打开“刻录光盘映像”对话框，如图7-41所示。

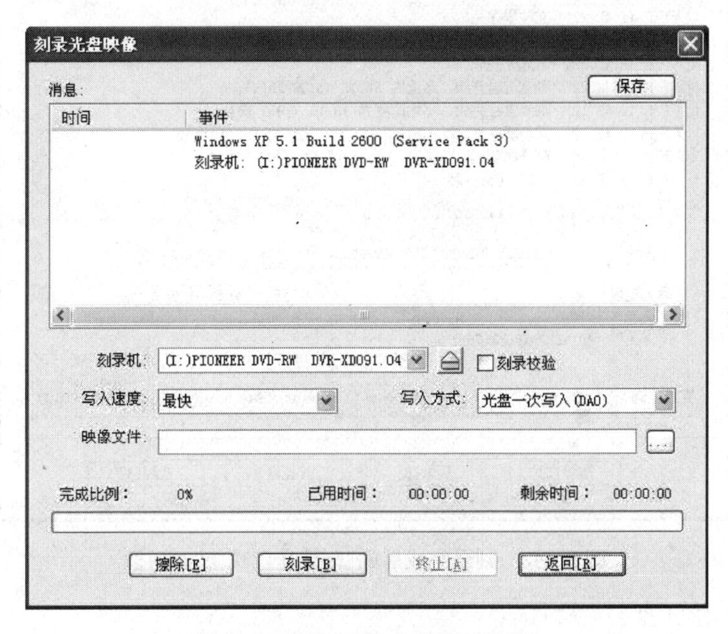

图7-41　“刻录光盘映像”对话框

③ 单击“映像文件:”文本框后面的...按钮，选择需刻录的映像文件。

④ 单击“刻录”按钮，开始刻录过程。“刻录光盘映像”对话框中有完成比例进度条，指示刻录过程的当前完成比例，如图7-42所示。

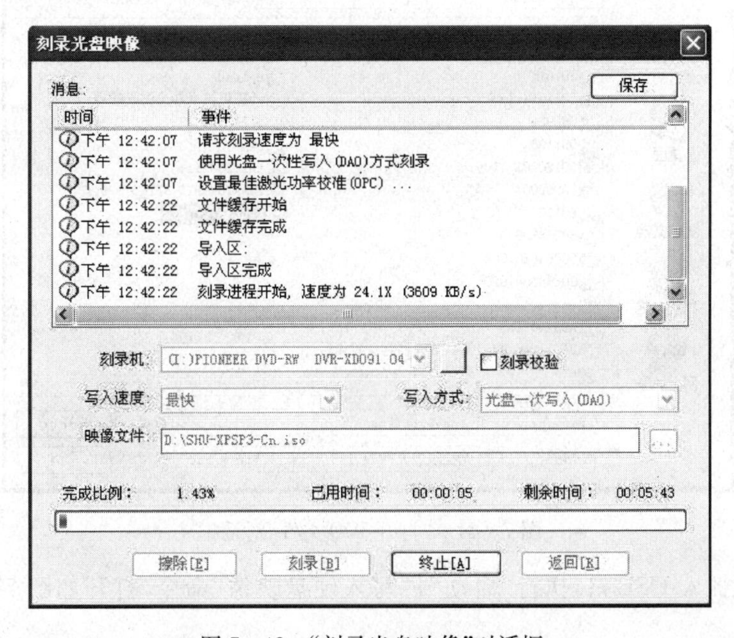

图7-42　“刻录光盘映像”对话框

⑤ 刻录完成后，“刻录光盘映像”对话框如图 7-43 所示。单击“返回”按钮关闭窗口。

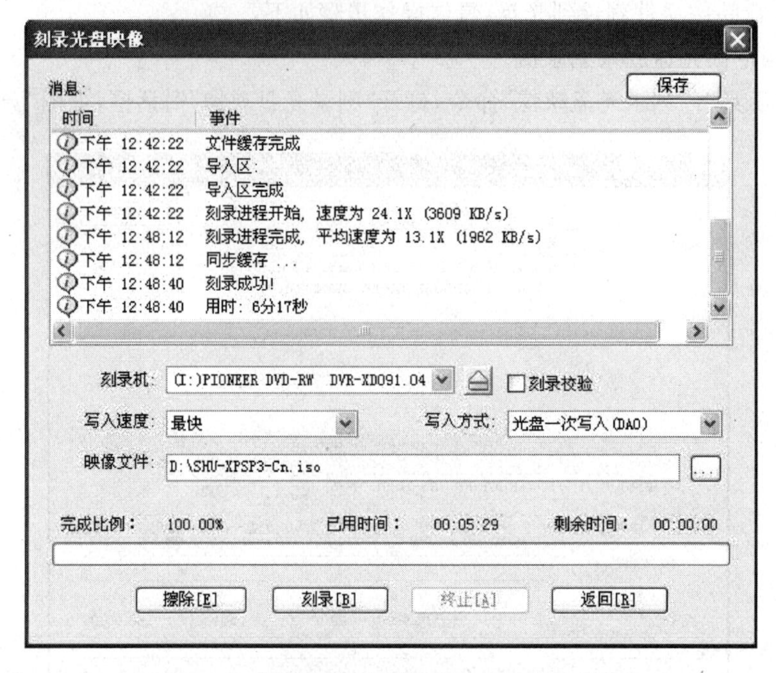

图 7-43 刻录完成后的“刻录光盘映像”对话框

(5) 制作启动 U 盘。

① 执行“文件”|“打开”命令，打开“打开 ISO 文件”对话框，选择“winpeboot.iso”，如图 7-44所示，单击“打开”按钮。有很多启动映像文件，这里采用 Winpe。

图 7-44 “打开 ISO 文件”对话框

② 将 U 盘插入 USB 口，执行“启动”|“写入硬盘映像”命令，打开如图 7-45 所示的对话框。

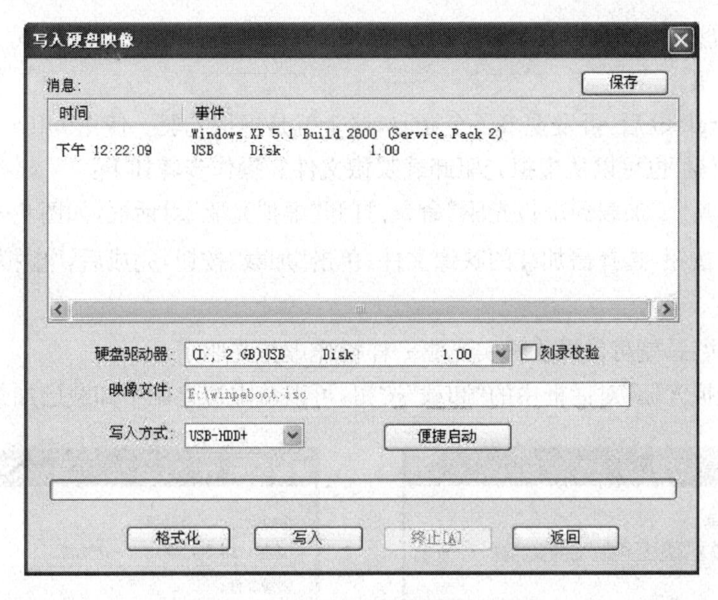

图 7-45 “写入硬盘映像”对话框

③ 单击“写入”按钮，打开如图 7-46 所示的对话框。

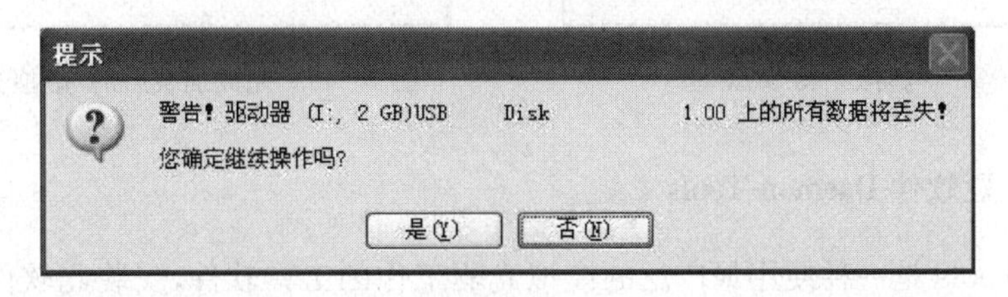

图 7-46 “提示”对话框

④ 单击“是”，开始制作带 Winpe 启动的 U 盘。写入完成后，“写入硬盘映像”对话框，如图 7-47 所示。

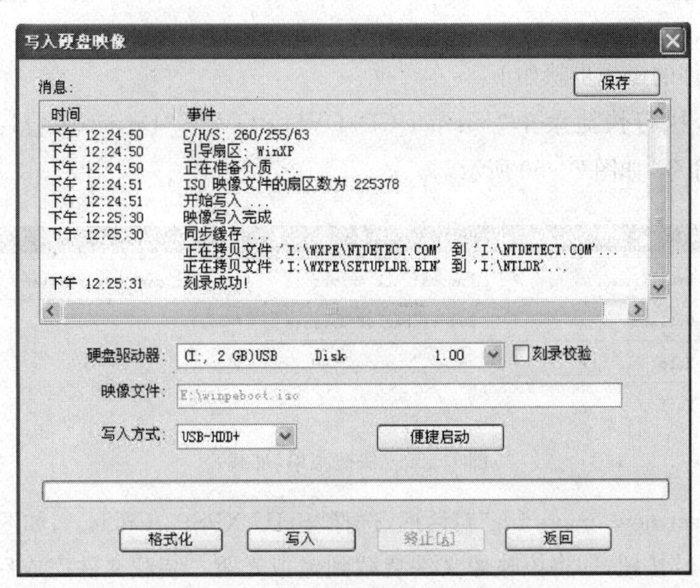

图 7-47 “写入硬盘映像”对话框

⑤ 启动 U 盘制作完成，可以拔出 U 盘。

(6) 虚拟光驱。

安装完 UltraISO 后，可发现多了个光驱，这个就是虚拟光驱。使用 UltraISO 可以加载映像文件到虚拟光驱，也可以从虚拟光驱卸载映像文件。操作步骤如下：

① 执行“工具”|“加载到虚拟光驱”命令，打开“虚拟光驱”对话框，如图 7－48 所示。

② 单击...按钮，选择需加载的映像文件，单击“加载”按钮，完成后，“虚拟光驱”对话框如图 7－49 所示。

③ 装载成功后，就可像操作真实光驱一样操作虚拟光驱了。

④ 单击“虚拟光驱”对话框中的“卸载”按钮，可以从虚拟光驱中卸载已加载的映像文件。

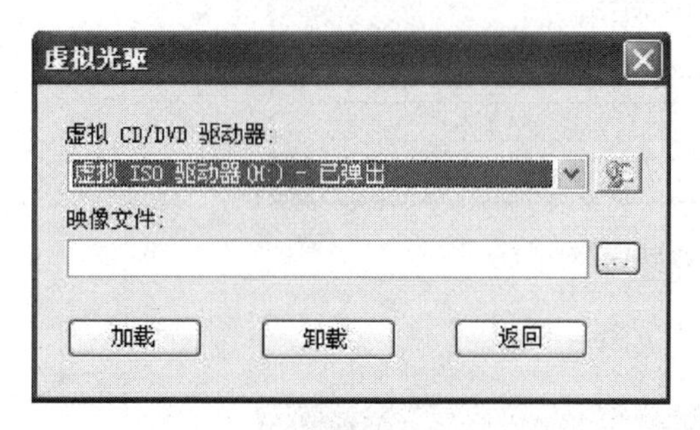

图 7－48 “虚拟光驱”对话框

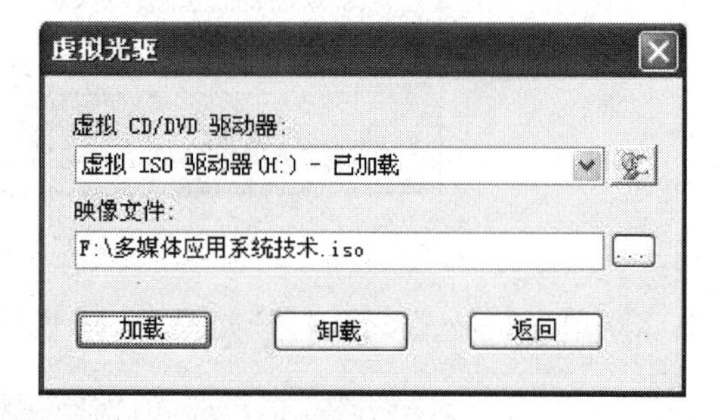

图 7－49 完成加载后的“虚拟光驱”对话框

7.3.3 虚拟光驱软件 Daemon-Tools

Daemon-Tools 是一种使用最广泛的模拟光驱工作的工具软件，安装此软件后，可以生成与真实光驱功能一样的虚拟光驱。用户可以将硬盘上的映像文件如 ISO、BIN 等文件加载到虚拟光驱，这样就可像真实光驱一样使用。

启动 Daemon-Tools 后，在 Windows 桌面的任务栏的任务按钮区出现 图标。

1. 装载映像文件

装载映像文件的操作步骤如下：

① 右击 ，执行快捷菜单“Virtual CD/DVD-ROM”|“Device0：[G：] No media”|“Mount image”命令，如图 7－50 所示。

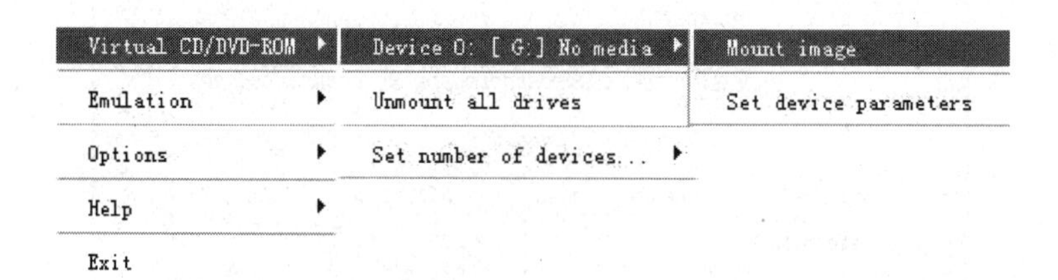

图 7－50 快捷菜单(加载)

② 打开“Select new image file”对话框，选择“SHU-XPSP3-Cn.iso”，如图 7－51 所示。

③ 单击“打开”按钮，即将该映像文件装载到虚拟光驱。装载文件完成后，可以像真实光驱一样使用虚拟光驱了。

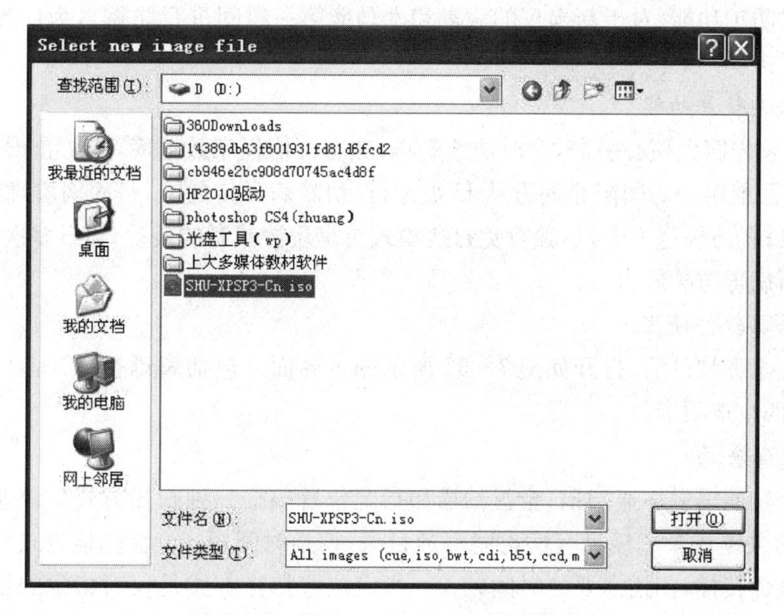

图 7-51 “Select new image file”对话框

2. 卸载映像文件

卸载映像文件的操作步骤如下：

① 如果查看虚拟光驱中的文件的窗口未关闭，需先关闭。

② 右击 ，执行快捷菜单“Virtual CD/DVD-ROM”|“Device0：[G：] D：\\SHU-XPSP3-CN. ISO”|“Unmount image”命令，如图 7-52 所示，即可将映像文件卸载。

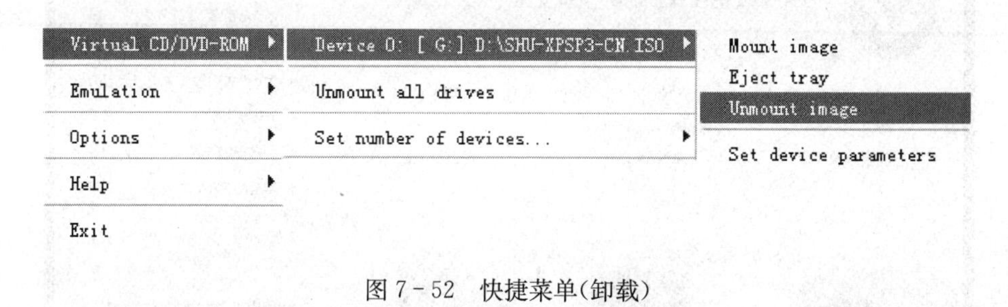

图 7-52 快捷菜单(卸载)

7.4 系统安全工具

在病毒日益增多、恶评插件泛滥的今天，保障计算机系统的安全显得尤为重要。用户除了有足够的安全意识外，还应该安装必要的系统安全工具来保障系统的安全。如使用杀毒软件进行防毒；安装防火墙软件，有效地防止网络上的黑客攻击等。

7.4.1 360 杀毒

360 杀毒是一款永久免费、无需激活码的杀毒软件，可以从其官方网站(http：//www.360.cn)下载安装。它整合了 BitDefender 病毒查杀引擎、360 云查杀引擎、360 主动防御引擎和 360QVM 人工智能引擎四大领先防杀引擎。四引擎的智能调度，不但病毒查杀能力出色，而且具有实时防护功能(对于新出现的病毒和木马能第一时间进行防御),为计算机系统提供全面的安全保护。

1. 360 杀毒软件功能

360 杀毒领先四大核心引擎,全时防杀病毒;独有可信程序数据库,能防止误杀程序;全面防御 U 盘病毒,能第一时间阻止病毒从 U 盘运行,切断病毒传播链;坚固网盾,能拦截钓鱼挂马等恶意网页;轻巧快速不卡机,独有免打扰模式更是玩游戏者的最爱;每日多次快速升级,能及时获得最新病毒防护能力。

2. 360 杀毒软件使用

启动 360 杀毒软件后,打开如图 7-53 所示的主界面。包括病毒查杀、实时保护、产品升级、工具大全四个选项卡。

(1) 病毒查杀。

病毒查杀功能提供快速扫描、全盘扫描和指定位置扫描三种扫描方式。快速扫描方式仅扫描计算机的关键目录和极易有病毒隐藏的目录,扫描时间短。全盘扫描方式对计算机的所有分区进行全面扫描,扫描需要的时间较长。指定位置扫描方式是仅对指定的目录和文件进行扫描,适合对某一位置进行扫描。用户可根据需要选择相应的扫描方式对计算机查杀病毒。

图 7-53　360 杀毒主界面

(2) 实时防护。

必须开启文件系统实时防护功能,只有开启了这个功能,才能实时监控病毒入侵,保护电脑安全。如未开启,可以单击“立即开启”按钮开启文件系统实时防护。

单击“实时防护”选项卡,打开如图 7-54 所示的实时防护界面。单击“详细设置”按钮打开“设置”对话框,如图 7-55 所示。在“设置”对话框中可以进行防护级别设置、监控的文件类型、发现病毒时的处理方式以及其他防护选项的设置。

图7－54 “实时防护”选项卡

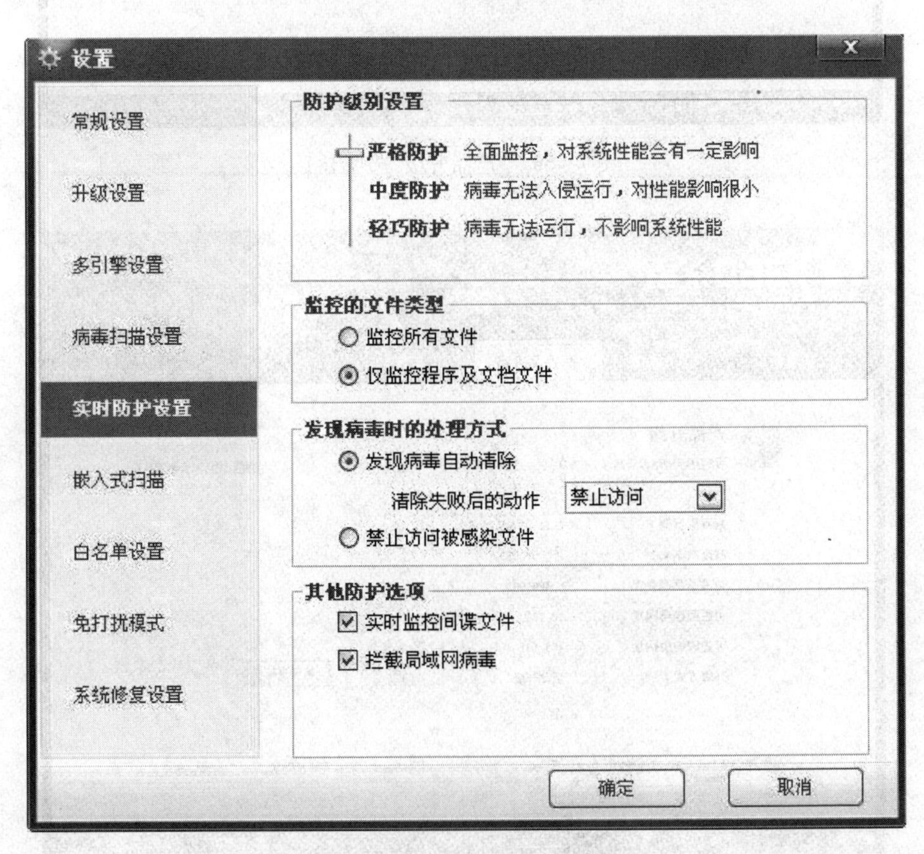

图7－55 实时防护设置界面

(3) 产品升级。

360 杀毒具有自动升级功能。单击“产品升级”选项卡,打开如图 7 - 56 所示的产品升级界面。可以看到目前病毒库版本是最新的。单击“确定”按钮,打开如图 7 - 57 所示的升级界面,可以看到目前的升级方式是自动升级,单击“修改”按钮可以设置病毒库升级方式。如果未设置自动升级,可以单击“检查更新”按钮可以对病毒库进行实时更新。

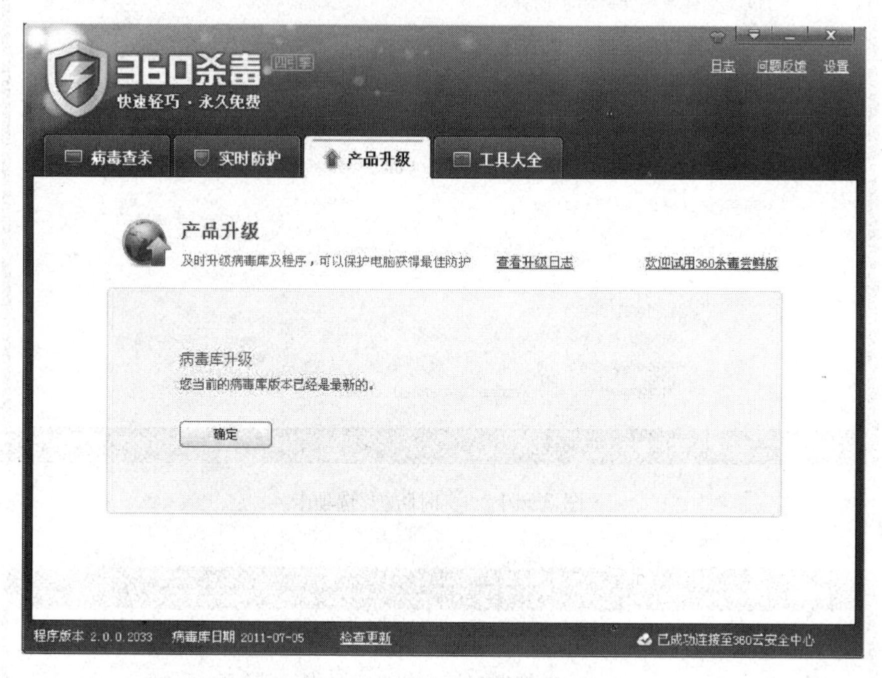

图 7 - 56 “产品升级”选项卡 1

图 7 - 57 “产品升级”选项卡 2

(4) 工具大全

单击“工具大全”选项卡，打开如图 7－58 所示的工具大全界面。360 提供了文件粉碎机、流量监控器等高级工具，每个工具都有其独特的功能，可以根据需要选择使用。

图 7－58 “工具大全”选项卡

7.4.2 360 安全卫士

360 安全卫士是一款完全免费、功能最强、效果最好、最受用户欢迎的上网必备安全工具，它拥有电脑体检、查杀木马、清理插件和修复漏洞等多种功能，并独创了“木马防火墙”功能，依靠抢先侦测和云端鉴别，可全面拦截各类木马，保护用户账号等重要信息。

1. 360 安全卫士主界面

启动 360 安全卫士后，其主界面如图 7－59 所示。包括查杀木马、清理痕迹等功能按钮，单击按钮后会直接切换到相应界面，不再弹出新窗口（软件管家除外），操作更加方便流畅。

界面右上方按钮是进入皮肤中心的快速入口，皮肤中心提供了数十款酷炫的皮肤，用户可以根据自己的喜好选择。界面右侧，实时防护状态直观显示电脑的安全状况，功能推荐列出了安全桌面、开机加速、流量监控和硬件检测四个用户喜爱的工具。

界面右上方按钮是进入主菜单的入口，单击，在打开的主菜单中选择“设置”命令，打开“设置”对话框，如图 7－60 所示。“升级方式”选项卡用于对升级方式进行设置。“高级设置”选项卡用于是否自动开启木马防火墙等设置。“体检设置”用于对体检扫描频度进行设置，体检扫描频度包括每次启动均自动进行体检、每天仅首次开启 360 卫士时进行体检和手动进行体检三种。

图 7-59　360 安全卫士主界面

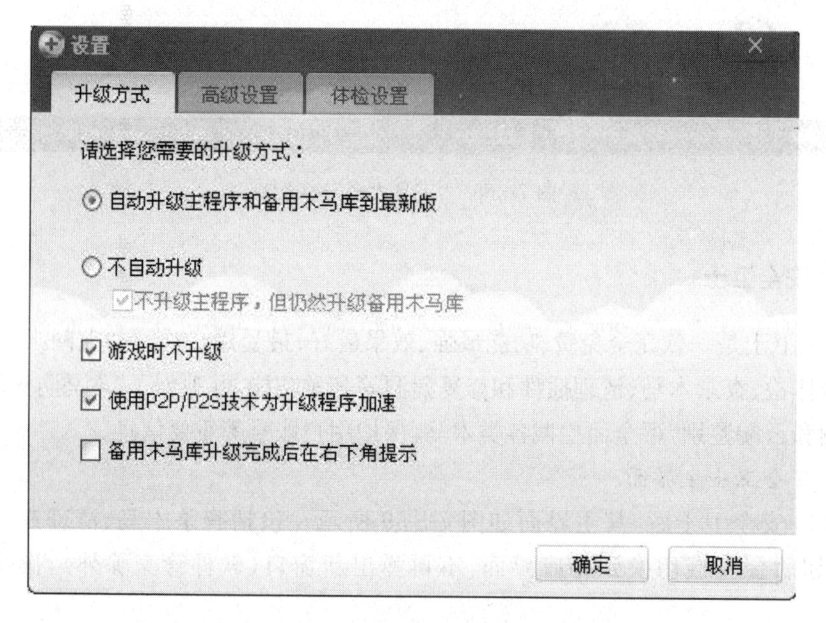

图 7-60　“设置”对话框

2. 360 安全卫士功能介绍

(1) 电脑体检。

一般默认设置为每天仅首次开启 360 卫士时进行体检。启动 360 安全卫士后，如未自动体检，可单击“立即体检”按钮，立即为电脑体检，查出计算机系统存在的漏洞、木马、杀毒软件是否过期和需更新的软件等。体检完成后，单击后面列出的对应按钮，即可解决存在的问题。

(2) 查杀木马。

单击“查杀木马”按钮，切换到查杀木马界面，该界面提供“快速扫描”、“全盘扫描”和“自定义扫描”三种扫描方式。用户根据需要选择相应的扫描方式对电脑进行扫描。扫描完成后，如发现木马和危险程序,可单击“立即处理”按钮对可疑程序进行处理。

(3) 清理插件。

单击“清理插件”按钮,然后单击“开始扫描”按钮,立即扫描系统中的插件,可以找出系统中的差评插件,并对其他插件给出清理建议供用户参考。用户可以立即清除差评插件,对其他插件可以根据插件的情况酌情删除,以提高电脑和浏览器速度。

(4) 修复漏洞。

单击“修复漏洞”按钮,立即检测系统中是否存在漏洞,并根据漏洞的级别给出高危漏洞、功能性更新补丁和不推荐安装补丁三种漏洞,对高危漏洞必须立即修复,对功能性更新补丁可以根据需要选择安装,对不推荐安装补丁就不要安装,因为这些补丁不但浪费系统资源,而且可能引起系统蓝屏、无法启动等问题。

(5) 清理垃圾。

单击“清理垃圾”按钮,单击“开始扫描”按钮,立即扫描,可以找出系统中的垃圾文件。单击“立即清除”按钮即可清除垃圾文件,提升系统性能。

(6) 清理痕迹。

单击“清理痕迹”按钮,单击“开始扫描”按钮,立即扫描,可以扫描出因浏览网页、打开文档、观看视频和运行程序等留下的使用痕迹。单击“立即清理”按钮即可清理使用痕迹,有效保障隐私安全。

(7) 系统修复。

单击“系统修复”按钮,单击“开始扫描”按钮,立即扫描,可以找出可修复的项目。用户可以根据需要选择直接删除、恢复默认或信任操作。

(8) 功能大全。

单击“功能大全”按钮,进入功能大全界面。安全卫士提供了360安全桌面、360压缩、开机加速等多种实用工具。

360安全桌面工具网罗购物、玩游戏、听音乐、投资理财、看视频……各种热门应用。轻点图标就能畅游网络世界。

360压缩工具快速轻巧、永久免费。360压缩不仅兼容主流压缩格式,还能检测压缩包中的木马病毒,是如今深受网民欢迎的新一代压缩软件。

7.4.3　360软件管家

360软件管家包括装机必备、软件宝库、今日热门和软件升级等9个模块。如图7-61所示。

下面介绍装机必备、软件宝库和软件升级三个常用的功能模块。

1. 装机必备

装机必备提供计算机常用的必备软件,按安全、上网浏览、聊天和下载等不同功能进行分类,每个软件后面给出了安装文件大小、网友评分星级等内容,单击“下载”按钮可以下载安装该软件。

2. 软件宝库

软件宝库中提供的软件比装机必备中的软件更多,如图7-62所示。用户在此可以找到自己所需的软件。

图 7－61　360 软件管家主界面

图 7－62　软件宝库界面

例如：要安装灵格斯词霸工具，操作步骤如下：

① 单击“邮件翻译”选项卡，如图 7－63 所示，找到灵格斯词霸 2.7.1。

② 单击“灵格斯词霸 2.7.1”，打开如图 7－64 所示的窗口。可以知道该软件是免费、无插件并已安全认证的，而且当前系统可以安装此软件。同时软件简介给出了该软件的简单介绍，新版功能给出了此版的新功能，软件截图给出了该软件的主界面。

图7-63 “邮件翻译”选项卡

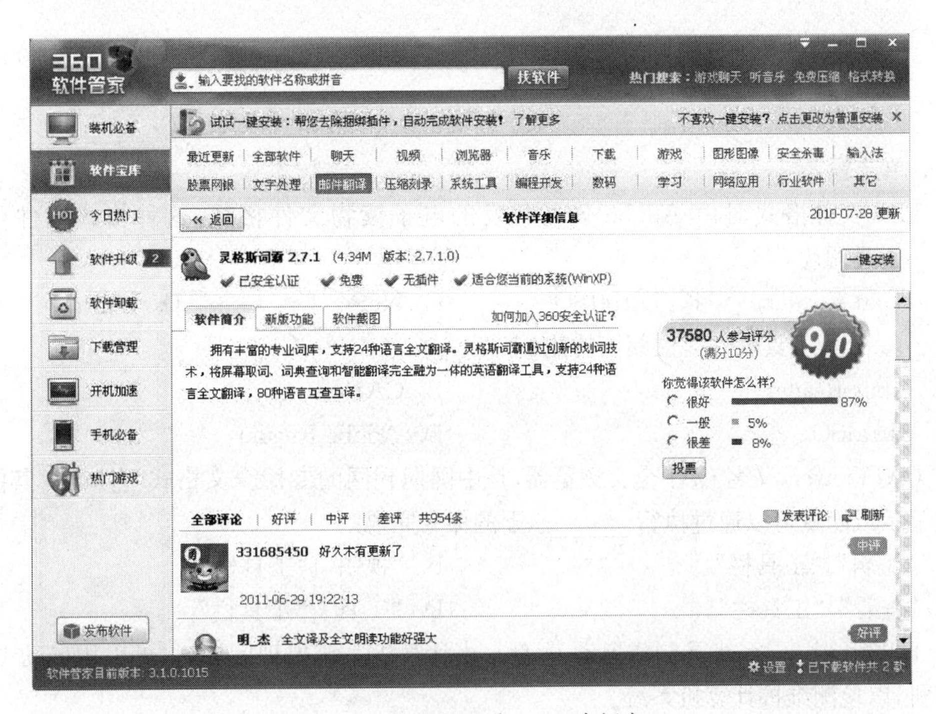

图7-64 灵格斯词霸2.7.1介绍窗口

③ 单击“一键安装”就可以安装灵格斯词霸。

3. 软件升级

软件升级给出了本机已安装的软件哪些可以升级到最新版本。如图7-65所示，提示有一款格式工厂软件可以升级至免费正式版。单击“一键升级”即可升级至最新版。

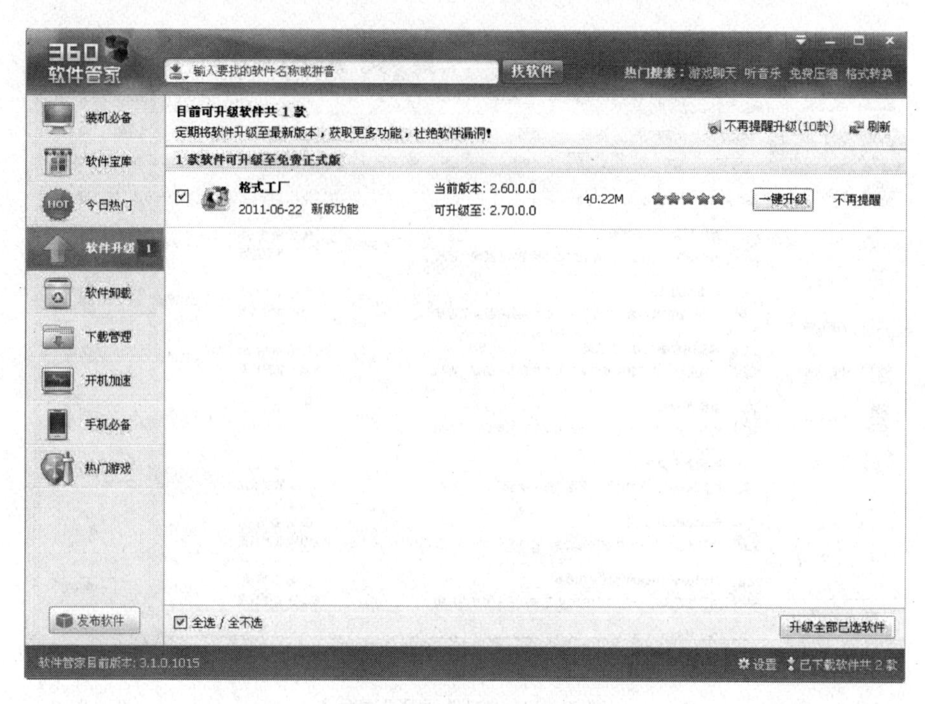

图 7－65 软件升级界面

习　　题

一、单选题

1. PDF 文件格式时由 Adobe 公司开发的电子读物文件格式，这种格式文件可以用________工具阅读。

A. Foxit Reader　　B. UltraISO　　C. Nero　　D. Winrar

2. ________工具软件提供朗读功能。

A. Foxit Reader　　B. CAJViewer

C. UltraISO　　D. Adobe Reader

3. CAJViewer，又名 CAJ 全文浏览器，是中国期刊网的专用全文格式阅读器。其中的工具栏的显示或隐藏可以通过执行________下的命令完成。

A. “编辑”|“工具栏”　　B. “视图”|“工具栏”

C. “查看”|“工具栏”　　D. “工具”|“工具栏”

4. 可以用________工具制作启动 U 盘。当计算机系统出现问题时，可以用启动 U 盘启动计算机，以检测维护计算机系统。

A. Daemon-Tools　　B. UltraISO

C. PDF24 Creator　　D. ACDSee

5. ________光盘工具集光盘映像文件制作、编辑、转换、刻录于一身。

A. Daemon-Tools　　B. PDF24 Creator

C. UltraISO　　D. Nero

二、多选题

1. PDF格式文档可以用________工具阅读。

A. Adobe Reader　　B. CAJViewer

C. ACDSee　　D. Foxit Reader

2. ________软件工具安装以后，可以生成与真实光驱功能一样的虚拟光驱。

A. Adobe Reader　　B. Daemon-Tools

C. UltraISO　　D. Nero

3. 360杀毒是一款免费的杀毒软件，它整合了________防杀引擎。

A. BitDefender病毒查杀引擎　　B. 360云查杀引擎

C. 360主动防御引擎　　D. 360QVM人工智能引擎

三、填空题

1. ________是美国Adobe公司开发的免费的PDF文档阅读工具。

2. Nero Burning ROM是由德国Nero公司出品的一款优秀的专业________软件。

3. 在UltraISO中，映像编辑窗口包括光盘目录、光盘文件和工具栏。文件浏览窗口包括________、本地文件和工具栏。

4. ________拥有电脑体检、查杀木马、清理插件和修复漏洞等多种功能，并独创了“木马防火墙”功能。

四、简答题

1. 在CAJViewer中，如何摘录PDF格式文档中的部分文字和图片？

2. Nero Burning ROM的主要功能是选择文件和文件夹，并将其刻录到光盘，请简述实现这个功能的基本步骤。

3. 如何使用Daemon-Tools工具软件加载映像文件到虚拟光驱？

4. 在360安全卫士中，如何设置升级的方式及体检扫描的频度？

5. 如何使用360软件管家提供的软件宝库功能模块安装软件？

第 8 章　计算机系统安全

计算机技术正在日新月异地迅猛发展，特别是 Internet 在世界范围的普及，把人类推向一个崭新的信息时代。然而人们在欣喜地享用这些高科技新成果的同时，却不得不对另一类普遍存在的社会问题产生越来越大的顾虑和不安，这就是计算机的安全技术问题。本章简单介绍计算机系统安全相关知识。

8.1　计算机系统安全概述

对计算机系统的威胁和攻击主要有两种：一种是对计算机系统实体的威胁和攻击；另一种是对信息的威胁和攻击。计算机犯罪和计算机病毒则包含了对实体和信息两方面的威胁和攻击。因此，为了保证计算机系统的安全性，必须系统、深入地研究计算机的安全技术与方法。

8.1.1　计算机系统面临的威胁和攻击

计算机系统所面临的威胁和攻击，大体上可以分为两种：一种是对实体的威胁和攻击，另一种是对信息的威胁和攻击。计算机犯罪和计算机病毒则包括了对计算机系统实体和信息两方面的威胁和攻击。

1. 对实体的威胁和攻击

对实体的威胁和攻击主要指对计算机及其外部设备和网络的威胁和攻击，如各种自然灾害、人为破坏、设备故障、电磁干扰、战争破坏以及各种媒体的被盗和丢失等。对实体的威胁和攻击，不仅会造成国家财产的重大损失，而且会使系统的机密信息严重破坏和泄漏。因此，对系统实体的保护是防止对信息威胁和攻击的首要一步，也是防止对信息威胁和攻击的天然屏障。

2. 对信息的威胁和攻击

对信息的威胁和攻击主要有两种，即信息泄漏和信息破坏。信息泄漏是指偶然地或故意地获得(侦收、截获、窃取或分析破译)目标系统中信息，特别是敏感信息，造成泄漏事件。信息破坏是指由于偶然事故或人为破坏，使信息的正确性、完整性和可用性受到破坏，如系统的信息被修改、删除、添加、伪造或非法复制，造成大量信息的破坏、修改或丢失。

对信息进行人为的故意破坏或窃取称为攻击。根据攻击的方法不同，可分为被动攻击和主动攻击两类。

(1) 被动攻击。

被动攻击是指一切窃密的攻击。它是在不干扰系统正常工作的情况下进行侦收、截获、窃取系统信息，以便破译分析；利用观察信息、控制信息的内容来获得目标系统的位置、身份；利用研究机密信息的长度和传递的频度获得信息的性质。被动攻击不容易被用户察觉出来，因此它的攻击持续性和危害性都很大。

被动攻击的主要方法有：直接侦收、截获信息、合法窃取、破译分析以及从遗弃的媒体中分析获取信息。

(2) 主动攻击。

主动攻击是指篡改信息的攻击。它不仅能窃密，而且威胁到信息的完整性和可靠性。它是以各种各样的方式，有选择地修改、删除、添加、伪造和重排信息内容，造成信息破坏。

主动攻击的主要方式有：窃取并干扰通信线中的信息、返回渗透、线间插入、非法冒充以及系统人员的窃密和毁坏系统信息的活动等。

3. 计算机犯罪

计算机犯罪是利用暴力和非暴力形式，故意泄露或破坏系统中的机密信息，以及危害系统实体和信息安全的不法行为。暴力形式是对计算机设备和设施进行物理破坏，如使用武器摧毁计算机设备，炸毁计算机中心建筑等。而非暴力形式是利用计算机技术知识及其他技术进行犯罪活动，它通常采用下列技术手段：线路窃收、信息捕获、数据欺骗、异步攻击、漏洞利用和伪造证件等。

目前全世界每年被计算机罪犯盗走的资金达200多亿美元，许多发达国家每年损失几十亿美元，计算机犯罪损失常常是常规犯罪的几十至几百倍。Internet上的黑客攻击从1986年首例发现以来，十多年间以几何级数增长。计算机犯罪具有以下明显特征：采用先进技术、作案时间短、作案容易且不留痕迹、犯罪区域广、内部工作人员和青少年犯罪日趋严重等。

8.1.2 计算机系统安全的概念

计算机系统安全是指采取有效措施保证计算机、计算机网络及其中存储和传输信息的安全、防止因偶然或恶意的原因使计算机软硬件资源或网络系统遭到破坏及数据遭到泄露、丢失和篡改。

保证计算机系统的安全，不仅涉及安全技术问题，还涉及法律和管理问题，可以从以下三个方面保证计算机系统的安全：法律安全、管理安全和技术安全。

1. 法律安全

法律是规范人们一般社会行为的准则。它从形式上分有宪法、法律、法规、法令、条令、条例和实施办法、实施细则等多种形式。有关计算机系统的法律、法规和条例在内容上大体可以分成两类，即社会规范和技术规范。

社会规范是调整信息活动中人与人之间的行为准则。要结合专门的保护要求来定义合法的信息实践，并保护合法的信息实践活动，对于不正当的信息活动要受到民法和刑法的限制或惩处。它发布阻止任何违反规定要求的法令或禁令，明确系统人员和最终用户应该履行的权利和义务，包括宪法、保密法、数据保护法、计算机安全、保护条例、计算机犯罪法等。

技术规范是调整人和物、人和自然界之间的关系准则。其内容十分广泛，包括各种技术标准和规范，如计算机安全标准、网络安全标准、操作系统安全标准、数据和信息安全标准等。这些法律和技术标准保证计算机系统安全的依据和主要的社会保障。

2. 管理安全

管理安全是指通过提高相关人员安全意识和制定严格的管理工作措施来保证计算机系统

的安全，主要包括软硬件产品的采购、机房的安全保卫工作、系统运行的审计与跟踪、数据的备份与恢复、用户权限的分配、账号密码的设定与更改等方面。

许多计算机系统安全事故都是由于管理工作措施不到位及相关人员疏忽造成的，如自己的账号和密码不注意保密导致被他人利用，随便使用来历不明的软件造成计算机感染病毒，重要数据不及时备份导致破坏后无法恢复等。

3. 技术安全

计算机系统安全技术涉及的内容很多，尤其是在网络技术高速发展的今天。从使用出发，大体包括以下几个方面：

(1) 实体硬件安全。

计算机实体硬件安全主要是指为保证计算机设备和通讯线路以及设施、建筑物的安全，预防地震、水灾、火灾、飓风和雷击，满足设备正常运行环境的要求。其中还包括电源供电系统以及为保证机房的温度、湿度、清洁度、电磁屏蔽要求而采取的各种方法和措施。

(2) 软件系统安全。

软件系统安全主要是针对所有计算机程序和文档资料，保证它们免遭破坏、非法复制和非法使用而采取的技术与方法，包括操作系统平台、数据库系统、网络操作系统和所有应用软件的安全，同时还包括口令控制、鉴别技术、软件加密、压缩技术、软件防复制以及防跟踪技术。

(3) 数据信息安全。

数据信息安全主要是指为保证计算机系统的数据库、数据文件和所有数据信息免遭破坏、修改、泄露和窃取，为防止这些威胁和攻击而采取的一切技术、方法和措施。其中包括对各种用户的身份识别技术、口令或指纹验证技术、存取控制技术和数据加密技术以及建立备份和系统恢复技术等。

(4) 网络站点安全。

网络站点安全是指为了保证计算机系统中的网络通信和所有站点的安全而采取的各种技术措施，除了主要包括防火墙技术外，还包括报文鉴别技术、数字签名技术、访问控制技术、加压加密技术、密钥管理技术、保证线路安全或传输安全而采取的安全传输介质、网络跟踪、检测技术、路由控制隔离技术以及流量控制分析技术等。

(5) 运行服务安全。

计算机系统运行服务安全主要是指安全运行的管理技术，它包括系统的使用与维护技术、随机故障维护技术、软件可靠性和可维护性保证技术、操作系统故障分析处理技术、机房环境检测维护技术、系统设备运行状态实测和分析记录等技术。以上技术的实施目的在于及时发现运行中的异常情况，及时报警，提示用户采取措施或进行随机故障维修和软件故障的测试与维修，或进行安全控制和审计。

(6) 病毒防治技术。

计算机病毒威胁计算机系统安全，已成为一个重要的问题。要保证计算机系统的安全运行，除了运行服务安全技术措施外，还要专门设置计算机病毒检测、诊断、杀除设施，并采取系统的预防方法防止病毒再入侵。计算机病毒的防治涉及计算机硬件实体、计算机软件、数据信息的压缩和加密解密技术。

(7) 防火墙技术。

防火墙是介于内部网络或 Web 站点与 Internet 之间的路由器或计算机，目的是提供安全保护，控制谁可以访问内部受保护的环境，谁可以从内部网络访问 Internet。Internet 的一切业务，从电子邮件到远程终端访问，都要受到防火墙的鉴别和控制。

8.2　计算机病毒

在网络发达的今天，计算机病毒已经有了无孔不入，无处不在的趋势。无论是上网，还是使用移动硬盘、U 盘都有可能使计算机感染病毒。计算机感染病毒后，就会出现计算机系统运行速度减慢、计算机系统无故发生死机、文件丢失或损坏等现象，给学习和工作带来许多不便。为了有效地、最大限度地防治病毒，学习计算机病毒的基本原理和相关知识是十分必要的。

8.2.1　计算机病毒的概念

计算机病毒(Computer Virus)在《中华人民共和国计算机信息系统安全保护条例》中被明确定义，病毒是指“编制者在计算机程序中插入的破坏计算机功能或者破坏数据，影响计算机使用并且能够自我复制的一组计算机指令或者程序代码”。

计算机病毒其实就是一种程序，之所以把这种程序形象地称为计算机病毒，是因为其与生物医学上的“病毒”有类似的活动方式，同样具有传染和损失的特性。

现在流行的病毒是人为故意编写的，多数病毒可以找到作者和产地信息，从大量的统计分析来看，病毒作者主要情况和目的是：一些天才的程序员为了表现自己和证明自己的能力、出于对上司的不满、为了好奇、为了报复、为了祝贺和求爱、为了得到控制口令、为了软件拿不到报酬预留的陷阱等。当然也有因政治、军事、宗教、民族、专利等方面的需求而专门编写的，其中也包括一些病毒研究机构和黑客的测试病毒。

计算机病毒一般不是独立存在的，而是依附在文件上或寄生在存储媒体里，能对计算机系统进行各种破坏；同时有独特的复制能力，能够自我复制；具有传染性可以很快地传播蔓延，当文件被复制或在网络中从一个用户传送到另一个用户时，它们就随同文件一起蔓延开来，但又常常难以根除。

8.2.2　计算机病毒的概念特征

计算机病毒作为一种特殊程序，一般具有以下特征：

1. 寄生性

计算机病毒寄生在其他程序之中，当执行这个程序时，病毒就起破坏作用，而在未启动这个程序之前，它是不易被人发觉的。

2. 传染性

是否具有传染性是判别一个程序是否为计算机病毒的最重要条件。计算机病毒是一段人为编制的计算机程序代码，这段程序代码一旦进入计算机并得以执行，它就会搜寻其他符合其传染条件的程序或存储介质，确定目标后再将自身代码插入其中，达到自我繁殖的目的。只要一台计算机染毒，如不及时处理，那么病毒会在这台机子上迅速扩散，计算机病毒可通过各种可能的渠道，如U盘、计算机网络去传染其他的计算机。计算机病毒的传染性也包含了其寄生性特征，即病毒程序是嵌入到宿主程序中，依赖于宿主程序的执行而生存。

3. 潜伏性

大多数计算机病毒程序，进入系统之后一般不会马上发作，而是能够在系统中潜伏一段时间，悄悄地进行传播和繁衍，当满足特定条件时才启动其破坏模块，也称发作。这些特定条件主要有：某个日期、时间；某种事件发生的次数，如病毒对磁盘访问次数、对中断调用次数、感染文件的个数和计算机启动次数等；某个特定的操作，如某种组合按键、某个特定命令、读写磁盘某扇区等。显然，潜伏性越好，病毒传染的范围就越大。

4. 隐蔽性

计算机病毒具有很强的隐蔽性，有的可以通过病毒软件检查出来，有的根本就查不出来，有的时隐时现、变化无常，这类病毒处理起来通常很困难。

5. 破坏性

计算机病毒发作时，对计算机系统的正常运行都会有一些干扰和破坏作用。主要造成计算机运行速度变慢、占用系统资源、破坏数据等，严重的则可能导致计算机系统和网络系统的瘫痪。即使是所谓的“良性病毒”，虽然没有任何破坏动作，但也会侵占磁盘空间和内存空间。

8.2.3 计算机病毒的分类

有多种标准和方法可对计算机病毒的分类，其中之一是按照传播方式和寄生方式分类：可分为引导型病毒、文件型病毒、复合型病毒、宏病毒、脚本病毒、蠕虫病毒、“特洛伊木马”程序等。

1. 引导型病毒

引导型病毒是一种寄生在引导区的病毒，病毒利用操作系统的引导模块放在某个固定的位置，并且控制权的转交方式是以物理位置为依据，而不是以操作系统引导区的内容为依据，因而病毒占据该物理位置即可获得控制权，而将真正的引导区内容搬家转移，待病毒程序执行后，将控制权交给真正的引导区内容，使得这个带病毒的系统看似正常运转，而病毒已隐藏在系统中并伺机传染、发作。

2. 文件型病毒

寄生在可直接被CPU执行的机器码程序的二进制文件中的病毒称为文件型病毒。文件型病毒是对计算机的源文件进行修改，使其成为新的带毒文件。一旦计算机运行该文件就会被感染，从而达到传播的目的。

3. 复合型病毒

复合型病毒是一种同时具备了“引导型”和“文件型”病毒某些特征的病毒。这类病毒查杀难度极大，所用的杀毒软件要同时具备杀两类病毒的能力。

4. 宏病毒

宏病毒是指一种寄生在Office文档中的病毒。宏病毒的载体是包含宏病毒的Office文档，传播的途径多种多样，可以通过各种文件发布途径进行传播，比如光盘、Internet文件服务等，也可以通过电子邮件进行传播。

5. 脚本病毒

脚本病毒通常是用脚本语言(如JavaScript、VBScript)代码编写的恶意代码，该病毒寄生在网页中，一般通过网页进行传播。该病毒通常会修改IE首页、修改注册表等信息，造成用户使用计算机不方便。红色代码(Script. Redlof)、欢乐时光(VBS. Happytime)都是脚本病毒。

6. 蠕虫病毒

蠕虫病毒是一种常见的计算机病毒，与普通病毒有较大区别。该病毒并不专注于感染其他文件，而是专注于网络传播。该病毒利用网络进行复制和传播，传染途径是通过网络和电子邮件，可以在很短时间内蔓延整个网络，造成网络瘫痪。最初的蠕虫病毒定义是因为在DOS环境下，病毒发作时会在屏幕上出现一条类似虫子的东西，胡乱吞吃屏幕上的字母并将其改形。“尼姆亚”和“求职信”都是典型的蠕虫病毒。

7. “特洛伊木马”程序

“特洛伊木马”程序是一种秘密潜伏的能够通过远程网络进行控制的恶意程序。控制者可以控制被秘密植入木马的计算机的一切动作和资源，是恶意攻击者进行窃取信息等的工具。特洛伊木马没有复制能力，它的特点是伪装成一个实用工具或者一个可爱的游戏，这会诱使用户将其安装在自己的计算机上。

8.2.4 计算机病毒的危害

计算机病毒有感染性，它能广泛传播，但这并不可怕，可怕的是病毒的破坏性。一些良性病毒可能会干扰屏幕的显示，或使计算机的运行速度减慢；但一些恶性病毒会破坏计算机的系统资源和用户信息，造成无法弥补的损失。

无论是“良性病毒”，还是“恶性病毒”，计算机病毒总会有对计算机的正常工作带来危害，主要表现表现在以下两个方面：

1. 破坏系统资源

大部分病毒在发作时，都会直接破坏计算机的资源。如格式化磁盘、改写文件分配表和目录区、删除重要文件或者用无意义的“垃圾”数据改写文件、破坏CMOS设置等。轻则导致程序或数据丢失，重则造成计算机系统瘫痪。

2. 占用系统资源

寄生在磁盘上的病毒总要非法占用一部分磁盘空间，并且这些病毒会很快地传染，在短时间内感染大量文件，造成磁盘空间的严重浪费。

大多数病毒在动态下都是常驻内存的，这就必然抢占一部分系统资源。病毒所占用的基本内存长度大致与病毒本身长度相当。病毒抢占内存，导致内存减少，一部分软件不能运行。

病毒除占用存储空间外，还抢占中断、CPU时间和设备接口等系统资源，从而干扰了系统的正常运行，使得正常运行的程序速度变得非常慢。

目前许多病毒都是通过网络传播的，某台计算机中的病毒可以通过网络在短时间内感染大量与之相连接的计算机。病毒在网络中传播时，占用了大量的网络资源，造成网络阻塞，使得正常文件的传输速度变得非常缓慢，严重的会引起整个网络瘫痪。

8.2.5 计算机病毒的防治

虽然计算机病毒的种类越来越多，手段越来越高明，破坏方式日趋多样化。但如果能采取适当、有效的防范措施，就能避免病毒的侵害，或者使病毒的侵害降低到最低程度。

对于一般计算机用户来说，对计算机病毒的防治可以从以下几个方面着手：

1. 安装正版杀毒软件

安装正版杀毒软件，并及时升级，定期扫描，可以有效地降低计算机被感染病毒的概率。目前计算机反病毒市场上流行的反病毒产品很多，国内的著名杀毒软件有360、瑞星、金山毒霸等，国外引进的著名杀毒软件有Norton AntiVirus(诺顿)、Kaspersky Anti Virus(卡巴斯基)等。

2. 及时升级系统安全漏洞补丁

及时升级系统安全漏洞补丁，不给病毒攻击的机会。庞大的Windows系统必然会存在漏洞，包括蠕虫、木马在内的一些计算机病毒会利用某些漏洞来入侵或攻击计算机。微软采用发布"补丁"的方式来堵塞已发现的漏洞，使用Windows的"自动更新"功能，及时下载和安装微软发布的重要补丁，能使这些利用系统漏洞的病毒随着相应漏洞的堵塞而失去活动。

3. 始终打开防火墙

防火墙具有很好的保护作用，入侵者必须首先穿越防火墙的安全防线，才能接触目标计算机。可以将防火墙配置成许多不同保护级别，高级别的保护可能会禁止一些服务，如视频流等。

4. 不随便打开电子邮件附件

目前，电子邮件已成计算机病毒最主要的传播媒介之一，一些利用电子邮件进行传播的病毒会自动复制自身并向地址簿中的邮件地址发送。为了防止利用电子邮件进行病毒传播，对正常交往的电子邮件附件中的文件应进行病毒检查，确定无病毒后才打开或执行，至于来历不明或可疑的电子邮件则应立即予以删除。

5. 不轻易使用来历不明的软件

对于网上下载或其他途径获取的盗版软件，在执行或安装之前应对其进行病毒检查，即便未查出病毒，执行或安装后也应十分注意是否有异常情况，以便达能及时发现病毒的侵入。

6. 备份重要数据

反计算机病毒的实践告诉人们：对于与外界有交流的计算机，正确采取各种反病毒措施，能显著降低病毒侵害的可能和程度，但绝不能杜绝病毒的侵害。因此，做好数据备份是抗病毒的最有效和最可靠的方法，同时也是抗病毒的最后防线。

7. 留意观察计算机的异常表现

计算机病毒是一种特殊的计算机程序，只要在系统中有活动的计算机病毒存在，它总会露出蛛丝马迹，即使计算机病毒没有发作，寄生在被感染的系统中的计算机病毒也会使系统表现出一些异常症状，用户可以根据这些异常症状及早发现潜伏的计算机病毒。如果发现计算机速度异常慢、内存使用率过高，或出现不明的文件进程时，就要考虑计算机是否已经感染病毒，并及时查杀。

8.3 防火墙技术

Internet的普及应用使人们充分享受了外面的精彩世界，但同时也给计算机系统带来了极大的安全隐患。黑客使用恶意代码(如病毒、蠕虫和特洛伊木马)尝试查找未受保护的计算机。有些攻击仅仅是单纯的恶作剧，而有些攻击则是心怀恶意，如试图从计算机删除信息、使系统崩溃或甚至窃取个人信息，如密码或信用卡号。如何既能和外部互联网进行有效通信，分享互联网的丰富信息，又能保证内部网络或计算机系统的安全，防火墙技术应运而生。

8.3.1　防火墙的概念

防火墙的本义是指古代构筑和使用木制结构房屋的时候，为防止火灾的发生和蔓延，人们将坚固的石块堆砌在房屋周围作为屏障，这种防护构筑物就被称为“防火墙”。其实与防火墙一起起作用的就是“门”。如果没有门，各房间的人如何沟通呢，这些房间的人又如何进去呢？当火灾发生时，这些人又如何逃离现场呢？这个门就相当于防火墙技术中的“安全策略”，所以防火墙实际并不是一堵实心墙，而是带有一些小孔的墙。这些小孔就是用来留给那些允许进行的通信，在这些小孔中安装了过滤机制。

如图 8-1 所示，网络防火墙是用来在一个可信网络（如内部网）与一个不可信网络（如外部网）间起保护作用的一整套装置，在内部网和外部网之间的界面上构造一个保护层，并强制所有的访问或连接都必须经过这一保护层，在此进行检查和连接。只有被授权的通信才能通过此保护层，从而保护内部网资源免遭非法入侵。

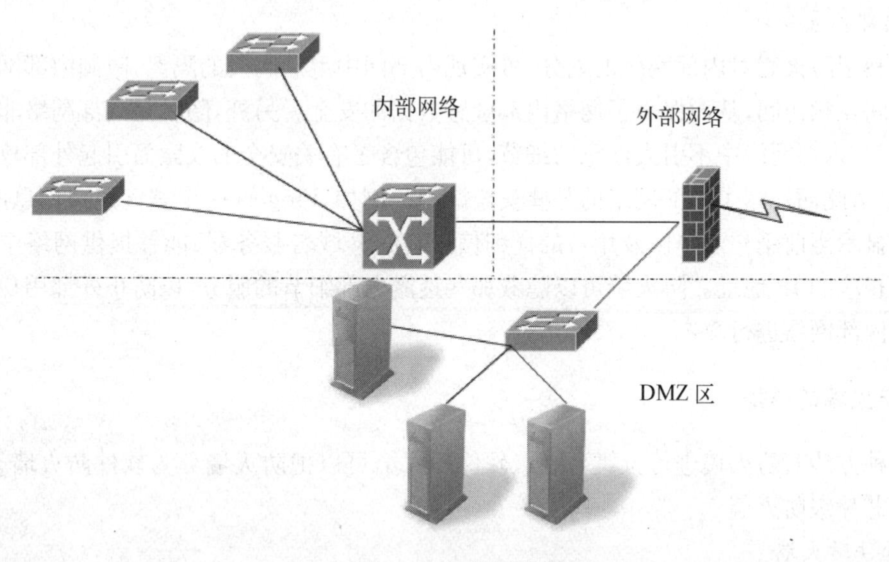

图 8-1　网络防火墙

防火墙的安全意义是双向的，一方面可以限制外部网对内部网的访问，另一方面也可以限制内部网对外部网中不健康或敏感信息的访问。防火墙的实现技术一般分为两种，一种是分组过滤技术，一种是代理服务技术。分组过滤技术是基于路由的技术，其机理是由分组过滤路由对 IP 分组进行选择，根据特定组织机构的网络安全准则过滤掉某些 IP 地址分组，从而保护内部网络。代理服务技术是由一个高层应用网关作为代理服务器，对于任何外部网的应用连接请求首先进行安全检查，然后再与被保护网络应用服务器连接。代理服务器技术可使内、外网信息流动受到双向监控。

8.3.2　防火墙的功能

防火墙一般具有如下功能：

1. 访问控制

这是防火墙最基本也是最重要的功能，通过禁止或允许特定用户访问特定资源，保护网络的内部资源和数据。防火墙禁止非法授权的访问，因此需要识别哪个用户可以访问何种资源。

2. 内容控制

根据数据内容进行控制，例如，防火墙可以根据电子邮件的内容识别出垃圾邮件并过滤掉垃圾邮件。

3. 日志记录

防火墙能记录下经过防火墙的访问行为，包括内、外网进出的情况。一旦网络发生了入侵或者遭到破坏，就可以对日志进行审计和查询。

4. 安全管理

通过以防火墙为中心的安全方案配置，能将所有安全措施（如密码、加密、身份认证和审计等）配置在防火墙上。与将网络安全问题分散到各主机上相比，防火墙的这种集中式安全管理更经济、更方便。例如，在网络访问时，一次一个口令系统和其他的身份认证系统完全可以不必分散在各个主机上而集中在防火墙。

5. 内部信息保护

通过利用防火墙对内部网络的划分，可实现内部网中重点网段的隔离，限制内部网络中不同部门之间互相访问，从而保障了网络内部敏感数据的安全。另外，隐私是内部网络非常关心的问题，一个内部网络中不引人注意的细节，可能包含了有关安全的线索而引起外部攻击者的兴趣，甚至由此而暴露了内部网络的某些安全漏洞。例如，Finger（一个查询用户信息的程序）服务能够显示当前用户名单以及用户的详细信息，DNS（域名服务器）能够提供网络中各主机的域名及相应的 IP 地址。防火墙可以隐藏那些透露内部细节的服务，以防止外部用户利用这些信息对内部网络进行攻击。

8.3.3 防火墙的类型

有多种方法对防火墙进行分类，从软、硬件形式上可以把防火墙分为软件防火墙、硬件防火墙以及芯片级防火墙。

1. 软件防火墙

软件防火墙运行于特定的计算机上，它需要客户预先安装好的计算机操作系统的支持，一般来说这台计算机就是整个网络的网关。俗称“个人防火墙”。软件防火墙就像其他的软件产品一样需要先在计算机上安装并做好配置才可以使用。防火墙厂商中做网络版软件防火墙最出名的莫过于 Checkpoint。使用这类防火墙，需要网管对所工作的操作系统平台比较熟悉。

2. 硬件防火墙

硬件防火墙是指“所谓的硬件防火墙”。之所以加上“所谓”二字是针对芯片级防火墙说的了。它们最大的差别在于是否基于专用的硬件平台。目前市场上大多数防火墙都是这种所谓的硬件防火墙，他们都基于 PC 架构，就是说，它们和普通的家庭用的 PC 没有太大区别。在这些 PC 架构计算机上运行一些经过裁剪和简化的操作系统，最常用的有老版本的 Unix、Linux 和 FreeBSD 系统。值得注意的是，由于此类防火墙采用的依然是别人的内核，因此依然会受到 OS（操作系统）本身的安全性影响。

传统硬件防火墙一般至少应具备三个端口，分别接内网，外网和 DMZ 区(非军事化区)，现在一些新的硬件防火墙往往扩展了端口，常见四端口防火墙一般将第四个端口作为配置口、管理端口。很多防火墙还可以进一步扩展端口数目。

3. 芯片级防火墙

芯片级防火墙基于专门的硬件平台，没有操作系统。专有的 ASIC 芯片促使它们比其他种类的防火墙速度更快，处理能力更强，性能更高。做这类防火墙最出名的厂商有 NetScreen、FortiNet、Cisco 等。这类防火墙由于是专用操作系统，因此防火墙本身的漏洞比较少，不过价格相对比较高昂。

防火墙技术虽然出现了许多，但总体来讲可分为“包过滤型”和“应用代理型”两大类。前者以以色列的 Checkpoint 防火墙和美国 Cisco 公司的 PIX 防火墙为代表，后者以美国 NAI 公司的 Gauntlet 防火墙为代表。

8.3.4　360 木马防火墙

目前市场上有免费的、针对个人计算机用户的安全软件，具有某些防火墙的功能，例如：360 木马防火墙。

1. 360 木马防火墙简介

360“木马防火墙”是一款专用于抵御木马入侵的防火墙，应用 360 独创的“亿级云防御”，从防范木马入侵到系统防御查杀，从增强网络防护到加固底层驱动，结合先进的“智能主动防御”，多层次全方位的保护系统安全，每天为 3.2 亿 360 用户拦截木马入侵次数峰值突破 1.2 亿次，居各类安全软件之首，已经超越一般传统杀毒软件防护能力。木马防火墙需要开机随机启动，才能起到主动防御木马的作用。

360 木马防火墙属于云主动防御安全软件，非网络防火墙(即传统简称为防火墙)。

360“木马防火墙”内置在 360 安全卫士 7.1 及以上版本，360 杀毒 1.2 及以上版本中，完美支持 Windows7 64 位系统。

2. 360 木马防火墙特点

传统安全软件“重查杀、轻防护”，往往在木马潜入电脑盗取账号后，再进行事后查杀，即使杀掉了木马，也会残留，系统设置被修改，网民遭受的各种损失也无法挽回。360“木马防火墙”则创新出“防杀结合、以防为主”，依靠抢先侦测和云端鉴别，智能拦截各类木马，在木马盗取用户账号、隐私等重要信息之前，将其“歼灭”，有效解决了传统安全软件查杀木马的滞后性缺陷。

360 木马防火墙采用了独创的“亿级云防御”技术。它通过对电脑关键位置的实时保护和对木马行为的智能分析，并结合了 3 亿 360 用户组成的“云安全”体系，实现了对用户电脑的超强防护和对木马的有效拦截。根据 360 安全中心的测试，木马防火墙拦截木马效果是传统杀毒软件的 10 倍以上。而其对木马的防御能力，还将随 360 用户数的增多而进一步提升。

为了有效防止驱动级木马、感染木马、隐身木马等恶性木马的攻击破坏，360 木马防火墙采用了内核驱动技术，拥有包括网盾、局域网、U 盘、驱动、注册表、进程、文件、漏洞在内的八层“系统防护”，能够全面抵御经各种途径入侵用户电脑的木马攻击。并且 360 木马防火墙还有“应用防护”，对浏览器、输入法、桌面图标等木马易攻击的地方进行防护。木马防火墙需要开机自动启动，才能起到主动防御木马的作用。

3. 系统防护

360 木马防火墙由八层系统防护及三类应用防护组成,系统防护包括:网页防火墙、漏洞防火墙、U 盘防火墙、驱动防火墙、进程防火墙、文件防火墙、注册表防火墙、ARP 防火墙,如图 8-2 所示;应用防护包括:桌面图标防护、输入法防护、浏览器防护。

(1) 网页防火墙。

主要用于防范网页木马导致的账号被盗,网购被欺诈。用户开启后在浏览危险网站时 360 会予以提示,对于钓鱼网站,360 网盾会提示去真正的网站。

此外网页防火墙还可以拦截网页的一些病毒代码,包含屏蔽广告、下载后鉴定等功能,如果安装 360 安全浏览器,则可以在下载前对文件进行鉴定,防止下到病毒文件。

(2) 漏洞防火墙。

微软发布漏洞公告后用户往往不能在第一时间进行更新,此外如果使用的是盗版操作系统,微软自带的 Windows Update 不能使用,360 漏洞修复可以帮助用户在第一时间打上补丁,防止各类病毒入侵电脑。

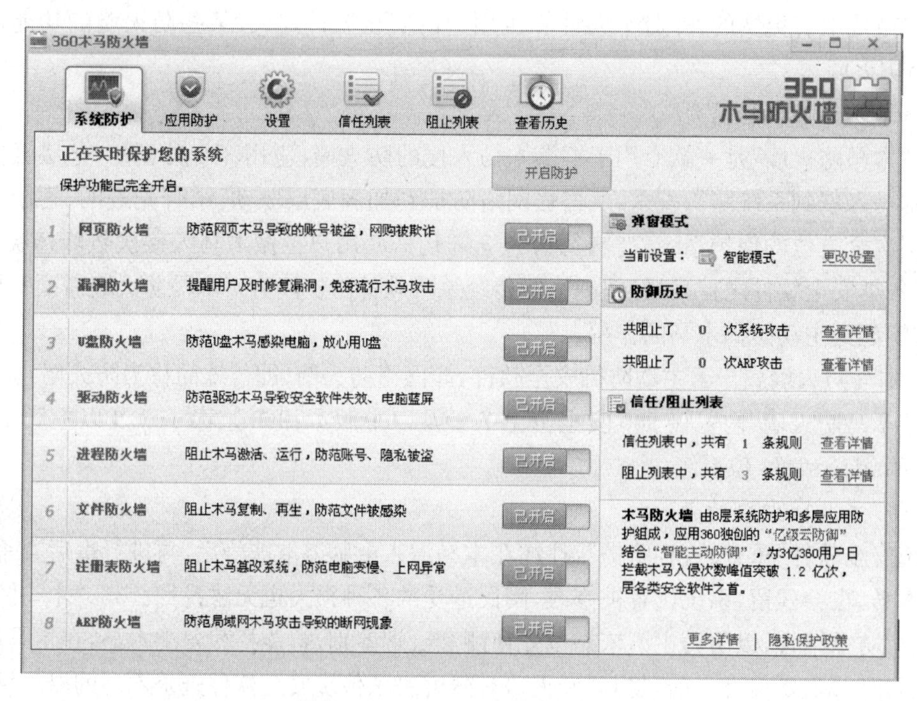

图 8-2 360 木马防火墙主界面

(3) U 盘防火墙。

在用户使用 U 盘过程中进行全程监控,可彻底拦截感染 U 盘的木马,插入 U 盘时可以自动查杀。

(4) 驱动防火墙。

驱动木马通常具有很高的权限,破坏力强,通常可以很容易地执行键盘记录,结束进程,强删文件等操作。有了驱动防火墙可以阻止病毒驱动的加载。从系统底层阻断木马,加强系统内核防护。

(5) 进程防火墙。

在木马即将运行时阻止木马的启动,拦截可疑进程的创建。

(6) 文件防火墙。

防止木马篡改文件,防止快捷键等指令被修改。

(7) 注册表防火墙。

对木马经常利用的注册表关键位置进行保护,阻止木马修改注册表,从而达到用于防止木马篡改系统,防范电脑变慢、上网异常的目的。

(8) ARP 防火墙。

防止局域网木马攻击导致的断网现象,如果是非局域网用户,不必使用该功能。

4. 应用防护

(1) 浏览器防护。

锁定所有外链的打开方式,打开此功能可以保证所有外链均使用用户设置的默认浏览器打开,该功能不会对任何文件进行云引擎验证。

(2) 输入法防护。

当有程序试图修改注册表中输入法对应项时,360 木马防火墙会对操作输入法注册表的可执行程序以及 IME 输入法可执行文件进行云引擎验证。

(3) 桌面图标防护。

高级防护监控所有桌面图标等相关的修改,提示桌面上的变化。

8.4　系统漏洞与补丁

为什么计算机病毒、恶意程序、木马能如此容易地入侵计算机?系统漏洞是其中的一个主要因素。篱笆扎得紧,野狗钻不进,正确认识系统漏洞,并且重视及时修补系统漏洞,对计算机系统的安全至关重要。

8.4.1　操作系统漏洞和补丁简介

1. 系统漏洞

根据唯物史观的认识,这个世界上没有十全十美的东西存在。同样,作为软件界的大鳄微软(Microsoft)生产的 Windows 操作系统同样也不会例外。随着时间的推移,它总是会有一些问题被发现,尤其是安全问题。

所谓系统漏洞,就是微软 Windows 操作系统中存在的一些不安全组件或应用程序。黑客们通常会利用这些系统漏洞,绕过防火墙、杀毒软件等安全保护软件,对安装 Windows 系统的服务器或者计算机进行攻击,从而控制被攻击计算机的目的,如冲击波、震荡波等病毒都是很好的例子。一些病毒或流氓软件也会利用这些系统漏洞,对用户的计算机进行感染,以达到广泛传播的目的。这些被控制的计算机,轻则导致系统运行非常缓慢,无法正常使用计算机;重则导致计算机上的用户关键信息被盗窃。

2. 补丁

针对某一个具体的系统漏洞或安全问题而发布的解决该漏洞或安全问题的小程序,通常称为修补程序,也叫系统补丁或漏洞补丁。同时,漏洞补丁不限于 Windows 系统,大家熟悉的

Office 产品同样会有漏洞，也需要打补丁。而且，微软公司为提高其开发的各种版本的 Windows 操作系统和 Office 软件的市场占有率，会及时地把软件产品中发现的重大问题以安全公告的形式公布于众，这些公告都有一个唯一的编号。

3. 不补漏洞的危害

在互联网日益普及的今天，越来越多的计算机连接到互联网，甚至某些计算机保持“始终在线”的连接，这样的连接使他们暴露在病毒感染、黑客入侵、拒绝服务攻击以及其他可能的风险面前。操作系统是一个基础的特殊软件，它是硬件、网络与用户的一个接口。不管用户在上面使用什么应用程序或享受怎样的服务，操作系统一定是必用的软件。因此它的漏洞如果不补，就像门不上锁一样地危险：轻则资源耗尽、重则感染病毒、隐私尽泄甚至会产生经济上的损失。

8.4.2 操作系统漏洞的处理

当系统漏洞被发现以后，微软会及时发布漏洞补丁。通过安装补丁，就可以修补系统中相应的漏洞，从而避免这些漏洞带来的风险。

有多种方法可以给系统打漏洞补丁，例如：Windows 自动更新、微软的在线升级，各种杀毒、反恶意软件中也集成了漏洞检测及打漏洞补丁功能。下面介绍微软的在线升级及使用 360 安全卫士给系统打漏洞补丁的方法。

1. 微软的在线升级安装漏洞补丁

登录微软件更新网站 http：//windowsupdate. microsoft. com，单击页面上的“快速”按钮或者“自定义”按钮，该服务将自动检测系统需要安装的补丁，并列出需要安装更新的补丁。单击“安装更新程序”按钮后，即开始下载安装补丁了，如图 8－3 所示。

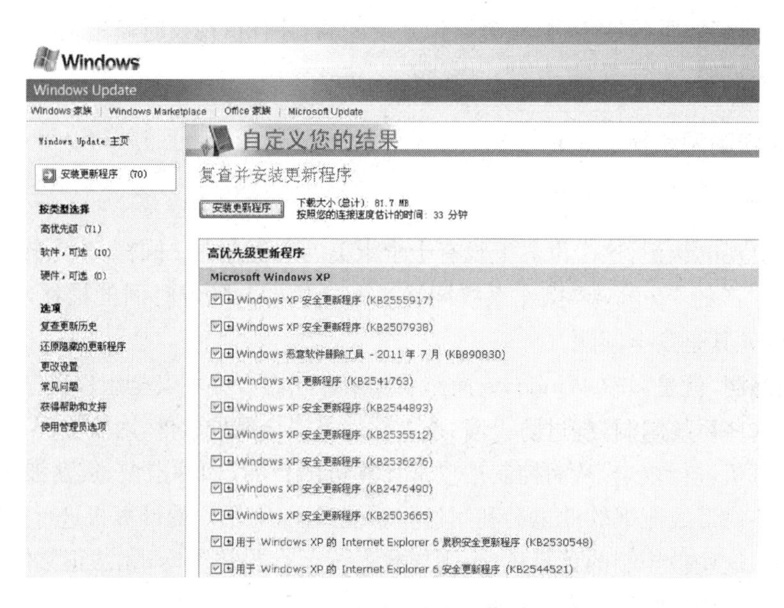

图 8－3 在线升级安装漏洞补丁

登录微软件更新网站，安装漏洞补丁时，必须开启“Windows 安全中心”中的“自动更新”功能，并且所使用操作系统必须是正版的，否则很难通过微软的正版验证。

2. 使用 360 安全卫士安装漏洞补丁

360 安全卫士中的“修复漏洞”功能相当于 Windows 中的“自动更新”功能，能检测用户系统中的安全漏洞，下载和安装来自微软官方网站的补丁。

要检测和修复系统漏洞，可单击“修复漏洞”标签，360 安全卫士即开始检测系统中的安全漏洞，检测完成后会列出需要安装更新的补丁，如图 8－4 所示。单击“立即修复”按钮，即开始下载和安装补丁。

图 8－4　360 安全卫士安装漏洞补丁

8.5　系统备份与还原

病毒破坏、硬盘故障和误操作等各种原因，都有可能会引起 Windows 系统不能正常运行甚至系统崩溃，往往需要重新安装 Windows 系统。成功安装操作系统、安装运行在操作系统上的各种应用程序，短则几个小时，多则几天，所以重装系统是一项费时费力的工作。

通常系统安装完成以后，都要进行系统备份。系统发生故障时，利用 Norton Ghost 软件，仅仅需要几十分钟，就可以快速地恢复系统，省时省力，何乐不为。

Ghost 为 general hardware oriented system transfer 的缩写，是 Symantec 公司的 Norton 系列软件之一。其主要功能是：能进行整个硬盘或分区的直接复制；能建立整个硬盘或分区的镜像文件即对硬盘或分区备份，并能用镜像文件恢复还原整个硬盘或分区等。这里的分区是指主分区或扩展分区中的逻辑盘，如 C 盘。

利用 Ghost 对系统进行备份和还原时，Ghost 先为系统分区如 C 盘生成一个扩展为 gho 的镜像文件，当以后需要还原系统时，再用该镜像文件还原系统分区。

在系统备份和还原前应注意如下事项：

(1) 在备份系统前，最好将一些无用的文件删除以减少 Ghost 文件的体积。通常无用的文件有：Windows 的临时文件夹 IE 临时文件夹 Windows 的内存交换文件这些文件通常要占去 100 多兆硬盘空间。

(2) 在备份系统前，整理目标盘和源盘，以加快备份速度。在备份系统前及恢复系统前，最好检查一下目标盘和源盘，纠正磁盘错误。

(3) 在选择压缩率时，建议不要选择最高压缩率，因为最高压缩率非常耗时，而压缩率又没有明显的提高。

(4) 在恢复系统时，最好先检查一下要恢复的目标盘是否有重要的文件还未转移，千万不要等硬盘信息被覆盖后才后悔莫及。

(5) 在新安装了软件和硬件后，最好重新制作映像文件，否则很可能在恢复后出现一些莫名其妙的错误。

下面以 Ghost 32 11.0 为版本，简述利用 Ghost 进行系统备份和还原的方法。

1. 系统备份

利用 Ghost 进行系统备份的操作步骤如下：

(1) 用光盘或 U 盘启动操作系统，执行 Ghost，在出现“About Symantec Ghost”对话框中单击“OK”按钮后，打开如图 8－5 所示的 Ghost 主窗口。

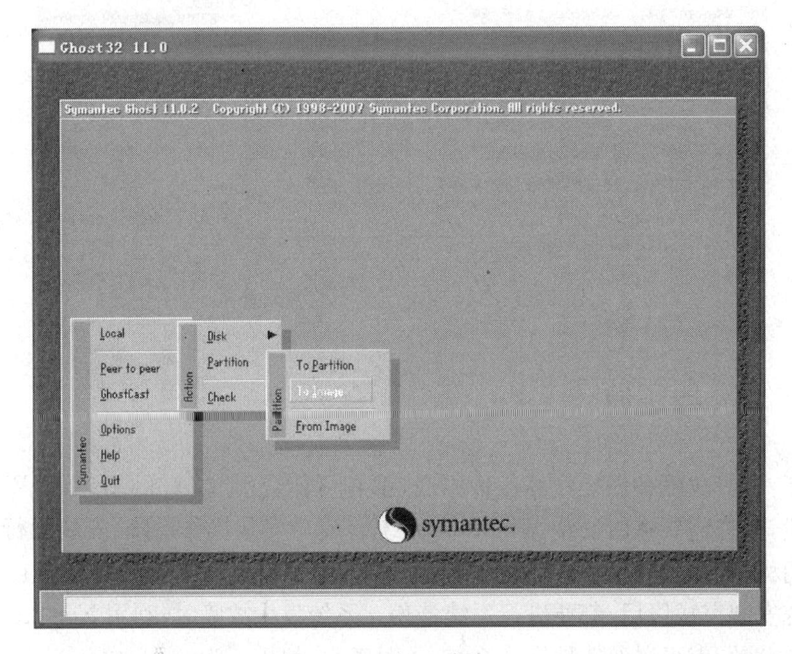

图 8－5 Ghost 主窗口

(2) 执行“Local(本地)”|“Partition(分区)”|“To Image(生成镜像文件)”命令，打开“Select local source drive(选择要制作镜像文件所在分区的硬盘)”对话框，如图 8－6 所示。

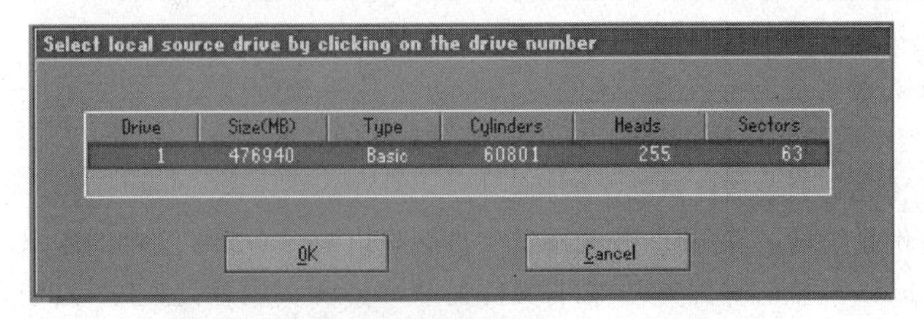

图 8－6 选择要制作镜像文件所在分区的硬盘对话框

(3) 由于计算机系统中只有一个硬件盘，所以这里选择 Drive1 作为要制作镜像文件所在分区的硬盘，单击“OK”按钮，打开“Select source partition(选择源分区)”对话框，该对话框列出了 Drive1 硬盘主分区和扩展分区中的各个逻辑盘及其文件系统类型、卷标、容量和数据已占用空间的大小等信息，如图 8－7 所示。

(4) 在图 8－7 所示的对话框中，列出了 3 个逻辑盘，即主分区中的卷标为“WinXP”、扩展分区中卷标为“DISKD”及扩展分区中卷标为“DISKE”的分区。这里选择 Part 1(C 逻辑盘)，作为要制作镜像文件所在的分区，单击“OK”按钮，打开“File name to copy image to(指定镜像文件名)”对话框。

Select source partition(s) from Basic drive: 1

Part	Type	ID	Description	Volume Label	Size in MB	Data Size in MB
1	Primary	07	NTFS	WinXP	100006	18704
2	Logical	07	NTFS extd	DISKD	200004	48663
3	Logical	07	NTFS extd	DISKE	176926	96009
				Free	2	
				Total	476940	163377

OK　　Cancel

图 8－7　选择要制作镜像文件所在分区对话框

(5) 选择镜像文件的存放位置“D：1.2：[DISKD]NTFS drive”，“1.2”的意思是第一个硬盘中的第二个逻辑盘即 D 盘；输入镜像文件的文件名“systemback”，如图 8－8 所示。

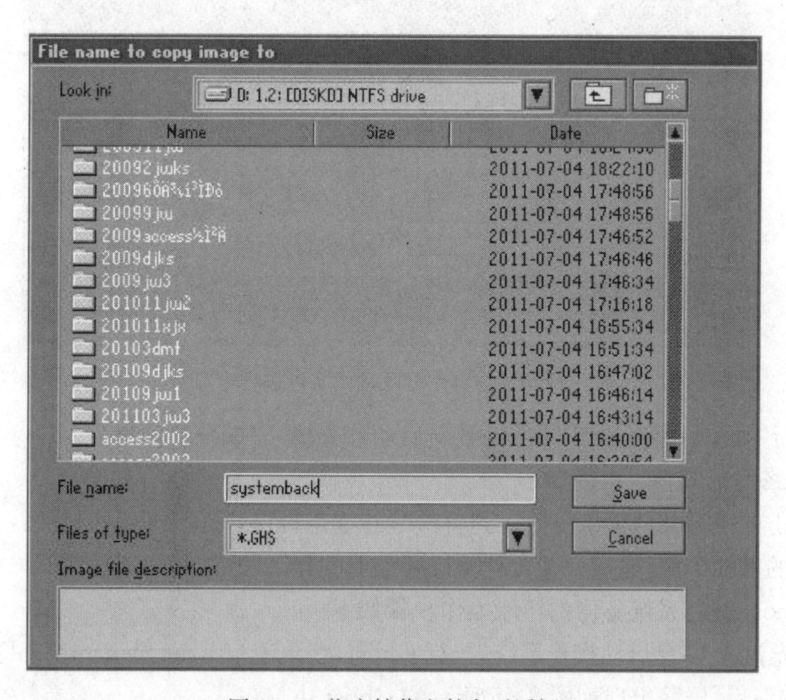

图 8－8　指定镜像文件名对话框

(6) 单击“Save”按钮，打开选择压缩方式对话框，如图 8－9 所示。有 3 个按钮表示 3 种选择:“No”(不压缩)、“Fast”(快速压缩)和“High(高度压缩)”。高度压缩可节省磁盘空间,但备份速度相对较慢,而不压缩或快速压缩虽然占用磁盘空间较大,但备份速度较快,不压缩最快,这里选择“Fast”。

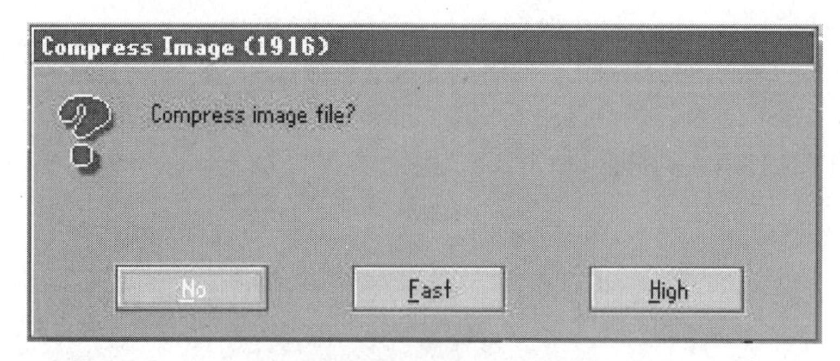

图 8-9 选择压缩方式对话框

(7) 选择压缩方式后,打开确认对话框,单击“Yes”按钮,开始制作镜像文件,如图 8-10 所示。等进度条走到 100%,就表示镜像文件制作完毕,返回主窗口。

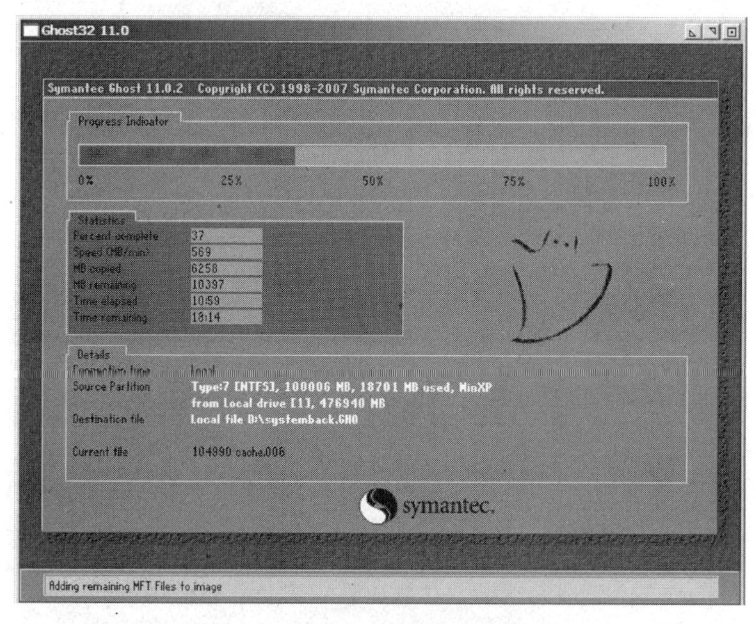

图 8-10 制作分区镜像文件进程窗口

(8) 执行“Quit”命令,退出 Ghost,重新启动计算机,完成系统备份。

2. 系统备份的还原

利用备份的镜像文件可恢复分区到备份时的状态,目标分区可以是原分区,也可以是容量大于原分区的其他分区,包括另一台计算机硬盘上的分区。

利用 Ghost 进行系统备份的还原操作步骤如下:

(1) 用光盘或 U 盘启动操作系统,执行 Ghost,在出现“About Symantec Ghost”对话框中单击“OK”按钮后,屏幕出现如图 8-5 所示的 Ghost 主窗口。

(2) 执行“Local(本地)”|“Partition(分区)”|“From Image(从镜像文件中恢复)”命令,打开“Image file name to restore from(选择要恢复的镜像文件)”对话框,如图 8-11 所示。

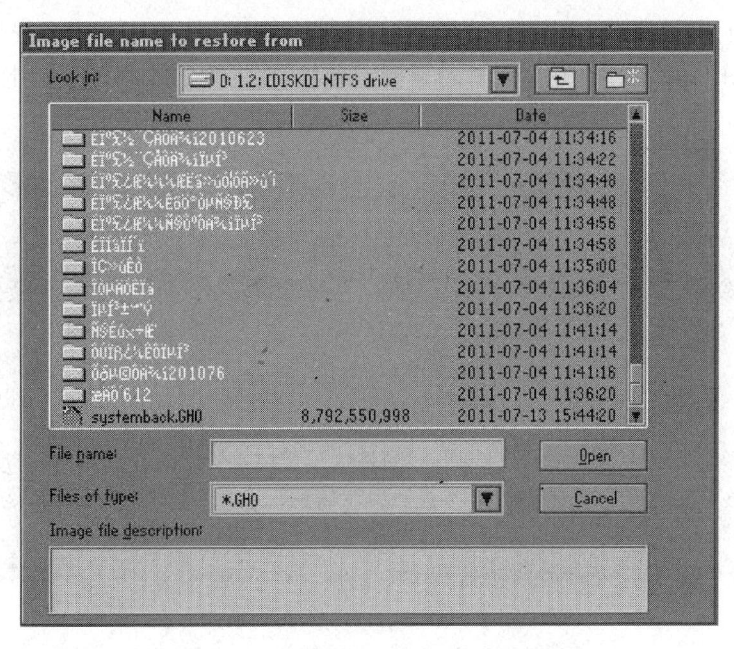

图 8－11　选择要恢复的镜像文件对话框

(3) 选定要恢复的镜像文件“systemback. GHO”后，单击“Open”按钮，打开“Select source partition from image file(从镜像文件中选择源分区)”对话框，如图 8－12 所示。该对话框列出了镜像文件中所包含的分区信息，可以是一个分区，也可以是多个不同的分区。

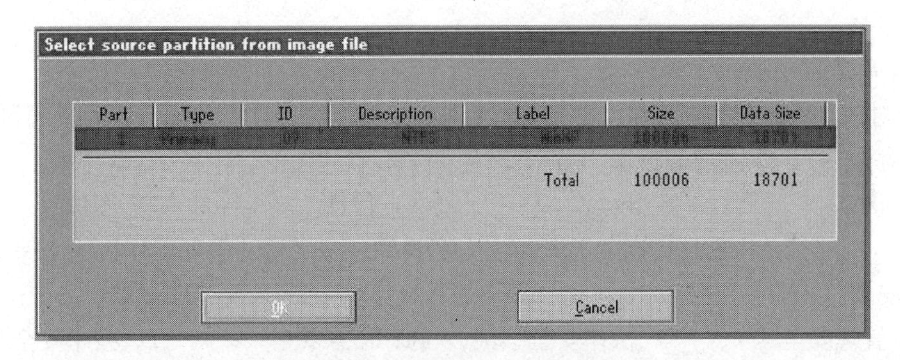

图 8－12　选择镜像文件中分区

(4) 选择镜像文件中要恢复的分区后，单击“OK”按钮，打开“Select local destination drive (选择目标磁盘)”对话框，要求选择要恢复的目标分区所在的硬盘，如图 8－13 所示。

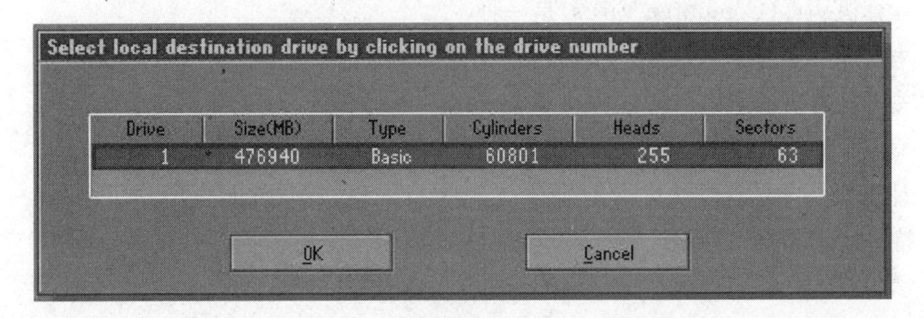

图 8－13　选择要恢复的目标分区所在的硬盘

(5) 由于计算机系统中只有一个硬盘，所以可以直接单击“OK”按钮，打开“Select destination partition(选择目标分区)”对话框，该对话框中列出了目标硬盘上已有的分区，如图 8-14 所示。

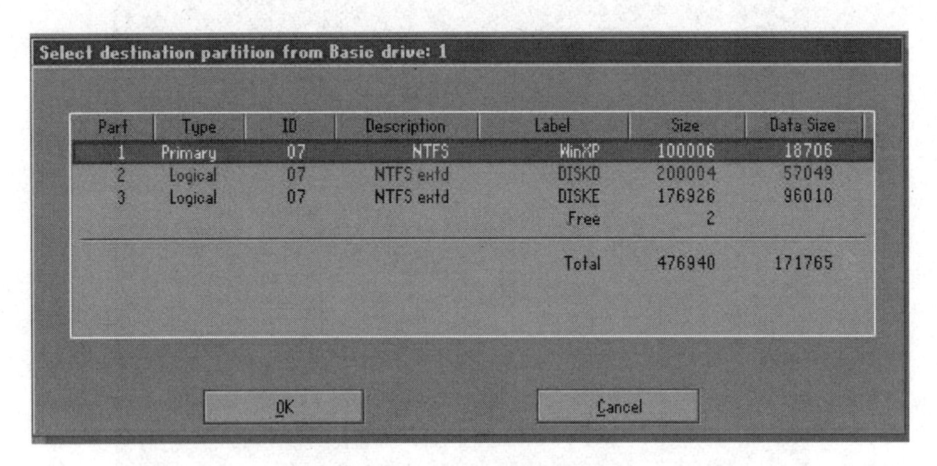

图 8-14　选择目标分区对话框

(6) 选择目标分区 Part 1(C 逻辑盘)后，单击“OK”按钮，打开确认对话框，单击“Yes”按钮，开始从指定的镜像文件恢复指定分区，再次等待进度条走完 100%，镜像就算恢复成功了。

习　　题

一、单选题

1. 对计算机系统的威胁和攻击主要有两种：一种是对计算机系统实体的威胁和攻击；另一种是对________的威胁和攻击。

A. 语言　　B. 硬盘　　C. 信息　　D. 图像

2. ________是指通过提高相关人员安全意识和制定严格的管理工作措施来保证计算机系统的安全。

A. 管理安全　　B. 法律安全　　C. 信息安全　　D. 技术安全

3. 计算机________主要是指为保证计算机设备和通讯线路以及设施、建筑物的安全，预防地震、水灾、火灾、飓风和雷击，满足设备正常运行环境的要求。

A. 软件系统安全　　B. 数据信息安全　　C. 运行服务安全　　D. 实体硬件安全

4. 计算机病毒(Computer Virus)是一种________。

A. 程序　　B. 生化病毒　　C. 图片　　D. 文档

5. 关于计算机病毒以下说法中________是不正确的。

A. 计算机病毒具有传染性　　B. 计算机病毒具有破坏性

C. 计算机病毒具有潜伏性　　D. 查病毒软件能查出一切病毒

6. 特洛伊木马是一种________。

A. 真实的马　　B. 木制的马

C. 病毒　　D. 名字为特洛伊的木马

7. 寄生在________为扩展名的程序文件的病毒，称为宏病毒。

A. EXE　　B. COM　　C. DLL　　D. DOC

8. 以下________病毒并不专注于感染其他文件，而是专注于网络传播。

A. 引导型　　B. 蠕虫　　C. 文件型　　D. 宏病毒

9. 下列对计算机病毒的预防措施中，________对防治计算机病毒是无能为力的。

A. 不要随意打开来历不明的电子邮件　　B. 定期使用磁盘清理程序

C. 及时升级系统安全漏洞补丁　　D. 始终打开防火墙

10. 以下关于防火墙的说法中错误的是________。

A. 提供访问控制或能　　B. 防火墙是一种确保网络安全的工具

C. 可以防止信息泄漏　　D. 防火墙可以抵挡所有病毒的入侵

11. 以下________属于软件防火墙。

A. 360木马防火墙　　B. Norton AntiVirus

C. 金山毒霸　　D. Checkpoint

12. 360木马防火墙由八层系统防护及三类应用防护组成，其中________主要用于防范网页木马导致的账号被盗，网购被欺诈。

A. 网页防火墙　　B. 漏洞防火墙　　C. U盘防火墙　　D. 文件防火墙

13. 微软公司针对某一个具体的系统漏洞或安全问题而发布的专门解决该漏洞或安全问题的小程序，通常称为________。

A. 木马　　B. 文档　　C. 漏洞补丁　　D. 防火墙

14. Ghost为General Hardware Oriented System Transfer的缩写，是________公司的Norton系列软件之一。

A. 江民　　B. 微软　　C. Adobe　　D. Symantec

15. Ghost创建的镜像文件扩展名为________。

A. Gho　　B. Gst　　C. ISO　　D. EXE

二、多选题

1. 被动攻击是指一切窃密的攻击，以下________是被动攻击的方法。

A. 直接侦收　　B. 截获信息　　C. 合法窃取　　D. 破译分析

2. 计算机犯罪是利用暴力和非暴力形式，故意泄露或破坏系统中的机密信息，以及危害系统实体和信息安全的不法行为，以下________是计算机犯罪。

A. 炸毁计算机中心建筑　　B. 摧毁计算机设备

C. 从网上下载软件　　D. 从网上下载电影

3. 关于计算机病毒的破坏性说法中，________是正确的。

A. 可以破坏计算机中的数据　　B. 可以破坏系统功能

C. 损坏打印机　　D. 损坏键盘

4. 脚本病毒的病毒程序可寄生在________为扩展名的程序文件中。

A. VBS　　B. JS　　C. HTM　　D. DOC

5. 有多种方法对防火墙进行分类，从软、硬件形式上可以把防火墙分为________。

A. 软件防火墙　　B. 信息防火墙　　C. 硬件防火墙　　D. 芯片级防火墙

三、填空题

1. 对计算机系统的威胁和攻击主要有两种：一种是对计算机系统实体的威胁和攻击；另一种是对________的威胁和攻击。

2. 对信息进行人为的故意破坏或窃取称为________。根据攻击的方法，可分为被动攻击和主动攻击两类。

3. 计算机________安全主要是指为保证计算机设备和通讯线路以及设施、建筑物的安全，预防地震、水灾、火灾、飓风和雷击，满足设备正常运行环境的要求。

4. 计算机病毒(Computer Virus)是一种人为编制具有特殊功能的计算机________。

5. ________是一种寄生在 Microsoft Office 文档、电子表格、演示、数据库或模板文件的宏中的计算机病毒。

6. ________是防火墙最基本的功能，通过禁止或允许特定用户访问特定资源，保护网络的内部资源和数据。

7. ________是防火墙的重要功能，根据数据内容进行控制，例如，防火墙可以根据电子邮件的内容识别出垃圾邮件并过滤掉垃圾邮件。

8. 360 木马防火墙是一款针对个人计算机用户的________软件。

9. 微软 Windows 操作系统中存在的一些不安全组件或应用程序称作为________。

10. 利用 Ghost 为硬盘或分区制作的镜像文件扩展名为________。

四、简答题

1. 什么是计算机系统安全？

2. 什么是计算机病毒？简述其特征。

3. 简述防火墙的主要功能。

4. 有哪几种给系统打漏洞补丁的方法，打补丁时需要注意什么？

5. Ghost 软件的主要功能是什么？

第9章 计算机新技术

近年来云计算、物联网、全程电子商务迅速发展,正在悄无声息地改变着我们的生活。

9.1 计算机新技术及其应用介绍

随着互联网技术的推陈出新,云计算、物联网、全程电子商务已被IT业界乃至社会疯狂追捧,三者相互关联,相辅相成。三大前沿技术将成为影响全球科技格局和国家创新竞争力的趋势和核心技术。

为此,我们国家进行了统一战略部署,将三者作为战略性新兴产业,加快标准体系研究,加大对技术研发和应用的政策扶持。从全盘来看,电子商务将成为中国经济发展的新增长点,云计算和物联网技术更像是电子商务发展的助推器。

"十二五"期间,电子商务发展的主要任务是:推动电子商务应用的普及和深化,包括推动大型工业、商贸物流、旅游服务等传统企业深化电子商务应用,提高网络采购和网络销售发展水平;促进移动电子商务等创新型电子商务发展等。此外,鉴于目前电子商务的统计口径尚不规范,建立严谨的电子商务统计体系也成为"十二五"规划的主要任务之一。

物联网、云计算等新兴技术也将被应用到电子商务之中。电子商务产业链整合及物流配套,正是物联网、云计算这些新兴技术的"用武之地"。

9.2 云计算技术

随着网络的不断普及,人们在日常的生活和学习中需要从Internet上获取大量的信息。同时,随着人们网络信息素养的不断提高,也对网络服务提出了更高的要求。Internet每天要处理大量的数据,面对如此繁重的数据处理,如何快速和便捷地处理数据,为用户提供人性化的网络服务,成为网络发展急需解决的问题。

正是在这种需求背景下,诞生了一种新的网络计算模型——云计算。它是基于分布式计算,以用户为中心:数据存在于云海之中,你可以在任何时间(any time)、任何地点(any where)以某种便捷的方式安全地获得它或与他人分享。云计算使得Internet变成每个人的数据存储中心、数据计算中心。它的出现,将会使用户以桌面为核心,转移到以Web为核心,使用网络存储与服务,云计算带领我们进入一个全新的信息化时代——云时代。

9.2.1 云计算简介

1. 云计算的定义

对于云计算的定义,目前尚未形成统一的结论。Google认为,云计算就是以公开的标准和服务为基础，以互联网为中心，提供安全、快速、便捷的数据存储和网络计算服务。让互联网这片云成为每一个网民的数据中心和计算中心。IBM 认为，云计算是一个虚拟化的计算机资源池，一种新的 IT 资源提供模式。

虽然对云计算的定义不同，但认识较一致的地方是：云计算即“计算服务”，将数据资源作为“服务”可以通过互联网来获取。

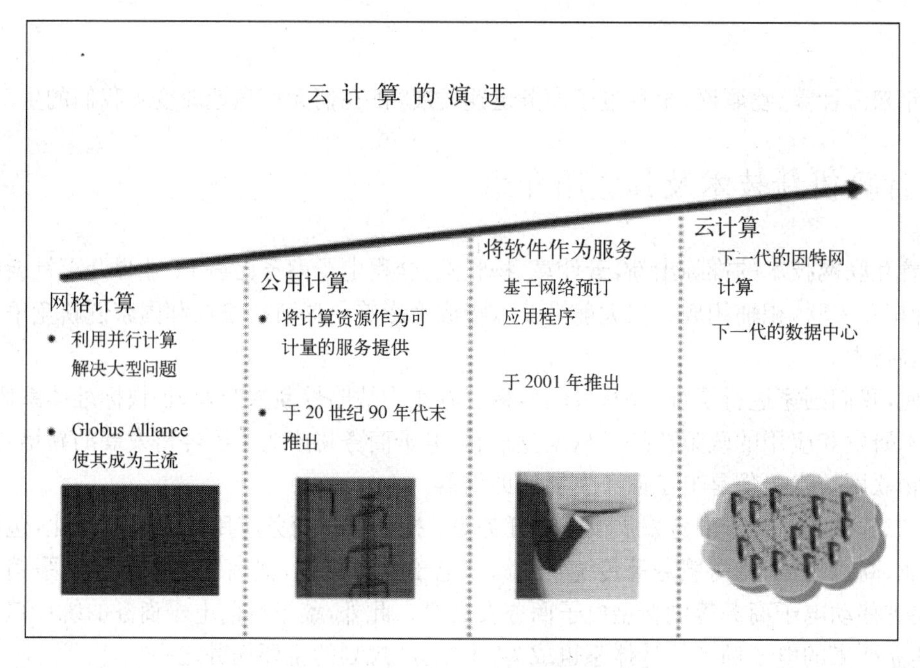

图 9-1　云计算的演进

云计算是分布式处理、并行处理和网格计算的发展，或者说是这些计算机科学概念的商业实现。它的核心技术是分布式的计算方法，特别强调虚拟化技术的应用。简单地说，云计算就是网络计算，它是一种依托 Internet 的超级计算模型，将巨大的资源联系在一起为用户提供各种 IT 服务。云计算的一个核心理念就是通过不断提高“云”的处理能力，进而减少用户终端的处理负担，最终使用户终端简化成一个单纯的输入输出设备，并能按需享受“云”的强大计算处理能力！

2. 云计算平台的模型图

如图 9-2 所示，在云计算模型的基本结构当中，核心部分是由多台计算机组成的服务器“云”。它将资源聚集起来，形成一个大的数据存储和处理中心。同时由服务器中的各种配置

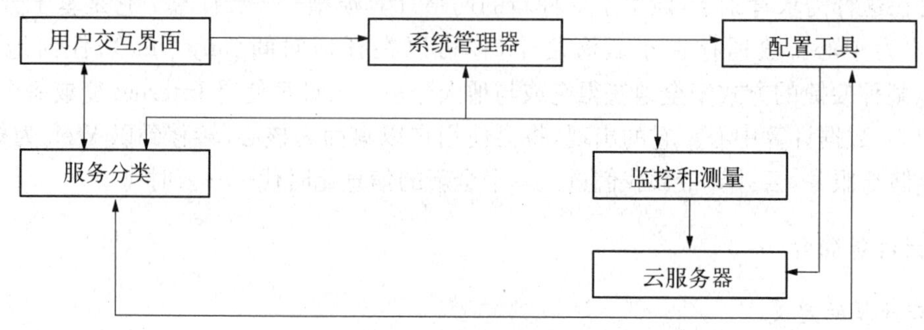

图 9-2　云计算模型

工具来支持“云”端的软件管理、数据收集和处理。服务器根据用户客户端提交的数据请求，来处理数据、返回检索结果。按照服务的分类，来实现监控和测量，保证服务的质量，合理地分配资源，达到资源效益的最大化，最终实现海量数据的存储和超级计算能力。

届时，我们只需要一台能上网的电脑，不需关心存储或计算发生在哪朵“云”上。一旦有需要，我们可以在任何地点，用任何设备，如电脑、手机等，快速地获取资源，享受便捷的云服务。

3. 云计算的特点

(1) 以数据为中心。

数据是云计算最主要的方面，拥有了数据，就拥有了互联网。云计算依托分布式数据处理技术。有效地解决当前网络中海量信息的检索、存储和管理等问题，数据变得更加智能化。

(2) 以服务为中心。

优秀的云服务是吸引用户的关键，云计算一方面是技术的竞争，更重要的是安全、人性化的服务竞争。

(3) 以用户为中心。

用户是云服务的对象，让数据和服务围绕着用户。你只要明白自己的意图，便可以把剩下的工作交给计算机或其他终端。

4. 云计算的优势

(1) 可靠、安全的数据存储中心。用户可以将数据存储在云端，不用再担心数据丢失，病毒入侵的麻烦，因为在“云”里有世界上最专业的团队来帮你管理信息。同时严格的权限管理策略可以帮助你放心地与你指定的人共享数据。这样，你不用花钱就可以享受到最好、最安全的服务。

(2) 快速、便捷的云服务。无数的软件和服务置于云中，使用起来方便，快捷。软件在云端，无须下载。动态的升级。你只需要一台连上 Imem 烈的电脑和浏览器，就可以随时随地获取云服务。

(3) 经济效益。教育机构和企业不用购买昂贵的硬件设备，只需租用云端的设备，就能方便地构建自己的信息化教育平台，无论从硬件、软件上都可以达到效益的最大化。

(4) 超强的计算能力。云服务中成千上万的计算机，形成一个超强的服务器。为用户提供强大的计算和数据处理能力，而这些在个人电脑上是难以实现的。

9.2.2　云计算的研究现状

云计算已经在商业中开始了初步的应用。如谷歌、微软、IBM、亚马逊等 IT 巨头都在开始云计算的研究，并开始推出云计算项目。

1. 国外的云计算发展

Google：Google 是最早推出云计算的公司之一，它拥有海量的数据处理能力和先进的数据采集系统，实力巨大，我们日常使用的 Google 搜索功能就是一种典型的云计算。同时 Google 也把云计算推入到大学中。2007 年 10 月，与 IBM 开始在美国大学校园，包括卡内基梅隆大学、麻省理工学院、斯坦福大学、加州大学柏克莱分校及马里兰大学等推广云计算的计划，这项计划希望能降低分布式计算技术在学术研究方面的成本，并为这些大学提供相关的软硬件设备及技术支援。

IBM：IBM推出了“BlueCloud”计划，它包括一系列云计算技术的组合，通过架构一个分布的可全球访问的资源结构，蓝云使数据中心在类似互联网的环境下运行。蓝云技术将成为此后云计算中心及全新企业级数据中心的技术基础。

Microsoft：微软认为“云”“端”共存，“云”“端”互动是未来云计算架构的发展趋势。正在开发完全脱离桌面的互联网操作系统取代有20多年历史的Windows操作系统。目的是为了大规模应用云计算技术。微软在云时代的浪潮中，推出了一系列的云服务，如Windows Azure，可以让用户在不必搭建自己服务器群的情况下，创建基于互联网的各种应用。还有轻巧版的Office应用软件和最新的Live Mesh中介软件。微软所要做的就是将这些用户通过互联网更紧密地连接起来，并通过Windwos live向他们提供云计算服务。

2. 我国的云计算发展

在我国，云计算发展也非常迅猛。2008年6月24日，IBM在北京IBM中国创新中心成立了第二家中国的云计算中心——IBM大中华区云计算中心；2008年11月28日，广东电子工业研究院与东莞松山湖科技产业园管委会签约，广东电子工业研究院将在东莞松山湖投资2亿元建立云计算平台；2008年12月30日，阿里巴巴集团旗下子公司阿里软件与江苏省南京市政府正式签订了2009年战略合作框架协议，计划于2009年初在南京建立国内首个“电子商务云计算中心”，首期投资额将达上亿元人民币；世纪互联推出了CloudEx产品线，包括完整的互联网主机服务“CloudEx Computing Service”，基于在线存储虚拟化的“CloudEx Storage Service”，供个人及企业进行互联网云端备份的数据保全服务等系列互联网云计算服务；中国移动研究院做云计算的探索起步较早，已经完成了云计算中心试验。易度在线工作平台everydo.com在云计算领域发展也很快，旗下的多款云计算产品致力于解决中小企业的软件领域问题。

2011年6月，在江苏省镇江市召开的中国云计算产业发展高峰论坛上，中国电子信息产业研究院院长罗文表示：“2010年，中国云计算市场规模达到167.13亿元，增长了81.4%，2013年，中国云计算市场将达到1千亿。”中国云计算已经进入爆发前夜。

自2010年云计算被列入战略性新兴产业开始，中国云计算产业开始加速。短短的一年时间里，中国各地升起朵朵“白云”：北京的“祥云工程”、上海的“云海计划”、苏州的“风云在线”、镇江的“云神工程”……

“当前，我国云计算已经表现出良好的发展势头。”出席论坛的工信部总经济师周子学表示，“从事云计算研发、服务、基础网络设施提供和终端设备制造的企业数量呈现爆发式的增长，产业生态链正在构建，重点行业应用开始起步。”

周子学认为，云计算在我国还处于一个技术储备和概念推广阶段，它的发展依然面临着巨大的挑战，比如说标准和技术的选择，数据的安全性，资金、建设和运营模式等许多方面都有很多难题。

由于国家层面的云计算战略规划尚未出台，亟待从更高层面上研究如何统筹产业布局、完善产业链、创新投融资模式、分享云计算平台建设和应用经验，从而助力产业快速发展。在论坛上，中国计算机行业协会宣布成立“云计算专业委员会”。

云计算专委会秘书长文芳在接受记者采访时表示，云计算专委会的特点是瞄准产业界，希望可以有效整合“官产学研用”各方资源，形成发展合力，推动政策与试点、技术与标准、研究与应用、基地与企业的无缝衔接和良性互动。

9.2.3 云计算的服务类型

云计算按照服务类型大致可以分为三类：将基础设施作为服务 IaaS、将平台作为服务 PaaS 和将软件作为服务 SaaS，如图 9-3 所示。

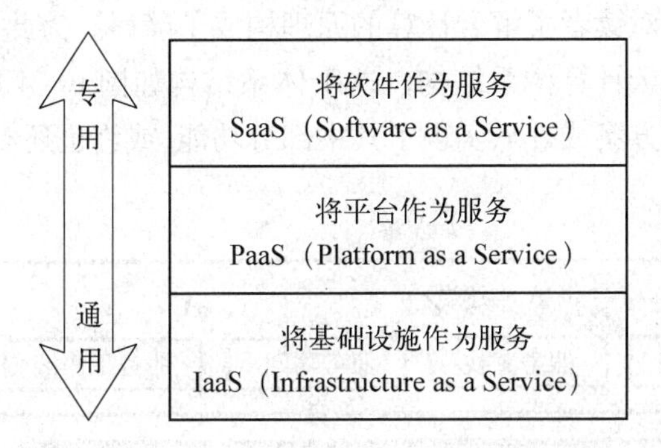

图 9-3 云计算的服务类型

1. IaaS

IaaS 将硬件设备等基础资源封装成服务供用户使用，如 Amazon 云计算 AWS(Amazon Web Services)的弹性计算云 EC2 和简单存储服务 S3。在 IaaS 环境中，用户相当于在使用裸机和磁盘，既可以让它运行 Windows，也可以让它运行 Linux，因而几乎可以做任何想做的事情，但用户必须考虑如何才能让多台机器协同工作起来。AWS 提供了在节点之间互通消息的接口简单队列服务 SQS(simple queue service)。IaaS 最大优势在于它允许用户动态申请或释放节点，按使用量计费。运行 IaaS 的服务器规模达到几十万台之多，用户因而可以认为能够申请的资源几乎是无限的。而 IaaS 是由公众共享的，因而具有更高的资源使用效率。

2. PaaS

PaaS 对资源的抽象层次更进一层，它提供用户应用程序的运行环境，典型的如 Google App Engine。微软的云计算操作系统 Microsoft Windows Azure 也可大致归入这一类。PaaS 自身负责资源的动态扩展和容错管理，用户应用程序不必过多考虑节点间的配合问题。但与此同时，用户的自主权降低，必须使用特定的编程环境并遵照特定的编程模型。这有点像在高性能集群计算机里进行 MPI 编程，只适用于解决某些特定的计算问题。例如，Google App Engine 只允许使用 Python 和 Java 语言、基于称作 Django 的 Web 应用框架、调用 Google App Engine SDK 来开发在线应用服务。

3. SaaS

SaaS 的针对性更强，它将某些特定应用软件功能封装成服务，如 Salesforce 公司提供的在线客户关系管理 CRM(client relationship management)服务。SaaS 既不像 PaaS 一样提供计算或存储资源类型的服务，也不像 IaaS 一样提供运行用户自定义应用程序的环境，它只提供某些专门用途的服务供应用调用。

需要指出的是，随着云计算的深化发展，不同云计算解决方案之间相互渗透融合，同一种产品往往横跨两种以上类型。例如，Amazon Web Services 是以 PaaS 起家的，但新提供的弹性 MapReduce 服务模仿了 Google 的 MapReduce，简单数据库服务 SimpleDB 模仿了 Google

的 BigTable,这二者属于 PaaS 的范畴,而它新提供的电子商务服务 FPE 和 DevPay 以及网站访问统计服务 Alexa Web 服务,则属于 SaaS 的范畴。

9.2.4 云计算实现机制

由于云计算分为 IaaS、PaaS 和 SaaS 三种类型,不同的厂家又提供了不同的解决方案,目前还没有一个统一的技术体系结构,对读者了解云计算的原理构成了障碍。为此,本节综合不同厂家的方案,构造了一个供参考的云计算体系结构。这个体系结构如图 9-4 所示,它概括了不同解决方案的主要特征,每一种方案或许只实现了其中部分功能,或许也还有部分相对次要功能尚未概括进来。

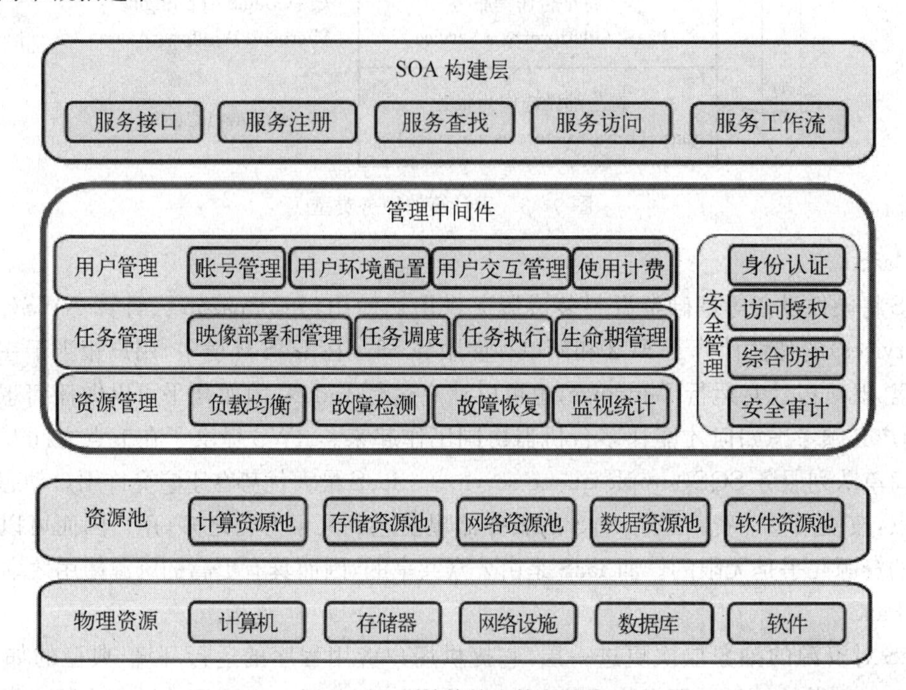

图 9-4 云计算技术体系结构

1. 云计算技术体系结构

云计算技术体系结构分为 4 层:物理资源层、资源池层、管理中间件层和 SOA 构建层,如图 9-4 所示。

物理资源层包括计算机、存储器、网络设施、数据库和软件等;资源池层是将大量相同类型的资源构成同构或接近同构的资源池,如计算资源池、数据资源池等。构建资源池更多的是物理资源的集成和管理工作,例如研究在一个标准集装箱的空间如何装下 2 000 个服务器、解决散热和故障节点替换的问题并降低能耗;管理中间件负责对云计算的资源进行管理,并对众多应用任务进行调度,使资源能够高效、安全地为应用提供服务;SOA 构建层将云计算能力封装成标准的 Web Services 服务,并纳入到 SOA 体系进行管理和使用,包括服务注册、查找、访问和构建服务工作流等。管理中间件和资源池层是云计算技术的最关键部分,SOA 构建层的功能更多依靠外部设施提供。

云计算的管理中间件负责资源管理、任务管理、用户管理和安全管理等工作。资源管理负责均衡地使用云资源节点,检测节点的故障并试图恢复或屏蔽之,并对资源的使用情况进行监视统计;任务管理负责执行用户或应用提交的任务,包括完成用户任务映象(Image)的部署和管理、任务调度、任务执行、任务生命期管理等;用户管理是实现云计算商业模式的一个必不可少的环节,包括提供用户交互接口、管理和识别用户身份、创建用户程序的执行环境、对用户的使用进行计费等;安全管理保障云计算设施的整体安全,包括身份认证、访问授权、综合防护和安全审计等。

2. 云计算的实现机制

基于上述体系结构,以 IaaS 云计算为例,简述云计算的实现机制,如图 9-5 所示。

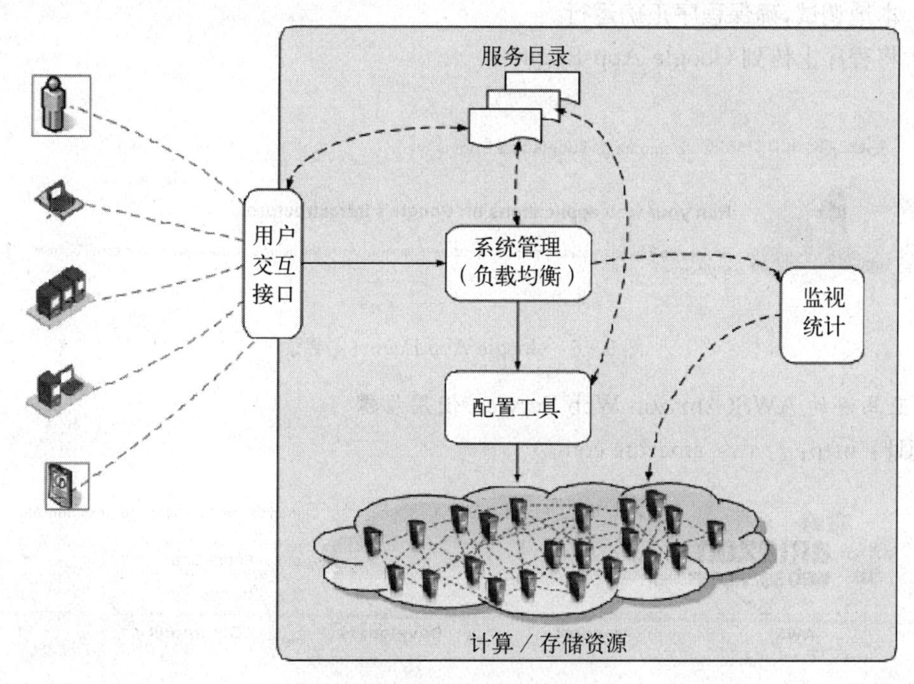

图 9-5　简化的 IaaS 实现机制

用户交互接口向应用以 Web Services 方式提供访问接口,获取用户需求。服务目录是用户可以访问的服务清单。系统管理模块负责管理和分配所有可用的资源,其核心是负载均衡。配置工具负责在分配的节点上准备任务运行环境。监视统计模块负责监视节点的运行状态,并完成用户使用节点情况的统计。执行过程并不复杂:用户交互接口允许用户从目录中选取并调用一个服务。该请求传递给系统管理模块后,它将为用户分配恰当的资源,然后调用配置工具为用户准备运行环境。

9.2.5　云计算应用实例

Google、亚马逊和微软三家公司在不同时间陆续推出各自的云计算方案,在应用领域和赢利模式上,亚马逊均处于领跑者地位,Google 紧随其后,微软相对落后。

个人或企业用户在使用各种云计算方案时都要遵从一定的使用流程。Google、亚马逊和微软的云计算方案从整体上来看基本的流程是一致的,但是具体的细节有所不同。

1. Google App Engine 的基本使用流程

(网址: http: //appengine. google. com)

(1) 注册 Google 账户，如果已注册，直接登录即可。

(2) 创建一个应用，一个账户可以创建 10 个应用，每个应用空间 500 MB。

(3) Google App Engine 需要进行验证，用户输入手机号码，等待一段时间，系统会向手机上发送一串数字，收到后输入数字即可。需要注意的是，在国内使用的话手机号前面需加上“+86”。

(4) 填写应用的详细信息，应用标示符注册完毕后是无法更改的，填写时一定要注意。

(5) 下载 App Engine SDK。

(6) 使用 Python 或 Java 语言在本地开发应用程序。

(7) 本地调试，确保程序正确运行。

(8) 将程序上传到 Google App Engine。

Google app engine Welcome to Google App Engine

Run your web applications on Google's infrastructure.

Google App Engine enables developers to build web applications on the same scalable systems that power our own applications.

图 9-6 Google App Engine 主界面

2. 亚马逊的 AWS(Amazon Web Service)使用步骤

(网址：http://aws.amazon.com/)

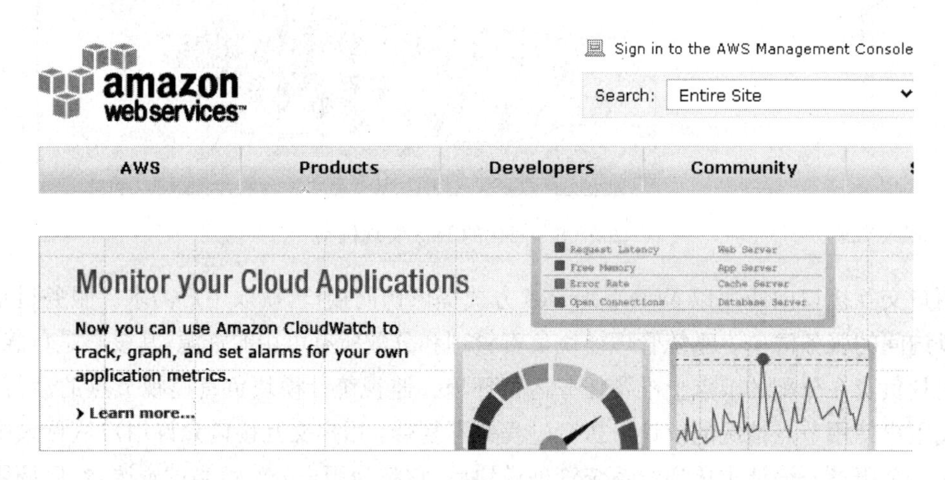

图 9-7 亚马逊的 AWS 主界面

(1) 注册一个亚马逊账户，这是使用所有 AWS 服务的前提。

(2) 根据需要选择合适的服务，每个服务在使用前还要单独地注册并完成相关信息的填写。

(3) 对于 EC2 这种 IaaS 类型的服务，使用前需要选定所需的资源数，比如需要使用的 CPU、内存等。而对于其他一些服务则需要对一些参数进行设置。

(4) 上传待处理的数据或文件等。对于不同的服务可以上传的数据类型可能有所不同，有时系统为了处理方便还会要求用户上传一些其他附加程序。

(5) 上传完毕后就开始系统的执行过程，这一过程对用户是完全透明的，用户不能也不需要知道具体的细节。

(6) 运行结束后,系统会向用户返回结果。

(7) 用户停止使用后就可以支付有关费用了,亚马逊的所有服务都是按实际使用量付费的。

3. 微软的 Azure 基本流程

(网址: http: //www. microsoft. com/windowsazure/)

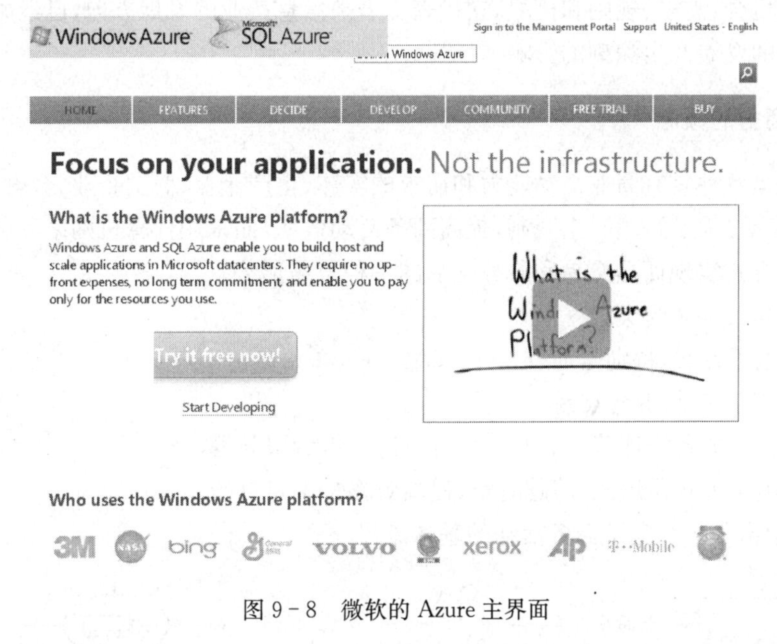

图 9－8　微软的 Azure 主界面

(1) 从 Windows Azure 主站点上注册申请 Windows Azure 的开发许可。

(2) 单击注册,填写必要信息,完成初步的申请过程。

(3) 对邮箱中收到的邮件进行确认,整个申请过程完成。

(4) 在申请获得审批后将会收到一个邀请码(Invitation Code)。

(5) 应用的部署过程需要用到 Live ID 作为身份认证,所以开发前需要使用 Live ID 登录到 Windows Azure 的开发门户,单击 Account 进行许可管理,输入申请到得邀请码完成与 Live ID 的绑定。

(6) 完成以上过程后建议下载 Windows Azure Platform Training Kit 进行学习,这是官方的教材,内容详尽,可以帮助初学者快速熟悉 Azure 平台。

(7) 正式开发前需要下载有关的 SDK,和 Google App Engine 不同的是: Azure 平台的四个组成部分都有不同的 SDK,其中平台的核心部件 Windows Azure 比较特殊,它只支持 Windows 7、Windows Server 2008 和 Windows Vista 三个操作系统,其他三个部分则没有这种要求。

(8) 根据自己的需要开发相应的应用程序,和在本地开发应用程序没有差别。

(9) 利用 Live ID 将应用部署到 Windows Azure 平台。

9.3　电子商务

随着世界经济一体化进程的发展,以及信息技术在国际贸易和商业领域的广泛应用,利用计算机技术、通信技术和互联网实现商务活动的国际化、信息化和无纸化,已成为各国商务发展的客观需求及趋势。目前网络通信和信息技术快速发展,互联网在全球迅速普及,这不仅使得现代商业具有不断增长的供货能力、不断增长的客户需求和不断增长的全球竞争三大特征,更使得任何一个商业组织都必须改变自己的组织结构和运营方式来适应这种全球性的发展和变化。电子商务正是为了适应这种以全球为市场的变化而产生和发展起来的。电子商务提出了全新的商业机会、需求、规则和挑战,它代表了未来信息产业的发展方向,已经并将继续对全球经济和社会的发展产生深刻的影响。

9.3.1 电子商务的概念

电子商务是各种具有商业活动能力和需求的实体(生产企业、商贸企业、金融企业、政府机构、个人消费者等)为了跨越时空限制,提高商务活动效率,而采用计算机网络和各种数字化传媒技术等电子方式实现商品交易和服务交易的一种贸易形势。

上述概念包含如下含义:

(1) 采用电子方式,特别是通过 Internet;

(2) 实现商品交易、服务交易;

(3) 涵盖交易的各个环节,如询价、报价、订货、售后服务等;

(4) 采用电子方式是形式,跨越时空、提高效率是主要目的。

图 9-9 给出了一个电子商务活动的基本流程。

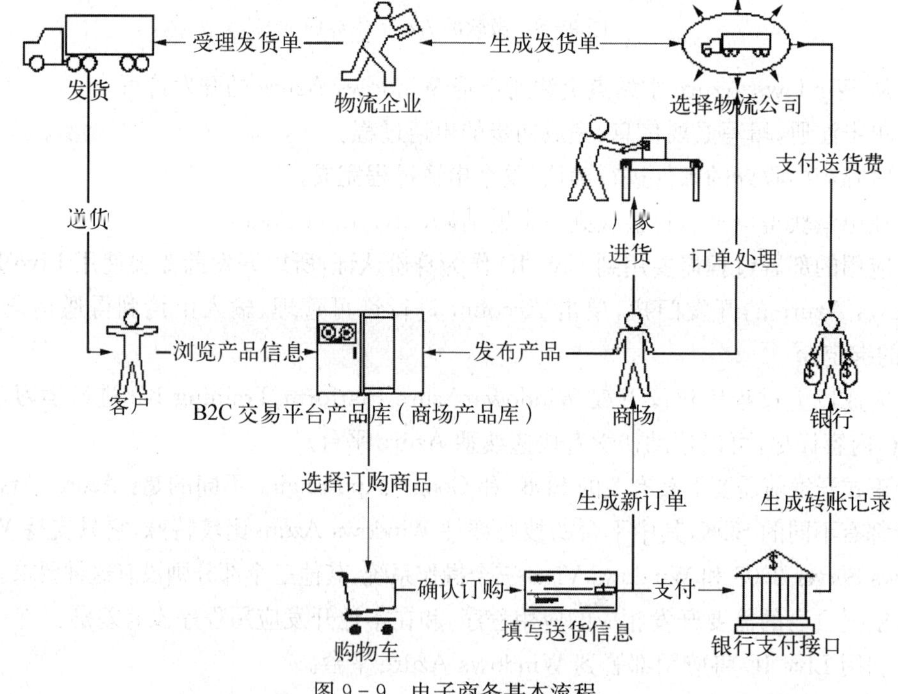

图 9-9 电子商务基本流程

9.3.2 电子商务的交易模式

1. B2B 模式

企业与企业间的电子商务(business to business,简称 B2B)指企业与企业之间通过互联网或专用网方式进行电子商务活动的业务模式，如阿里巴巴，其主界面如图 9－10 所示。

图 9－10　阿里巴巴网站主界面

2．B2C 模式

企业与消费者间的电子商务（business to customer，简称 B2C），指企业通过互联网为消费者提供一个新型的购物环境——网上商店，消费者通过网络选择商品、支付货款。如当当网、京东商城等，图 9－11 为当当网网站的主界面。

图 9－11　当当网网站主界面

3．C2C 模式

消费者与消费者之间的电子商务（customer to customer，简称 C2C）是一种个人对个人的网上交易行为，其中消费者与消费者之间的交易过程是由第三方交易平台制定的，如淘宝网、拍拍网等，图 9－12 为淘宝网网站的主界面。

图 9－12 淘宝网网站主界面

9.3.3 电子商务系统的组成

电子商务系统是保证以电子商务为基础的网上交易实现的体系。图 9－13 中显示的是一个完整的基础电子商务系统，它在 Internet 信息系统的基础上，由参与交易主体的信息化企业、信息化组织和使用 Internet 的消费者主体，提供实物配送服务和支付服务的机构，以及提供网上商务服务的电子商务服务商组成。由上述几部分组成的基础电子商务系统，将受到一些市场环境的影响，这些市场环境包括经济环境、政策环境、法律环境和技术环境等几个方面。

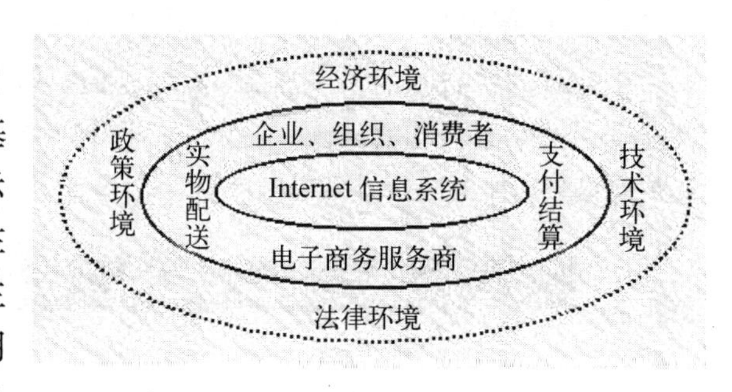

图 9－13 电子商务系统

9.3.4 网上支付

网上支付是电子支付的一种形式。网上支付是指通过互联网实现的用户和商户、商户和商户之间在线货币支付、资金清算、查询统计等过程。

1. 网上银行支付

网上银行支付是指客户在银行柜台或银行网站上签约网上银行后，利用银行的网上支付系统所进行的资金支付活动。网上银行有效地促进了银行自身的发展，网上银行的产品和服务优势，使之成为银行稳定优质客户、竞争新客户的利器，有效地提升了银行的核心竞争力，同时有效地分流了柜面业务，节约大量运营成本。

2. 第三方支付

第三方支付是指具备一定实力和信誉保障的独立机构，采用与各大银行签约的方式，提供与银行支付结算系统接口的交易支持平台的网络支付模式。如支付宝、快钱等，图 9－14 为支付宝网站主界面。

图 9-14 支付宝网站主界面

在通过第三方支付平台的交易中，买方选购商品后，使用第三方平台提供的账户进行货款支付，由第三方通知卖家货款到达、进行发货；买方检验物品后，就可以通知付款给卖家，第三方再将款项转至卖家账户。

9.3.5 电子商务安全

电子商务的实施，其关键是要保证整个商务过程中系统的安全性。安全性是影响电子商务健康发展的关键和电子商务运作中最核心的问题，也是电子商务得以顺利进行的保障。电子商务安全包括有效保障通信网络、信息系统的安全，确保信息的真实性、保密性、完整性、不可否认性和不可更改性等。

电子商务安全的主要内容涉及安全电子商务的体系结构、现代密码技术、数字签名技术、身份和信息认证技术、防火墙技术、虚拟专用网络、Web 安全协议、安全电子邮件系统、防治病毒技术、网络入侵检测方法、证书管理、公钥基础设施、数字水印技术、数字版权保护技术，安全电子商务支付机制、安全电子商务交易协议、在线电子银行系统和交易系统的安全，以及安全电子商务应用等。

习　题

一、单选题

1. 云计算是对________技术的发展与运用。

A. 并行计算　　B. 网格计算　　C. 分布式计算　　D. 三个选项都是

2. 从研究现状上看，下面不属于云计算特点的是________。

A. 超大规模　　B. 虚拟化　　C. 私有化　　D. 高可靠性

3. 与网络计算相比，不属于云计算特征的是________。

A. 资源高度共享　　B. 适合紧耦合科学计算

C. 支持虚拟机　　D. 适用于商业领域

4. 微软于2008年10月推出云计算操作系统是________。

A. Google App Engine　　B. 蓝云

C. Azure　　D. EC2

5. 亚马逊AWS提供的云计算服务类型是________。

A. IaaS　　B. PaaS　　C. SaaS　　D. 三个选项都是

6. 将平台作为服务的云计算服务类型是________。

A. IaaS　　B. PaaS　　C. SaaS　　D. 三个选项都是

7. 将基础设施作为服务的云计算服务类型是________。

A. IaaS　　B. PaaS　　C. SaaS　　D. 三个选项都是

8. IaaS计算实现机制中，系统管理模块的核心功能是________。

A. 负载均衡　　B. 监视节点的运行状态

C. 应用API　　D. 节点环境配置

9. 云计算体系结构的________负责资源管理、任务管理用户管理和安全管理等工作。

A. 物理资源层　　B. 资源池层

C. 管理中间件层　　D. SOA构建层

10. 下列不属于Google云计算平台技术架构的是________。

A. 并行数据处理MapReduce　　B. 分布式锁Chubby

C. 结构化数据表BigTable　　D. 弹性云计算EC2

11. ________是Google提出的用于处理海量数据的并行编程模式和大规模数据集的并行运算的软件架构。

A. GFS　　B. MapReduce　　C. Chubby　　D. BigTable

12. Google APP Engine使用的数据库是________。

A. 改进的SQLServer　　B. Orack

C. Date store　　D. 亚马逊的SimpleDB

13. 下列不属于亚马逊及其映像(AMI)类型的是________。

A. 公共AMI　　B. 私有AMI　　C. 通用AMI　　D. 共享AMI

14. 亚马逊AWS采用________虚拟化技术。

A. 未使用　　B. Hyper-V　　C. Vmware　　D. Xen

15. 在云计算系统中，提供“云端”服务模式是________公司的云计算服务平台。

A. IBM　　B. Google　　C. Amaxon　　D. 微软

16. 下面关于Live服务的描述不正确的是________。

A. LIVE框架的核心组件是live操作系统

B. 开发者可以使用基于浏览器的live服务开发者入口创建和管理应用程序所需的live服务

C. Live 操作环境不可以运行在桌面操作系统上

D. Live 操作环境既可以运行在云端，也可以运行在网络中的任何操作系统上

17. 电子商务的实施，其关键是要保证整个商务过程中系统的________。

A. 完整性　　B. 健壮性　　C. 安全性　　D. 稳定性

18. ________是指具备一定实力和信誉保障的独立机构，采用与各大银行签约的方式，提供与银行支付结算系统接口的交易支持平台的网络支付模式，如支付宝、快钱等。

A. 网上银行　　B. 第三方支付　　C. 电子货币　　D. 电子交易

二、多选题

1. 云计算技术的层次结构中包含________层。

A. 物理资源层　　B. 资源池层　　C. 管理中间件层　　D. SOA 构建层

2. 云计算体系结构中，最关键的两层是________。

A. 物理资源层　　B. 资源池层　　C. 管理中间件层　　D. SOA 构建层

3. 云计算按照服务类型大致可分为以下类________。

A. IaaS　　B. PaaS　　C. SaaS　　D. 效用计算

4. Google APP Engine 目前支持的编程语言有________。

A. Python 语言　　B. C++语言　　C. 汇编语言　　D. JAVA 语言

5. 亚马逊将区域分为________。

A. 地理区域　　B. 不可用区域　　C. 可用区域　　D. 隔离区域

6. 下面选项属于 Amazon 提供的云计算服务是________。

A. 弹性云计算 EC2　　B. 简单存储服务 S3

C. 简单队列服务 SQS　　D. Net 服务

7. 下述电子商务网站中，属于 C2C 模式的有________。

A. 淘宝网　　B. 当当网　　C. 拍拍网　　D. 阿里巴巴

8. 电子商务系统的组成包括________等。

A. 交易主体　　B. Internet 信息系统

C. 电子商务服务商　　D. 市场环境

三、填空题

1. 电子商务的三种基本交易模式是 B2B、B2C 和________。

2. ________是电子支付的一种形式，是指通过互联网实现的用户和商户、商户和商户之间在线货币支付、资金清算、查询统计等过程。

四、简答题

1. 国内外云计算技术的发展，加深对云计算技术的了解，提出云计算技术在我国的产业发展及应用趋势。

2. 简述电子商务的三种基本交易模式和典型案例。

3. 什么是第三方支付？

附录一　实　　验

实验1　微型计算机的安装与设置

1. 实验目的

(1) 掌握计算机硬件系统的组成。

(2) 掌握组装计算机各个部件的方法。

(3) 掌握计算机常用外设的安装方法。

2. 相关知识点

(1) 微型计算机主板图解。

一块微型计算机主板主要由线路板和它上面的各种元器件组成,如图1所示。

图1　微型计算机主板

① 线路板。

PCB印制电路板是所有计算机板卡所不可缺少的组成部分。它实际是由几层树脂材料黏合在一起的,内部采用铜箔走线。一般的PCB线路板分有四层,最上和最下的两层是信号层,中间两层是接地层和电源层,将接地和电源层放在中间,这样便可容易地对信号线作出修正。而一些要求较高的主板的线路板可达到6～8层或更多。

② 北桥芯片。

芯片组(Chipset)是主板的核心组成部分,按照在主板上的排列位置的不同,通常分为北桥芯片和南桥芯片,其中北桥芯片是主桥,一般可以和不同的南桥芯片进行搭配使用以实现不同的功能与性能。

北桥芯片一般提供对 CPU 的类型和主频、内存的类型和最大容量、ISA/PCI/AGP 插槽、ECC 纠错等支持，通常在主板上靠近 CPU 插槽的位置，由于此类芯片的发热量一般较高，所以在此芯片上装有散热片。图 2 显示的是北桥芯片。

③ 南桥芯片。

南桥芯片主要用来与 I/O 设备及 ISA 设备相连，并负责管理中断及 DMA 通道，让设备工作得更顺畅，提供对 KBC(键盘控制器)、RTC(实时时钟控制器)、USB(通用串行总线)、Ultra DMA/33(66)EIDE 数据传输方式和 ACPI(高级能源管理)等的支持，在靠近 PCI 槽的位置。图 3 显示的是南桥芯片。

④ CPU 插座。

CPU 插座就是主板上安装处理器的地方。主流的 CPU 插座主要有 Socket370、Socket 478、Socket 423 和 Socket A 4 种。图 4 显示的是 CPU 插座。

图 2 北桥芯片

图 3 南桥芯片

图 4 CPU 插座

⑤ 内存插槽。

内存插槽是主板上用来安装内存的地方。目前常见的内存插槽为 SDRAM 内存、DDR 内存插槽，其他的还有早期的 EDO 和非主流的 RDRAM 内存插槽。需要说明的是不同的内存插槽它们的引脚，电压，性能功能都是不尽相同的，不同的内存在不同的内存插槽上不能互换使用。对于 168 线的 SDRAM 内存和 184 线的 DDR SDRAM 内存，其主要外观区别在于 SDRAM 内存金手指上有两个缺口，而 DDR SDRAM 内存只有一个。图 5 显示的是 DDR 内存插槽。

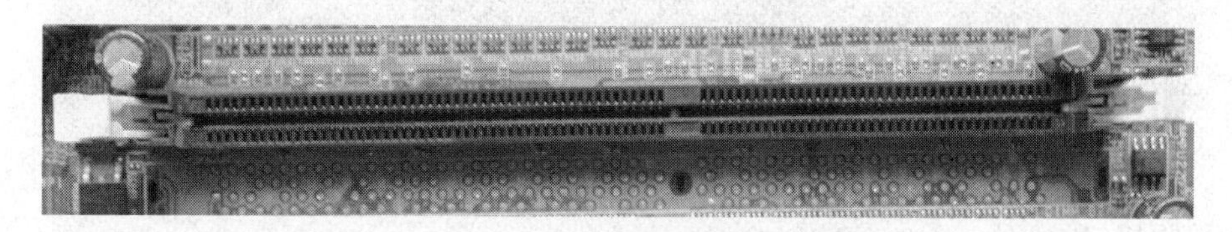

图 5 内存插槽

⑥ PCI 插槽。

PCI(peripheral component interconnect)总线插槽是由 Intel 公司推出的一种局部总线。定义了 32 位数据总线，且可扩展为 64 位。为显卡、声卡、网卡、电视卡、保护卡等设备提供了连接接口，基本工作频率为 33 MHz，最大传输速率可达 132 MB/s。图 6 显示的是 PCI 总线插槽。

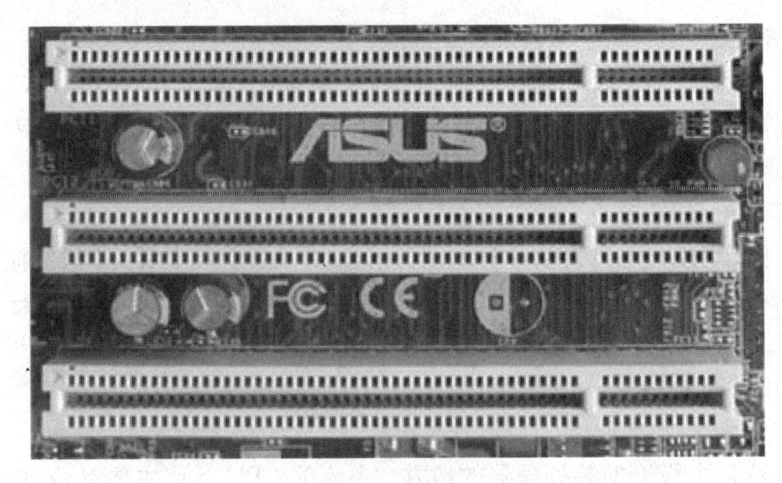

图 6　PCI 插槽

⑦ PCI-E 插槽。

PCI-Express 简称 PCI-E 接口，是 Intel 公司为了提高显卡总线速率发明，用于替换原来的 AGP3.0 规范接口。

PCI-Express 是最新的总线和接口标准，由 Intel 公司提出。这个新标准将全面取代现行的 PCI 和 AGP，最终实现总线标准的统一。它的最大优势就是数据传输速率高，目前最高可达到 10 GB/s 以上，而且还有相当大的发展潜力。图 7 显示的是 PCI-E 插槽。

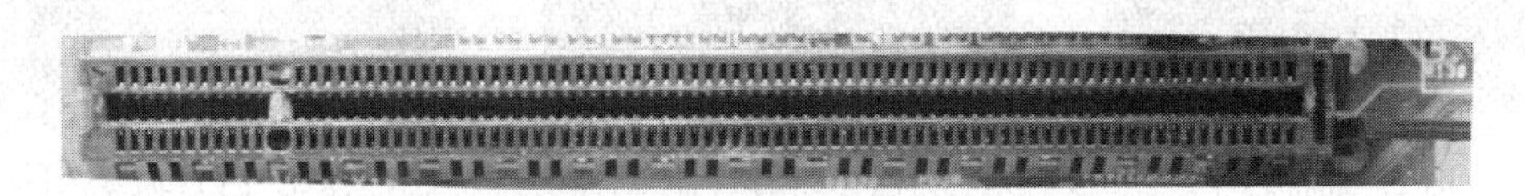

图 7　PCI-E 插槽

⑧ ATA 接口。

ATA 接口是用来连接硬盘和光驱等设备而设的，可分为并行 ATA 和串行 ATA。并行 ATA(Parallel ATA)接口采用并行方式进行数据通信，串行 ATA(Serial ATA)采用串行方式进行数据传输。并行 ATA 接口现已被淘汰，目前主要采用串行 ATA 接口。在图 8 中，右边为串行 ATA 接口，左边为并行 ATA 接口。

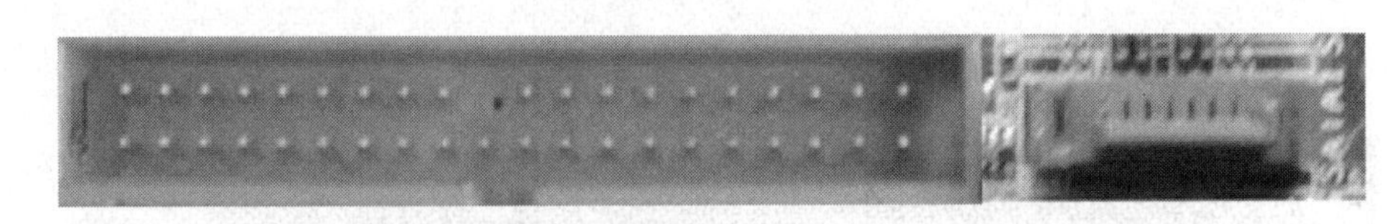

图 8　ATA 接口

⑨ 软驱接口。

软驱接口共有 34 根针脚，顾名思义它是用来连接软盘驱动器的，它的外形比 IDE 接口要短一些。图 9 显示的是软驱接口。

⑩ 电源插口及主板供电部分。

电源插座主要有 AT 电源插座和 ATX 电源插座两种，有的主板上同时具备这两种插座。AT 插座应用已久现已淘汰。而 20 口的 ATX 电源插座，采用了防插反设计，不会像 AT 电源

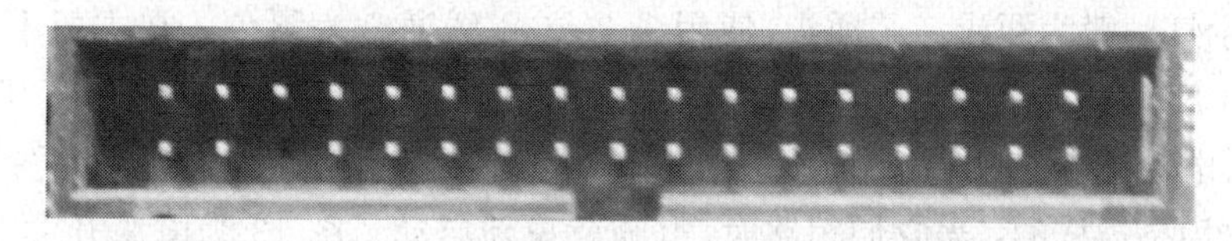

图 9 软驱接口

一样因为插反而烧坏主板。除此之外，在电源插座附近一般还有主板的供电及稳压电路。

主板的供电及稳压电路也是主板的重要组成部分，一般由电容、稳压块或三极管场效应管、滤波线圈、稳压控制集成电路块等元器件组成。此外，P4 主板上一般还有一个 4 口专用 12V 电源插座。在图 10 中，左边是一个 24 口 ATX 电源插座在，右边是 4 口电源插座。

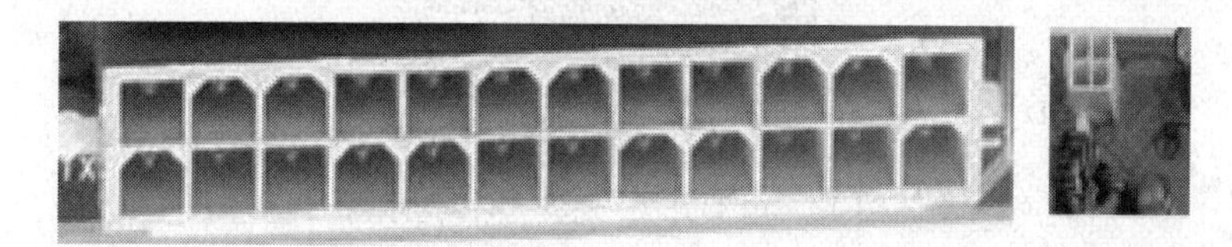

图 10 电源插口

⑪ BIOS 及电池。

BIOS(Basic Input/Output System)基本输入输出系统是一块装入了启动和自检程序的 EPROM 或 EEPROM 集成块。实际上是被固化在计算机 ROM（只读存储器）芯片上的一组程序，为计算机提供最低级的、最直接的硬件控制与支持。除此之外，在 BIOS 芯片附近一般还有一块电池组件，它为 BIOS 提供了启动时需要的电流。图 11 显示的是 BIOS 及电池。

图 11 BIOS 及电池

⑫ 机箱前置面板接头。

机箱前置面板接头如图 12 所示，是主板用来连接机箱上的电源开关、系统复位、硬盘电源指示灯等排线的地方。一般来说，ATX 结构的机箱上有一个总电源的开关接线(Power SW)，是个两芯的插头，1 线为黑色。它和 Reset 的接头一样，按下时短路，松开时开路，按一下，电脑的总电源就被接通了，再按一下就关闭。

硬盘指示灯也是个两芯接头，1 线为红色。在主板上，这样的插针通常标着 IDE LED 或 HD LED 的字样，连接时要红线对 1。这条线接好后，当电脑在读写硬盘时，机箱上的硬盘的灯会亮。

图 12 机箱前置面板接头

电源指示灯一般为两或三芯插头，使用1、2位，1线通常为绿色。在主板上，插针通常标记为Power LED，连接时注意绿色线对应于第1针。当它连接好后，电脑一打开，电源灯就一直亮着，指示电源已经打开了。而复位接头(Reset)要接到主板上Reset插针上。主板上Reset针的作用是这样的：当它们短路时，电脑就重新启动。图13为电源开关，硬盘、电源指示灯示意图。

USB接口、耳机、麦克风接口均是9芯的插头，连接时红色在左侧即可。

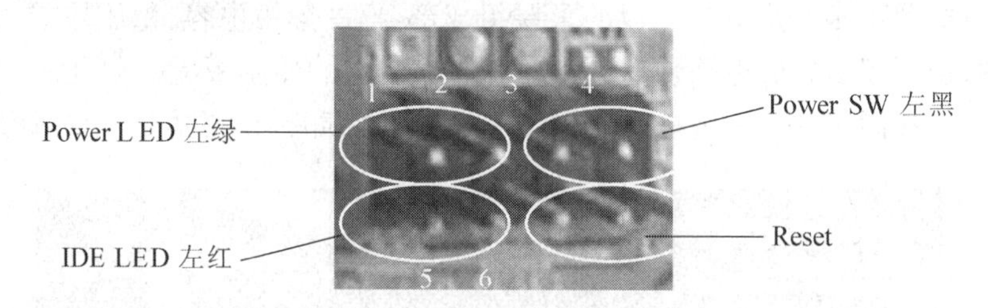

图13　电源开关，硬盘、电源指示灯

⑬ 外部接口。

ATX主板的外部接口都是统一集成在主板后半部的。现在的主板一般都符合PC′99规范，也就是用不同的颜色表示不同的接口，以免搞错。一般键盘和鼠标都是采用PS/2圆口，只是键盘接口一般为蓝色，鼠标接口一般为绿色，便于区别。而USB接口为扁平状，可接鼠标、键盘、光驱、扫描仪等USB接口的外设。而串口可连接Modem和方口鼠标等，并口一般连接打印机。

图14显示的是机箱后的外部接口，其中："1"号位置是键盘和鼠标接口，键盘和鼠标接口的外观结构是一样的，但是不能用错。为了便于识别，通常以不同的颜色来区分，绿色的这个接口为鼠标接口，而紫色的这个为键盘接口。

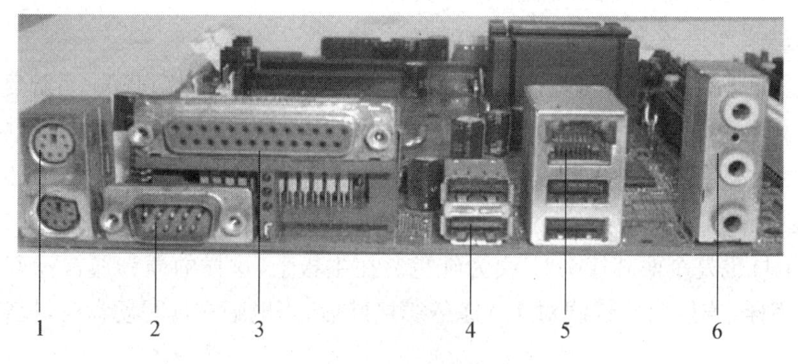

图14　外部接口

"2"号位置为串行COM口，主要是用于以前的扁口鼠标、Modem以及其他串口通信设备，不足之处也是数据传输速率低，也将被USB或IEEE 1394接口所取代。

"3"号位置是并行接口，通常用于老式的并行打印机连接，也有一些老式游戏设备采用这种接口，目前比较少用，主要是因为传输速率较慢，不适合当今数据传输发展需求，正在被USB或IEEE 1394接口所取代。

"4"号位置是USB接口，也是一种串行接口。目前许多上设都采用这种设备接口，如

Modem、打印机、扫描仪、数码相机等。其优点就是数据传输速率高、支持即插即用、支持热拔插、无需专用电源、支持多设备无PC独立连接等。

"5"号位置是指双绞以太网线接口,也称之为"RJ-45接口"。这需主板集成了网卡才能提供,用于网络连接的双绞网线与主板中集成的网卡进行连接。

"6"号位置是指声卡输入/输出接口,这也需主板集成了声卡后才能提供,不过现在的主板一般都集成声卡,所以通常在主板上都可以看到这3个接口。常用的只有2个,那就是输入和输出接口。通常也是用颜色来区分,最下面红色的那个为输出接口,接音箱、耳机等音频输入设备,而最上面的那个浅蓝色的为音频输入接口,用于连接麦克风、话筒之类音频外设。

(2) 微型计算机的主要部件。

除了上面介绍的主板以外,微型计算机的组成部件还包括:中央处理器(CPU)、内存、硬盘、光驱、显卡与显示器、声卡与音箱、键盘与鼠标、电源与机箱等。

① 中央处理器(CPU)。

中央处理器全称为Central Processing Unit(CPU),在计算机中主要负责数据的运算及处理,对指令译码。CPU包括逻辑单元、存储单元和控制单元,是整个系统的核心。图15显示的是Intel奔腾4640CPU。

图15 Intel奔腾4640

② 内存。

内存是计算机中重要的部件之一,是与CPU进行沟通的桥梁。计算机中所有程序的运行都是在内存中进行的,因此内存的性能对计算机的影响非常大。内存(Memory)也被称为内存储器,其作用是用于暂时存放CPU中的运算数据,以及与硬盘等外部存储器交换的数据。只要计算机在运行中,CPU就会把需要运算的数据调到内存中进行运算,当运算完成后CPU再将结果传送出来,内存的运行也决定了计算机的稳定运行。内存是由内存芯片、电路板、金手指等部分组成的。

内存一般采用半导体存储单元,包括随机存储器(RAM),只读存储器(ROM),以及高速缓存(Cache)。目前普遍使用的DDR(Double Data Rate)RAM是SDRAM的更新换代产品,该类型的内存允许在时钟脉冲的上升沿和下降沿传输数据,这样不需要提高时钟的频率就能加倍提高SDRAM的速度。图16显示的是DDR内存条。

图16 DDR内存条

③ 硬盘。

硬盘(Hard Disc Drive)简称HDD,由于采用温彻斯(Winchester)技术所以也称为"温盘"。硬盘是电脑主要的存储媒介之一,由一个或者多个铝制或者玻璃制的碟片组成。这些碟片外覆盖有铁磁性材料。绝大多数硬盘都是固定硬盘,被永久性地密封固定在硬盘驱动器中。

目前硬盘的大小主要有3.5英寸、2.5英寸和1.8英寸。3.5英寸台式机硬盘广泛用于各

图 17　3.5 英寸台式机硬盘

种台式计算机；2.5 英寸笔记本硬盘广泛用于笔记本电脑，桌面一体机，移动硬盘及便携式硬盘播放器；1.8 英寸微型硬盘广泛用于超薄笔记本电脑，移动硬盘及苹果播放器。

硬盘按其接口类型，主要有 SATA 和 SCSI 两种。使用 SATA(Serial ATA)口的硬盘又叫串口硬盘，当前台式机中使用的硬盘主要是串口硬盘。

串口硬盘是一种完全不同于并行 ATA 的新型硬盘接口类型，由于采用串行方式传输数据而知名。相对于并行 ATA 来说，就具有非常多的优势。首先，Serial ATA 以连续串行的方式传送数据，一次只会传送 1 位数据。这样能减少 SATA 接口的针脚数目，使连接电缆数目变少，效率也会更高。实际上，Serial ATA 仅用四支针脚就能完成所有的工作，分别用于连接电缆、连接地线、发送数据和接收数据，同时这样的架构还能降低系统能耗和减小系统复杂性。其次，Serial ATA 的起点更高、发展潜力更大，Serial ATA 1.0 定义的数据传输率可达 150 MB/s，这比目前最新的并行 ATA(即 ATA/133)所能达到 133 MB/s 的最高数据传输率还高，而在 Serial ATA 2.0 的数据传输率将达到 300 MB/s，最终 SATA 将实现 600 MB/s 的最高数据传输率。图 17 显示的是 3.5 英寸台式机硬盘。

④ 光驱。

光盘驱动器又称光驱。顾名思义是光盘的驱动器，功能是读/写光盘信息。硬盘驱动器是驱动器和盘片合二为一的设备，光盘驱动器则是盘片可移动的驱动设备。图 18 显示的是台式机光盘驱动器。

光驱的种类比较多，按光盘的存储技术来分类，光驱可分为 CD-ROM(只读光盘)驱动器、CD-R(可写光盘)驱动器、CD-RW(可复写光盘)驱动器、DVD-ROM(DVD 只读光盘)驱动器、Combo 光盘驱动器(兼容 DVD-ROM 和 CD-RW)、DVD 刻录机(兼容 DVD-ROM、CD-R、CD-RW、CD-ROM)等。

图 18　台式机光驱

⑤ 显卡与显示器。

显卡又称为显示卡或显示适配器，负责把 CPU 送来的图像数据经过处理后送到显示器形成图像。目前，显卡成为继 CPU 之后发展最快的部件，图像性能已经成为决定多媒体微型计算机整体性能的一个重要因素。显卡和显示器构成了微型计算机的显示系统。

如图 19 所示，显卡是一块独立的电路板，安装在主板的显卡插槽中。集成显卡直接整合在主板或主板的北桥芯片中。

显示器是计算机必不可少的输出设备，显示卡必须与显示器配合起来才能进行画面输出。

显示器按其工作原理可分为多种类型，比较常见的是阴极射线管显示器(CRT)、液晶显示器(LCD)两种。相对传统的 CRT 显示器，LCD 显示器具有体积小、功耗低、发热小、辐射低等特性,目前 LCD 显示器已取代 CRT 显示器,成为市场的主流显示器。

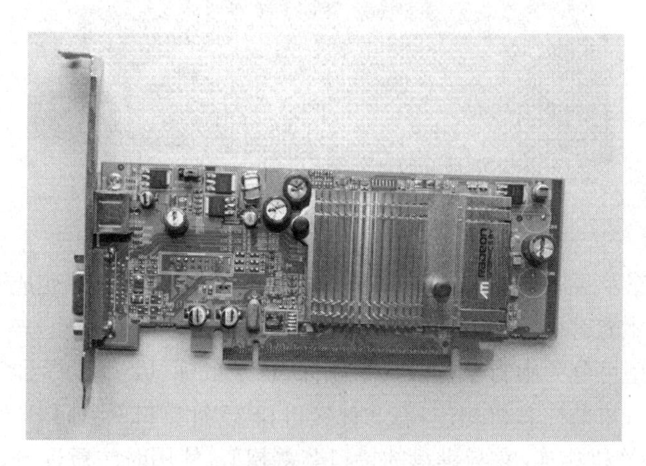

图 19 显示卡

⑥ 声卡与音箱。

音频系统是多媒体系统中必不可少的组成部分,包括声卡和音箱等。声卡的主要功能是处理声音信号,并把信号传输给音箱或耳机。

声卡有板载(集成)声卡和独立声卡两种。在板载音效芯片处理能力不断提升、主流处理器频率在 2 GHz 以上配置的情况下,板载声卡和独立声卡之间的性能差异越来越小。对于大部分的非专业用户来说,板载声卡已经绰绰有余。图 20 显示的是板载声卡。

板载声卡上一般都标有 AC′97 字样,这是一个由英特尔、雅玛哈等多家厂商联合研发并制定的一个音频电路系统标准。它并不是一个实实在在的声卡种类,只是一个标准。目前最新的版本已经达到了 2.3。现在市场上能看到的声卡大部分的 CODEC 都是符合 AC′97 标准。厂商也习惯用符合 CODEC 的标准来衡量声卡,因此很多的主板产品,不管采用何种声卡芯片或声卡类型,都称为 AC′97 声卡。

图 20 板载声卡

音箱是整个音响系统的终端,其作用是把音频电能转换成相应的声能,并把它辐射到空间去。

目前音箱大致可分为有源音箱和无源音箱两种。有源音箱就是把音频功率放大器装在音箱里面,用音频信号推动音箱就行了。无源音箱是针对有源而言的,是没有装功率放大器的音箱,需要由外接的功率放大器以功率信号推动它。

⑦ 键盘与鼠标。

键盘是最常用也是最主要的输入设备。通过键盘,可以将英文字母、数字、标点符号等输入到计算机中,从而向计算机发出命令、输入数据等。

目前的标准键盘主要有 104 键和 107 键(增加了睡眠、唤醒和开机键)。键盘的接口经历了串口、PS/2、USB 和无线几个阶段,目前串口基本上已经被淘汰了,PS/2 虽然还占据着一定的市场,但是 USB 正在逐步取代 PS/2,成为市场主流产品,无线产品价格比较昂贵。图 21 显示的是 PS/2 接口键盘。

图 21　PS/2 接口键盘

鼠标首先应用于苹果电脑，随着 Windows 操作系统的流行，鼠标变成了必需品，更有些软件必须要安装鼠标才能运行，简直是无鼠标寸步难行。

鼠标按接口类型可分为串行鼠标、PS/2 鼠标、总线鼠标、USB 鼠标（多为光电鼠标）四种。串行鼠标是通过串行口与计算机相连，有 9 针接口和 25 针接口两种；PS/2 鼠标通过一个六针微型 DIN 接口与计算机相连，它与键盘的接口非常相似，使用时注意区分；总线鼠标的接口在总线接口卡上；USB 鼠标通过一个 USB 接口，直接插在计算机的 USB 口上。

⑧ 电源与机箱。

主板上的各部件要正常工作，就必须提供各种直流电源。电源的提供是由交流电源经过整流、滤波后，由各路分离电路提供，然后经过相应的插头插入到计算机主板电源插座和各设备电源接口。

目前电源从规格上主要分为 4 大类：AT 电源、ATX 电源、Micro ATX 电源和 BTX 电源。图 22 显示的是 BTX 电源。

机箱是计算机主机的“房子”，起到容纳和保护 CPU 等计算机内部配件的重要作用。机箱包括外壳、支架、面板上的各种开关、指示灯等。

3. 实验内容

(1) 拆卸台式计算机。

(2) 组装台式计算机。

4. 硬件拆装前的准备

拆装台式计算前，必须准备好必要的工具，熟悉拆装计算机的一般原则，这样才能在拆装过程中做到有条不紊。

图 22　BTX 电源

(1) 拆装工具。

① 十字螺丝刀：一般来说，计算机中大部分配件的拆装都需要用到十字螺丝刀，最好选带磁性的十字螺丝刀，这样可以降低安装的难度，因为机箱内空间狭小，用手扶螺丝不方便。

② 器皿：在拆装过程中，有许多螺丝及小零件需要随时取用。所以应该准备一个小器皿，用来放置这些东西，以防止丢失。

③ 镊子：用来镊取细小物品，夹出掉进缝隙中的螺丝。

(2) 拆装过程中的注意事项。

为了保证顺利完成拆装任务，在拆装过程中需要注意如下事项：

① 防止静电。

人体的静电有可能将 CPU、内存等芯片电路击穿造成器件损坏，所以在拆装计算机前最好用自来水冲洗手或触摸金属物体，消除人体的静电。

② 仔细阅读拆装说明书。

打开机箱后，必须认真阅读相关知识点，熟悉微型计算机的各组成部件，特别是主板中的各元器件位置、各部件之间的连线，这对顺利完成拆装计算机十分重要。

必须认真阅读拆装操作流程，以便在操作时严格遵守拆装操作流程。

③ 注意拆装技巧。

在拆装过程中一定要注意正确的拆装方法，不要强行安装，插拔各种板卡时切忌盲目用力。用力不当可能使引脚折断或变形。对安装后位置不到位的板卡不要强行使用螺丝钉固定，因为这样容易使板卡变形，日后容易发生断裂或接触不良的情况。对配件要轻拿轻放，不要碰撞。不要先连接电源线，通电后不要触摸机箱内的部件。在拧螺丝时要用力适度，避免损坏主板或其他部件。

④ 最小系统测试。

最小系统就是一套能运行起来的最简单的配置，通常包括主板、CPU、内存、显卡和显示器。在装机过程中搭建最小系统通电，如果显示器有显示，说明上述配件正常。在确定最小系统没有问题后，再安装其他部件。

5. 实验步骤

下面以清华同方超越 E380 为样本，介绍台式计算机的拆装方法。

(1) 拆卸台式计算机。

拆卸台式计算机的操作步骤如下：

① 先关闭计算机并切断电源，拔去所有与主机的连接线，包括电源、显示器、键盘、鼠标等连接线，如图 23 所示。

图 23 主机的连接线

② 卸下机箱固定螺丝，打开机箱，看清机箱内各部件接线的方向、颜色和位置等，并用纸记录下来。螺丝等放入小器皿中。

③ 拔去硬盘、光驱等电源线、数据线以及主板上的各种连接线。各种连接线要记住位置，如图 24 所示。

④ 卸下主板上的显卡、保护卡，放入小器皿中。

卸下主板上的板卡时，先要将后置面板中的卡扣弹片压下往后推，松卡扣，使后置面板中的板卡压条松开，然后再取出板卡，如图 25 所示。

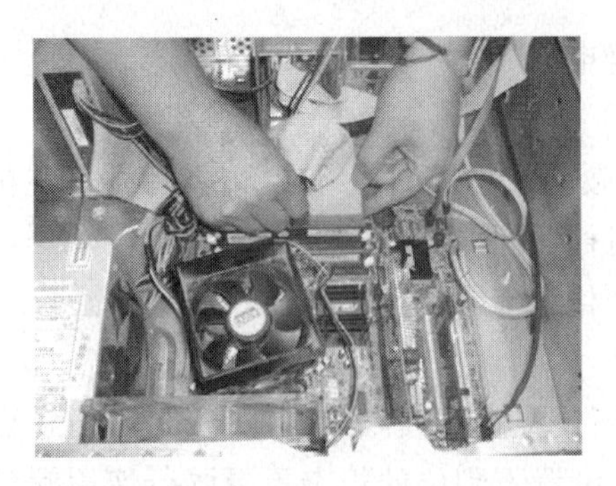

图 24　拔线

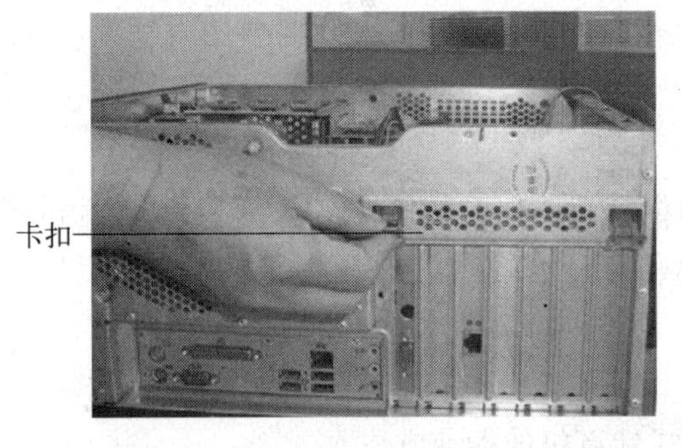

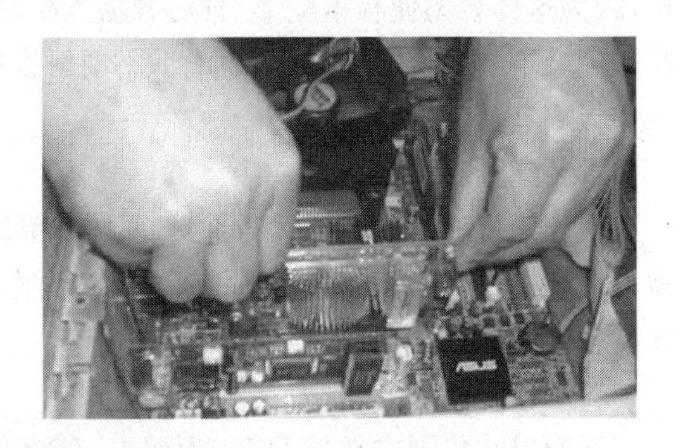

图 25　卸板卡

⑤ 卸下内存条,并记住方向,如图 26 所示。

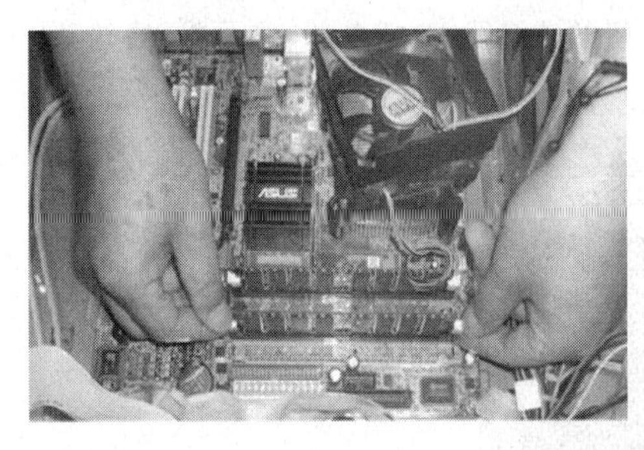
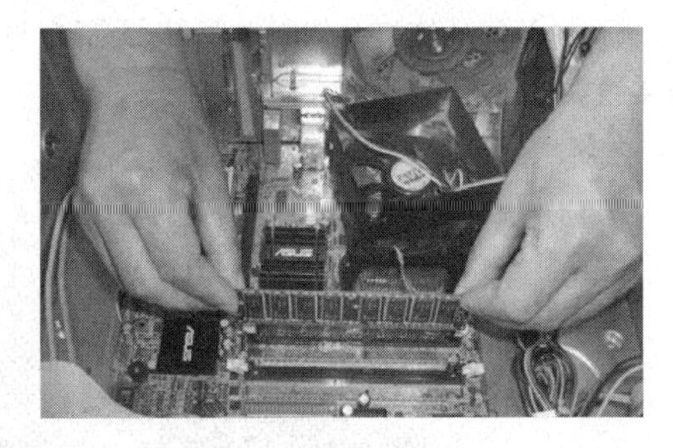

图 26　卸内存条

⑥ 卸下主板上的 6 颗螺丝(注意要对角卸下螺丝),并移掉主板,如图 27 所示。

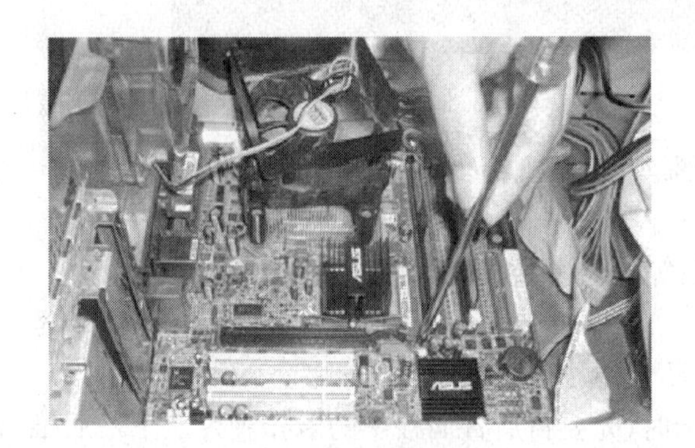

图 27　卸主板螺丝

⑦ 卸下CPU风扇及CPU,并放入小器皿中。

卸下CPU散热器时,先要卸下CPU散热器上的4颗螺丝,然后移掉CPU散热器,如图28所示。

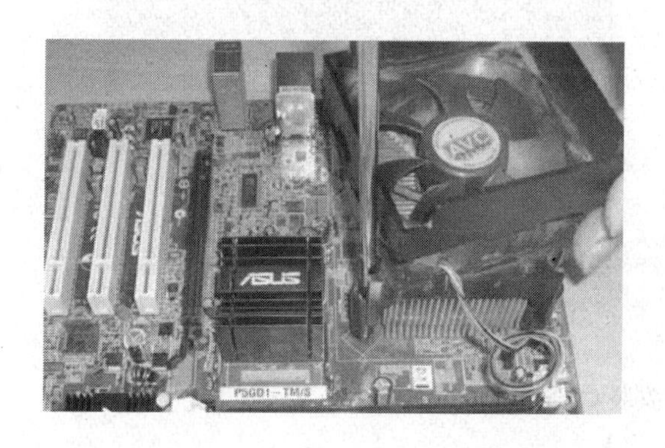

图28 卸下CPU风扇

卸下CPU时,先扳开CPU插槽拉杆,打开CPU保护盖,然后取出CPU,必须记住CPU的方向位置,如图29所示。至此整个计算机的拆卸完成了。

图29 移去CPU上的保护盖

(2) 安装台式计算机。

安装台式计算机的操作步骤如下:

① 安装CPU和CPU散热器。

步骤1:扳开CPU插槽拉杆,打开CPU保护盖。

步骤2:把CPU平放在CPU插槽中。CPU上的金色三角对准CPU插槽中缺少针脚的这条边,如果放置方向不正确是放不进去的,如图30所示。

放入后的CPU应该是很平整的,如果不能顺利放入,则可能是CPU安放的方向错误,应该重新正确放好,千万不能用力按,以防止弄断CPU上的针脚。

步骤3:盖住CPU保护盖,并扣上CPU插槽拉杆,CPU的安装就完成了。

步骤4:为了保证CPU散热器与CPU的良好接触,确保CPU能稳定地工作,一般需在CPU芯片上均匀地涂抹一层传热硅脂,如图31所示。

步骤5:将CPU散热器扣在CPU上面(注意CPU散热器的放置方向,CPU散热风扇的

图 30　安装 CPU

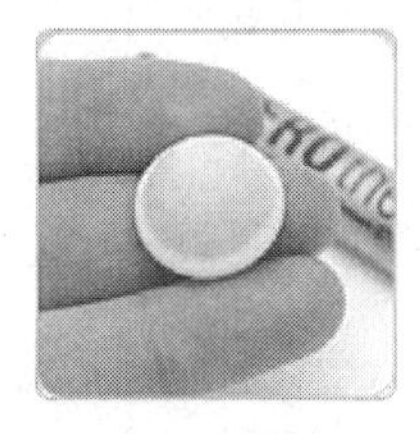

图 31　在 CPU 芯片上涂传热硅脂

电源线靠近内存插槽)，将 CPU 散热器的 4 个插销对准主板上的 4 个固定孔位，并将 CPU 散热器固定金属片放在主板反面，也对准主板上的 4 个固定孔位，拧紧 CPU 散热器上的 4 颗螺丝，如图 32 所示。

图 32　CPU 散热器和固定金属片

步骤 6：将 4 针的风扇电源线插在主板的 CPU 风扇电源插座中，即完成 CPU 及 CPU 散热器的安装。

② 安装主板。

步骤 1：把主板放在以铜柱构成的支架上，将主板上的输出端口对准机箱后盖档片上预留的孔，如图 33 所示。因为档片上还有一些弹簧片，需要把主板用力向外推，这样才能将主板上螺丝孔的位置与铜柱支架上的螺丝孔对齐。

步骤 2：确认各种端口都与档板孔对齐后，将主板与铜柱之间用螺丝固定上，即完成了主板的安装。

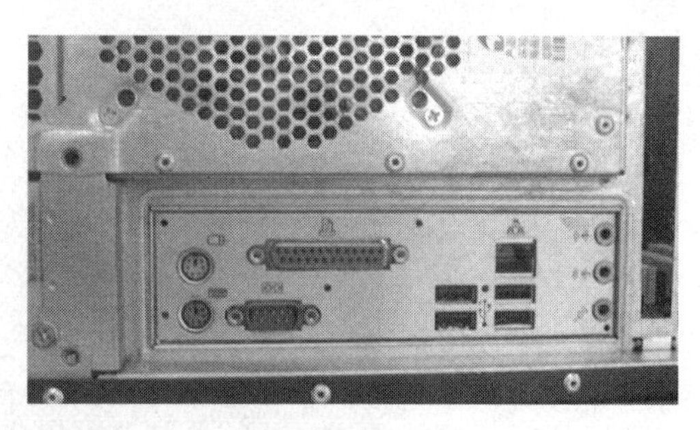
图 33 档板孔

③ 安装内存条。

步骤 1：将内存条插槽两侧的固定扣向外扳到底，比对内存条上的缺口是否与插槽上的相符，并将内存条垂直置于插槽上，如图 34 所示。

步骤 2：将内存条的缺口和插槽的缺口对准，双手拇指在内存顶部两边，并垂直、平均施力将内存条压下。此时插槽两侧的固定扣会向内靠拢，并卡住内存条，当确实卡住内存条两侧的缺口时安装就完成了。

图 34 安装内存条

④ 安装显卡和保护卡。

步骤 1：将 PCI-E 显卡金手指对准 PCI-E 插槽相对应位置(显示卡上的缺口对准插槽上的缺口)，如图 35 所示，然后轻轻用力向下按一下，如果听到咔哒一声，表示显卡已被安装到 PCI-E 插槽里了。

步骤 2：用与步骤 1 类似的方法，将保护卡安装在 PCI(白色)插槽中。

图 35 安装显卡

步骤 3：将后置面板中的卡扣弹片压下前往推，如果听到咔哒一声，表示后置面板中的板卡压条已将板卡压住，板卡已固定，如图 36 所示。

⑤ 硬盘连线。

步骤 1：将 SATA 数据连线的一端插在主板 SATA 接口中，另一端插在硬盘接口中，由于 SATA 数据连线是有方向的，所以一般不会插反。

步骤 2：将 SATA 电源线插在硬盘电源接口中，如图 37 所示。

图 36　固定板卡

图 37　硬盘连线

⑥ 连接机箱内部指示线路。

机箱前置面板接头是主板用来连接机箱上的电源开关、系统复位、硬盘电源指示灯、前置USB 接头、耳机麦克风接头的地方，如图 38 所示。

图 38　机箱前置面板接头

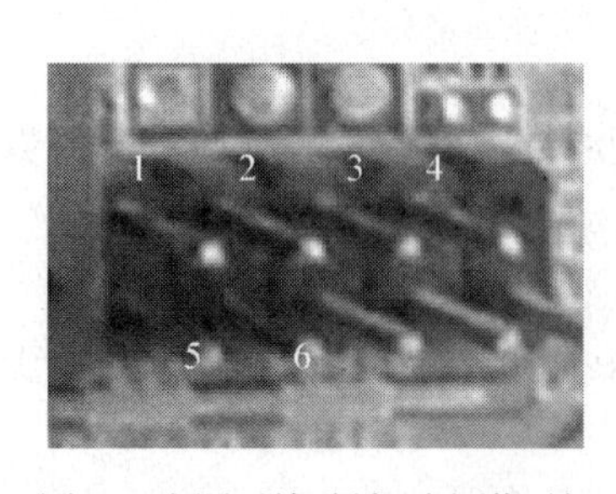

图 39　电源开关，硬盘、电源指示灯

步骤 1：将标有“Power LD”的指示线插在 1、2 号针上，如图 39 所示，其中绿线插在 1 号针上。将标有“Power SW”的指示线插在 3、4 号针上，其中黑线插在 3 号针上。将标有“HDD LED”的指示线插在 5、6 号针上，其中红线插在 5 号针上。

步骤 2：将 USB 连接线插在主板 USB 接头中，连接时红色在左侧即可。

步骤 3：将耳机、麦克风连接线插在主板耳机、麦克风接头中，连接时红色在左侧即可，如图 40 所示。

图 40 机箱前置面板接头

⑦ 连接主板电源线。

步骤 1：将 24 口电源线插在主板电源插座中，如果方向不对，将无法插入。

步骤 2：将 4 口电源线插在主板电源插座中，黄线在左侧，如图 41 所示。

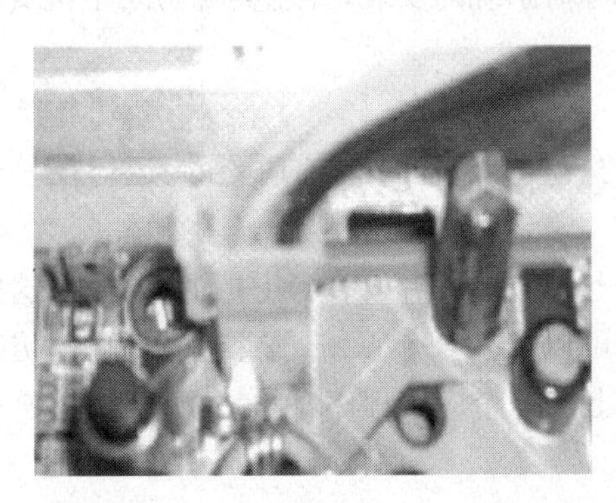

图 41 主板电源连接

⑧ 关闭机箱盖。

接好机箱内各种连接线后，机箱内部就基本安装完毕了。为了防止通电后发生故障，应仔细检查机箱内各部件，看有没有安装不牢固、容易松动的。另外再检查各个接头和连线，看是否都接上、有没有接反。

如果确认无误就可以关闭机箱盖，将面盖螺丝拧上。

⑨ 连接机箱外部插头、连线。

主机安装成功后，就可连接键盘、鼠标、显示器等外部设备，见图 42，进行上电测试了。

步骤 1(连接键盘)：将键盘接头插在机箱后面的键盘插座上，一般键盘插头和插座都是紫色的，只要照着相同颜色来连接就可以了。

步骤 2(连接鼠标)：通常鼠标的插头和插座都是绿色的，只要照着相同颜色来连接就可以了。USB 接口鼠标只要接在主机中的任何一个 USB 接口上。

步骤 3(连接显示器)：将显示器信号线插头插在显卡输出插座上，并将插头两边的固定螺丝拧上，以防止松脱。

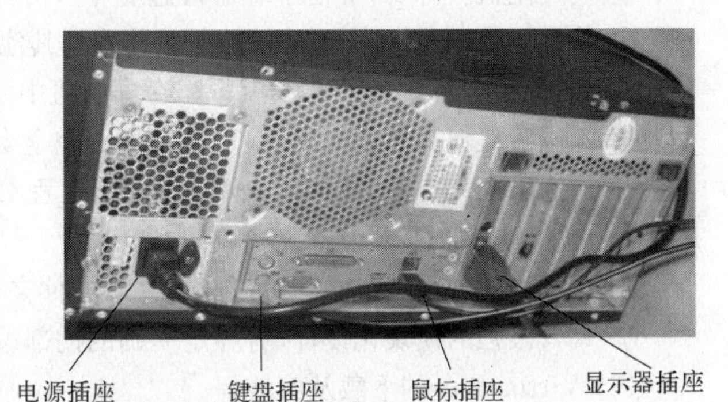

图 42 机箱外部插头、连线

至此，计算机组装基本完成，接上电

源，按下计算机电源开关，就可以看到电源指示灯亮起，硬盘指示灯闪动，显示器出现开机画面，系统开始自检。

6. 思考题

(1) 目前市场主流台式计算机配置与实验所组装的台式计算机配置有何区别？

(2) 在组装计算机前需要做好哪些准备工作？

实验2 虚拟机实验

1. 实验目的

(1) 了解虚拟机概念。

(2) 学会虚拟机软件的安装及设置。

(3) 利用 VirtualBox 虚拟机软件完成 Windows 系统的安装，并能实现访问主机资源。

2. 相关知识点

(1) 虚拟机概念。

虚拟机(Virtual Machine)指通过软件模拟的具有完整硬件系统功能的、运行在一个完全隔离环境中的完整计算机系统。

通过虚拟机软件，你可以在一台物理计算机上模拟出一台或多台虚拟的计算机，这些虚拟机完全就像真正的计算机那样进行工作，例如你可以安装操作系统、安装应用程序、访问网络资源等。对于你而言，它只是运行在物理计算机上的一个应用程序，但是对于在虚拟机中运行的应用程序而言，它就是一台真正的计算机。

虚拟机在学习技术方面能够发挥很大的作用，你可以在一台电脑上练习组网技术、学习操作不同的操作系统、测试开发的软件在各个操作系统平台下的效果和可靠性、安装不可靠的软件、测试病毒等。在虚拟系统崩溃之后可直接删除不影响本机系统，同样，本机系统崩溃后也不影响虚拟系统，重装后可再加入以前的虚拟系统。

(2) VirtualBox 介绍。

VirtualBox 是由美国 Oracle 公司出品的一款针对企业和家庭的实用型 x86 虚拟机软件，它不仅具有丰富的特色，而且性能也很优异，中文界面操作简单，加上它基于 GNU Public License(GPL)条款之上的开放、免费特性，深受使用者的喜爱。与其他的虚拟软件(如 VMware、Virtual PC 等)相比，VirtualBox 具有以下特色：

① 使用主机资源少，寄宿系统运行速度非常快，安装文件相比其他的虚拟机要小得多。

② 使用 XML 语言描述虚拟机，方便移植到其他电脑上。

③ 无需在 Host 上安装驱动就可以在虚拟机中使用 USB 设备。

④ 不同于任何其他虚拟软件，VirtualBox 完全支持标准远程桌面协议。

⑤ 作为 RDP(Remote Desktop Protocol，远程桌面协议)服务器的虚拟机仍然可以访问 RDP 客户端插入的 USB 设备。

⑥ 在虚拟机和宿主机之间可以通过共享文件夹方便地交流、共享文件。

⑦ 具有极强的模块化设计，有界定明确的内部编程接口和一个客户机/服务器设计。

(3) VirtualBox 的下载及安装。

① 下载。

可以到：http：//www.oracle.com/technetwork/server-storage/virtualbox/downloads/index.html 或 http：//www.virtualbox.org/wiki/Downloads 下载对应平台的二进制安装包。

② 安装。

安装很简单，按图 43 所示一步一步即可，安装过程中会进行一次断网操作，断网后会自动恢复，需要注意。安装完成后在开始菜单或桌面上找到启动快捷方式，进行启动，启动后的界面如图 44 所示。

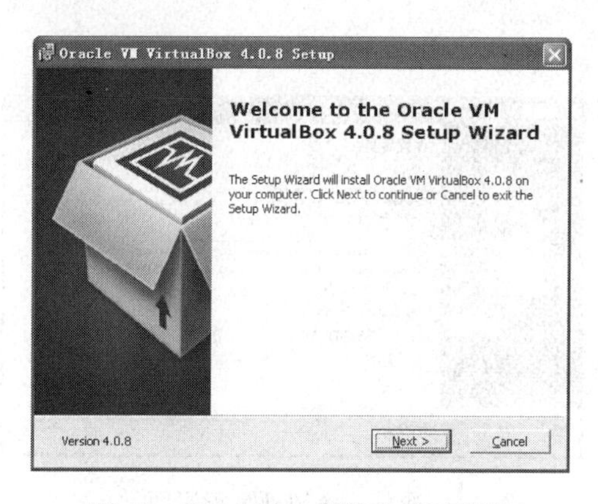

图 43 VirtualBox 安装向导示意图

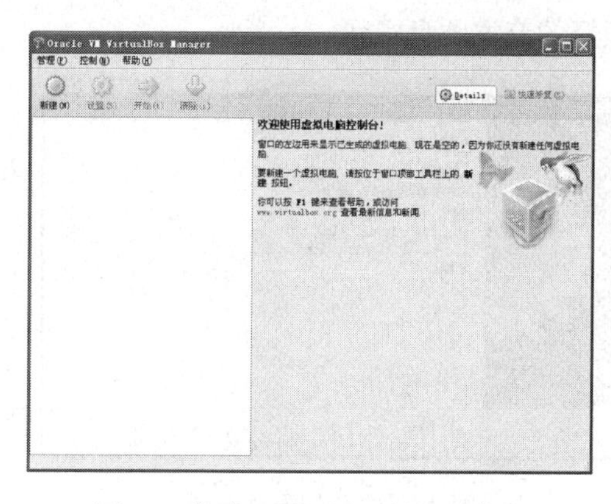

图 44 启动 VirtualBox 界面示意图

3. 实验内容

VirtualBox 虚拟机软件的使用。

4. 实验步骤

物理系统指正在使用的系统，一般是 Windows 操作系统，也可以是其他系统。虚拟机系统是你建好虚拟机后，虚拟机上安装的操作系统。

(1) 新建虚拟机。

新建虚拟机的操作步骤如下：

① 执行“Oracle VM VirtualBox”|“VirtualBox”命令，运行 VirtualBox。

② 单击“新建”按钮，打开安装向导欢迎对话框，如图 45 所示。

③ 单击“下一步”按钮，打开图 46 所示对话框，输入要新建的虚拟机名称，要安装的操作系统类型。因为在一台物理机器上新建多个虚拟机，所以虚拟机名称不能重复。系统类型可以任意选择，但最好是和需要安装的系统类型对应，因为不同的操作系统是用不同的图标来显示的，对应起来比较好理解。

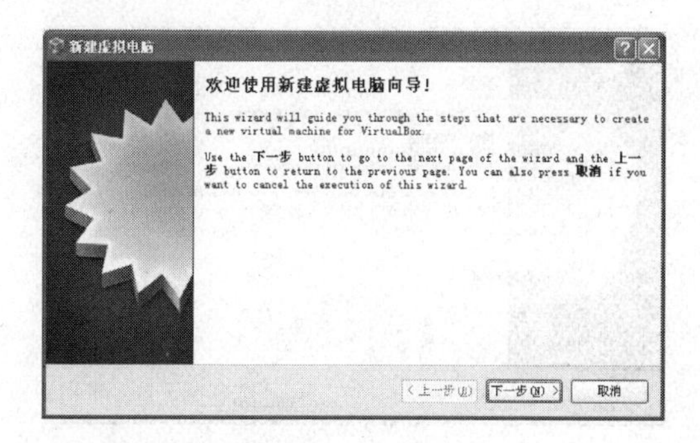

图 45 安装向导欢迎

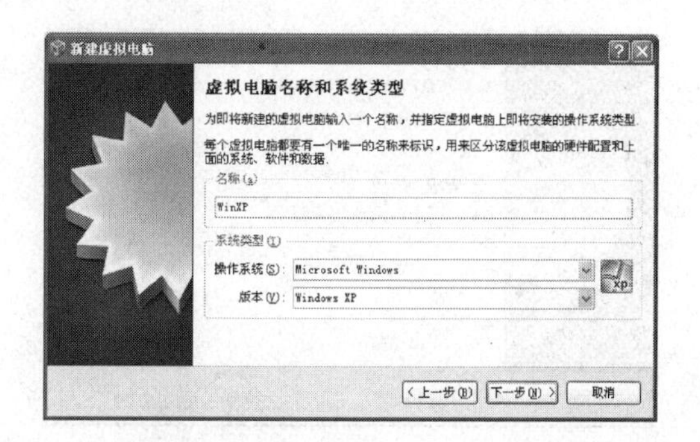

图 46 虚拟电脑名称和系统类型

④ 单击“下一步”按钮，打开内存分配对话框（图 47），系统会有一个推荐值，但一般都较小，一般可以设置为小于或等于物理内存的一半即可。再多虚拟机要提示警告。

⑤ 单击“下一步”按钮，打开虚拟硬盘的配置对话框（图 48），第一次使用就以缺省配置来做，创建新的虚拟硬盘。

⑥ 单击“下一步”，打开新建虚拟硬盘向导的欢迎对话框，如图 49 所示。

⑦ 单击“下一步”按钮，打开选择虚拟硬盘的类型对话框（图 50），最好选择动态扩展，可以很好的节省硬盘空间。

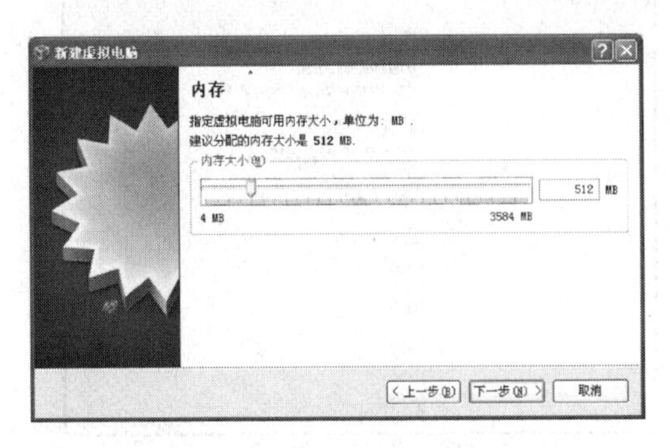

图 47　内存分配页面图

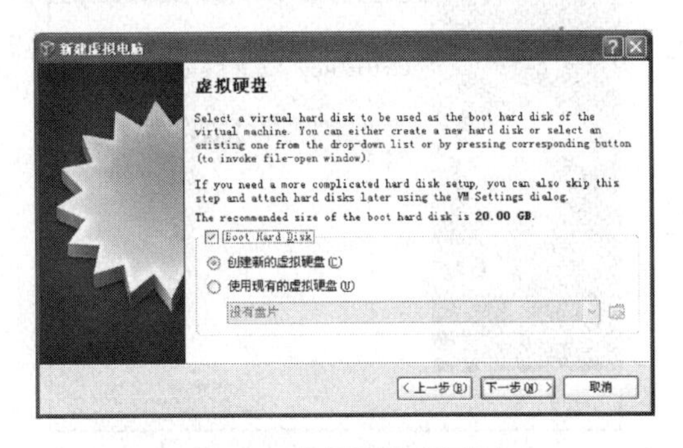

图 48　虚拟硬盘配置图

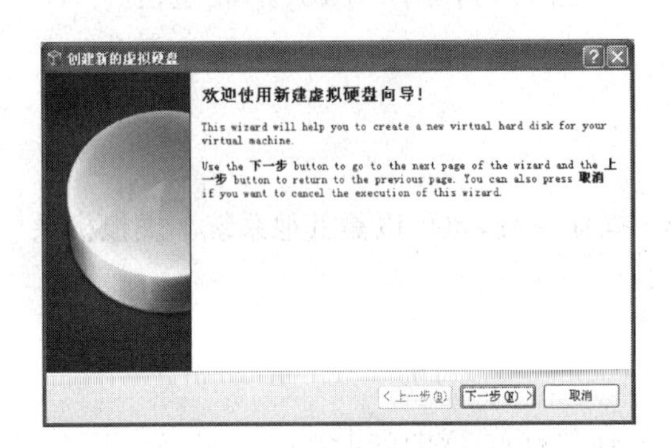

图 49　虚拟硬盘的向导

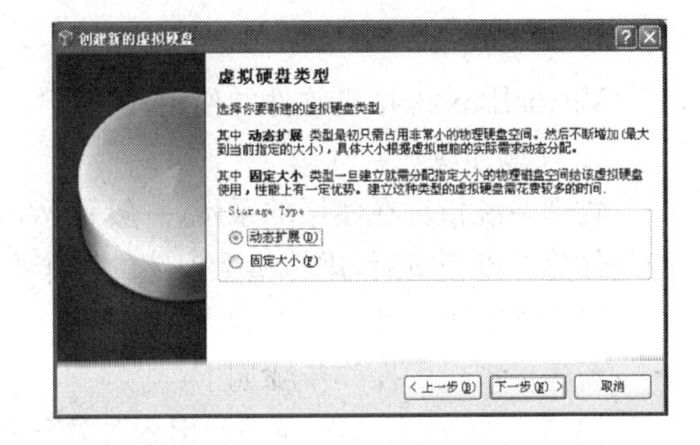

图 50　虚拟硬盘类型

⑧ 单击“下一步”按钮，打开设置虚拟硬盘的位置和大小对话框（图 51）。一般缺省 10G，看自己需要和实际物理硬盘大小决定。其中扩展名 VDI，即 Virtual Desktop Infrastructure，虚拟桌面基础架构。

⑨ 单击“下一步”按钮，打开摘要界面对话框（图 52），单击完成，新建虚拟硬盘成功。

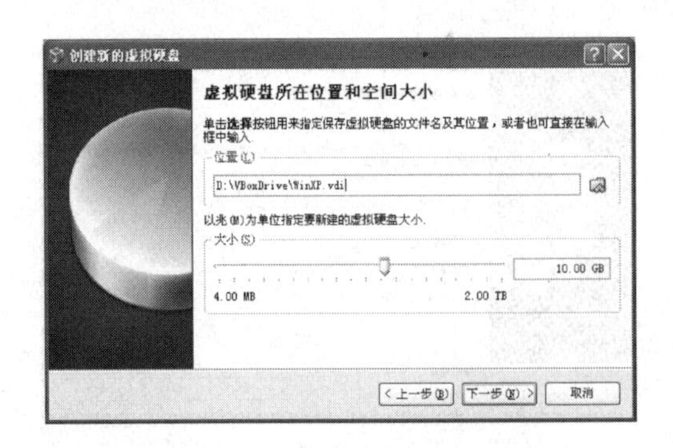

图 51　虚拟硬盘位置和大小

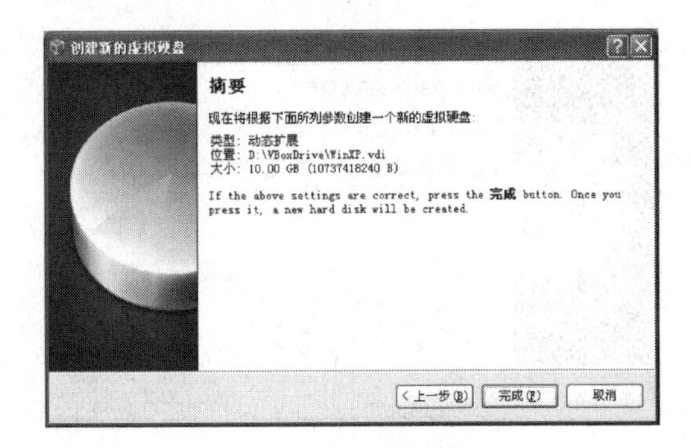

图 52　摘要界面

⑩ 最后是新建虚拟机的摘要(图 53),单击完成,虚拟机新建成功。虚拟机建立成功后,会在左边的栏中显示,右边显示了当前选择虚拟机的设置情况(图 54)。可以选择一个虚拟机,单击上面的按钮进行设置的更改和启动。虚拟机系统与物理系统的切换键是右 Ctrl 键。

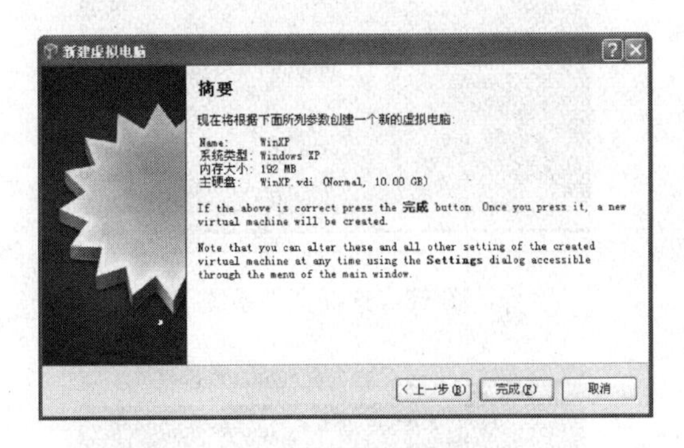

图 53 虚拟机摘要

图 54 虚拟机系统

(2) 安装 Windows XP 系统。

安装 Windows XP 系统的操作步骤如下:

① 新建好 WinXP 虚拟机后,单击工具栏中的"设置"按钮,出现如图 55 所示的"设置"对话框,选择"Storage"栏,在"存储树"域中选择"没有盘片",在对应的"属性"域中单击右边光盘图标,选择"Choose a virtual CD/DVD disk file..",打开选择文件对话框,选择所要安装系统光盘的 ISO 文件"D:\ SHU-XPSP3-Cn. iso",单击"确定",回到主界面。

② 单击"开始"按钮,按照提示,Press any key to boot from CD._,按下任意键,启动 Windows XP 系统的安装,如图 56 所示。在如图 57 所示的步骤按"回车"键,在所选项目上安装 Windows XP,然后进入如图 58 所示的安装界面,选择"用 NTFS 文件系统格式化磁盘分区(快)",格式化(如图 59)完后安装过程就进入文件复制阶段,然后出现如图 60 所示的安装 Windows 界面,约 30 分钟后,系统安装完成。注意,在安装过程中可以随时按右"Ctrl"键使鼠标退出虚拟机控制模式。

图 55 "设置"对话框

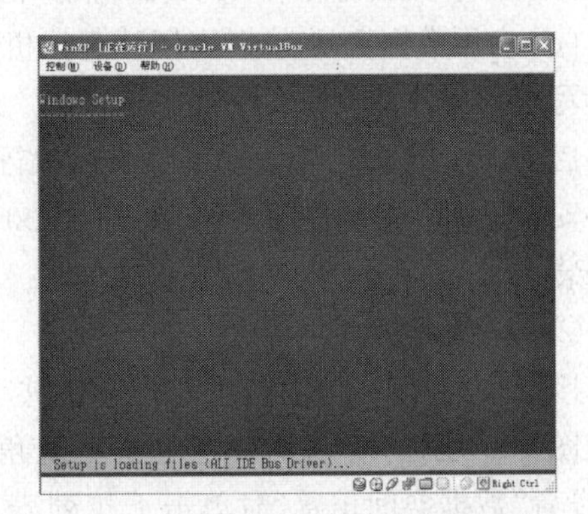

图 56 Windows Setup

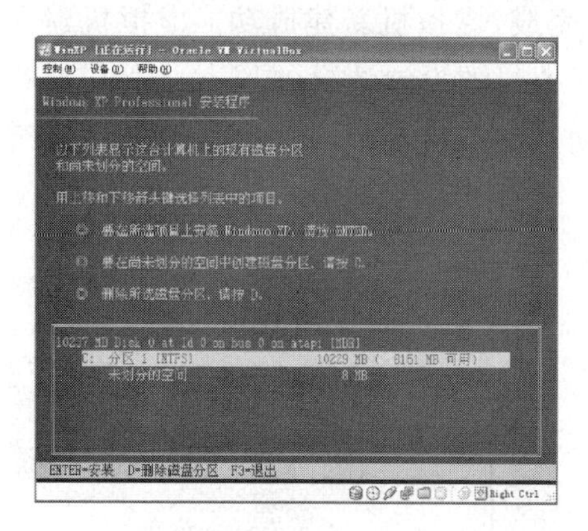

图 57　选择安装分区

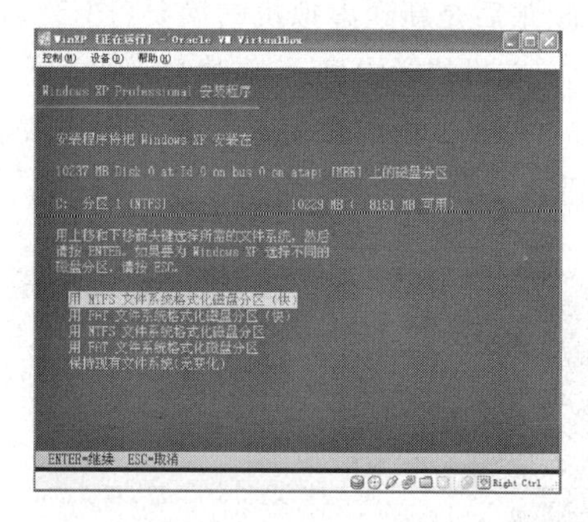

图 58　选择文件系统

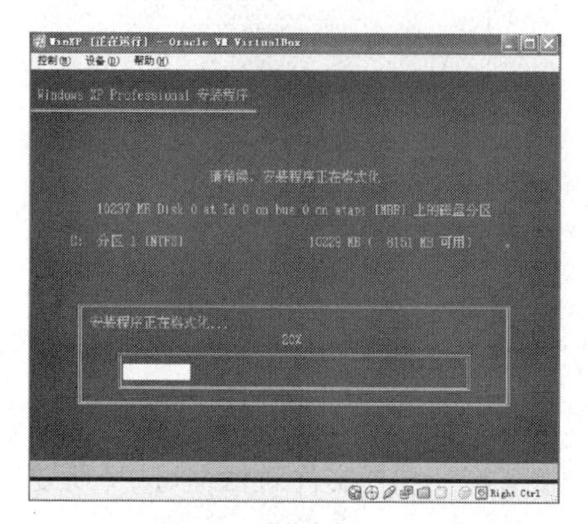

图 59　格式化

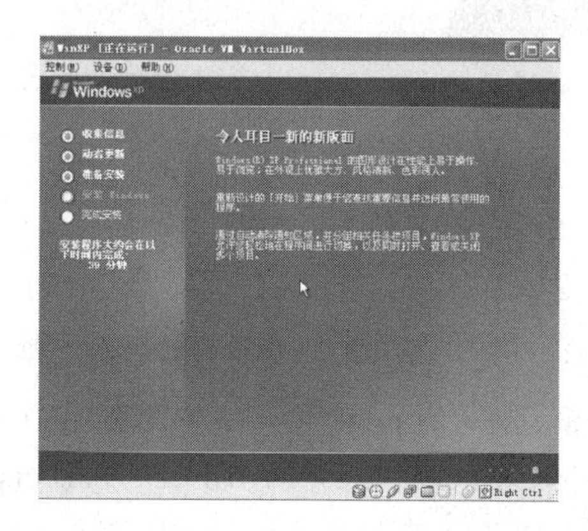

图 60　安装 Windows

(3) 共享主机文件。

① 安装增强功能。

VirtualBox 自带了一个增强工具 Sun VirtualBox Guest Additions，这是实现虚拟机与真实主机共享的关键。VirtualBox 的增强功能如下：

(a) 安装了 VBox 的显卡驱动，可以在物理系统上全屏(满屏)/任意大小显示虚拟机系统。

(b) 物理系统可以和虚拟系统完成粘贴板内容的交换，比如在物理系统上复制的内容可以在虚拟机系统里进行粘贴，反之亦然。注意只是内容不是文件。

(c) 启用数据空间功能，可以让虚拟机系统和物理系统共享同一文件夹，使用两种系统都能读写这个文件夹中的文件。

启动虚拟机系统后，如图 61 所示，执行“设备”|“安装增强功能”命令，启动如图 62 所示的程序安装界面。按照提示，依次单击“Next”、“Next”、“Install”、“Finish”按钮，完成增强功能的安装。

② 分配数据空间。

接下来，我们设置主机中与虚拟机共享的文件夹。执行“设备”|“分配数据空间”命令。进入图 63 所示的对话框后先单击右上角“添加数据空间(A)(Ins)”图标添加新的数据空间，设置“数据空间位置”时单击下拉列表，选择“其他”，如图 64 所示。这样才能在文件夹列表中找到主机中的文件夹，选择需要共享的文件夹后返回。勾选“固定分配”选项，现在

图 61 虚拟机系统界面

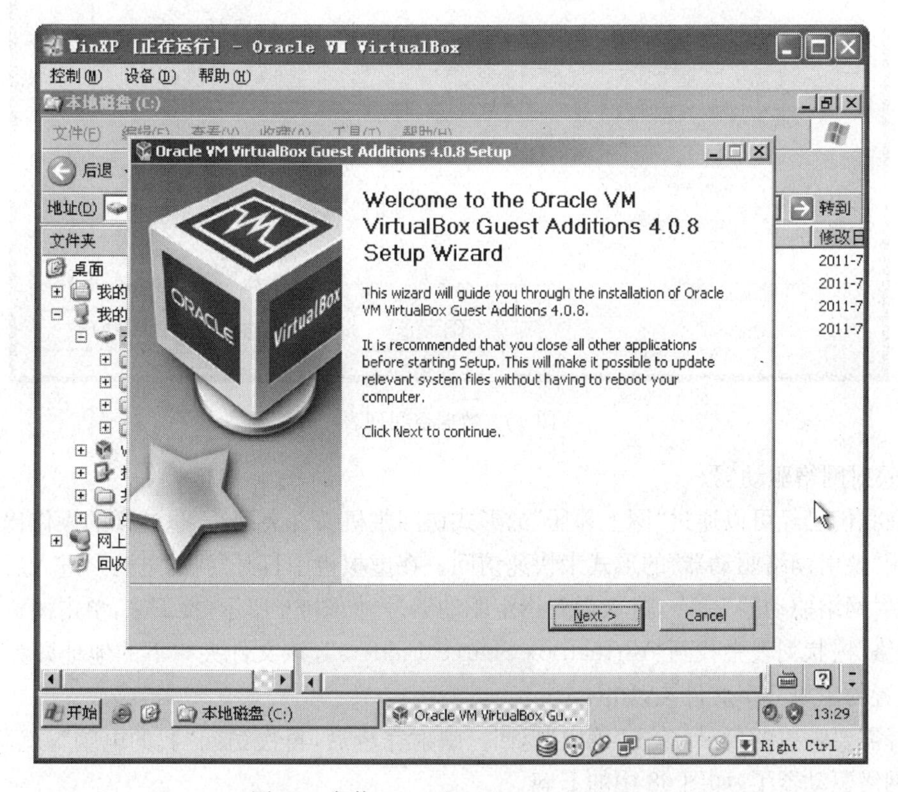

图 62 安装 VirtualBox Guest Additions

我们在“数据空间”列表中就可以看到共享的主机文件夹了，如图 65 所示，单击“确定”按钮完成数据空间的分配。

图 63　数据空间

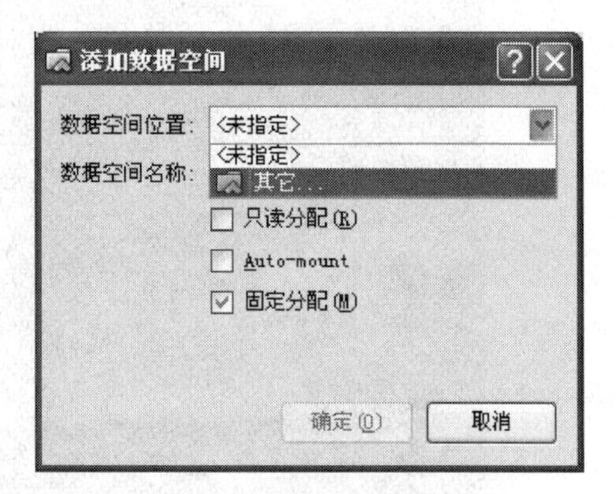

图 64　添加数据空间

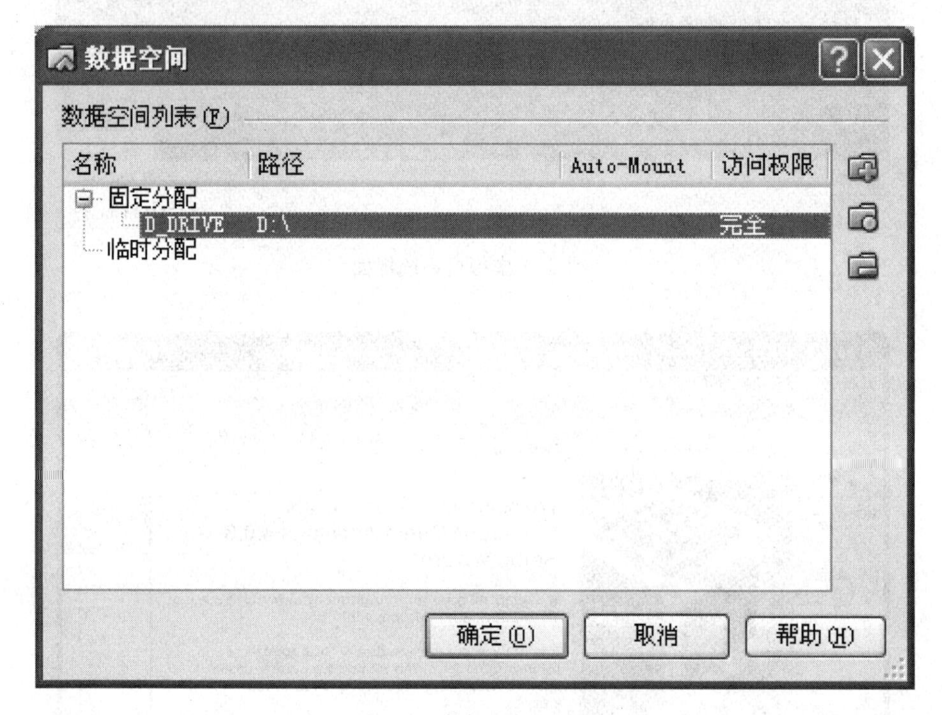

图 65　数据空间列表

③ 映射网络驱动器。

现在我们已经可以通过“网上邻居”的形式访问主机文件夹了，不过这样的操作比较麻烦，我们采用“映射网络驱动器”的形式来快速访问。在虚拟机中打开“我的电脑”，进入后执行“工具”|“映射网络驱动器”命令，进入后先指定驱动器号，如图 66 所示，接下来，单击浏览按钮，在“整个网络”树状列表中找到“VirtualBox Shared Folders”，该文件夹树下的地址即为“数据空间”中设置的主机共享文件夹，如图 67。

选择需要映射的目录，单击“确定”返回。映射完成后，再次访问“我的电脑”，就可以看到映射的网络驱动器了，如图 68 中的 E 盘。

这样用户就能快速访问主机中的文件夹了，让 VirtualBox 打造的虚拟系统真正实现与主机的互动联通。

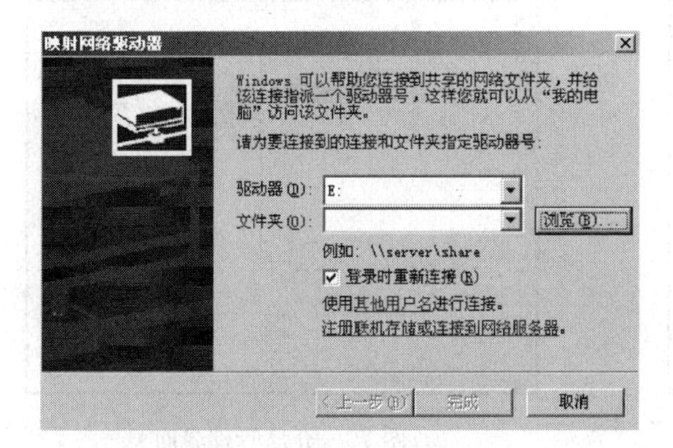

图 66　映射网络驱动器

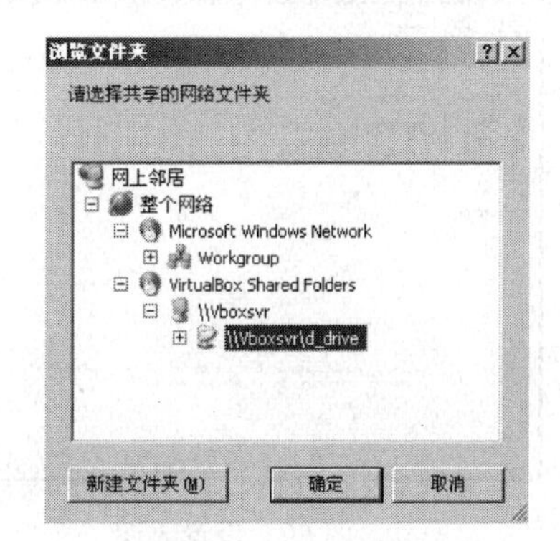

图 67　浏览网上邻居

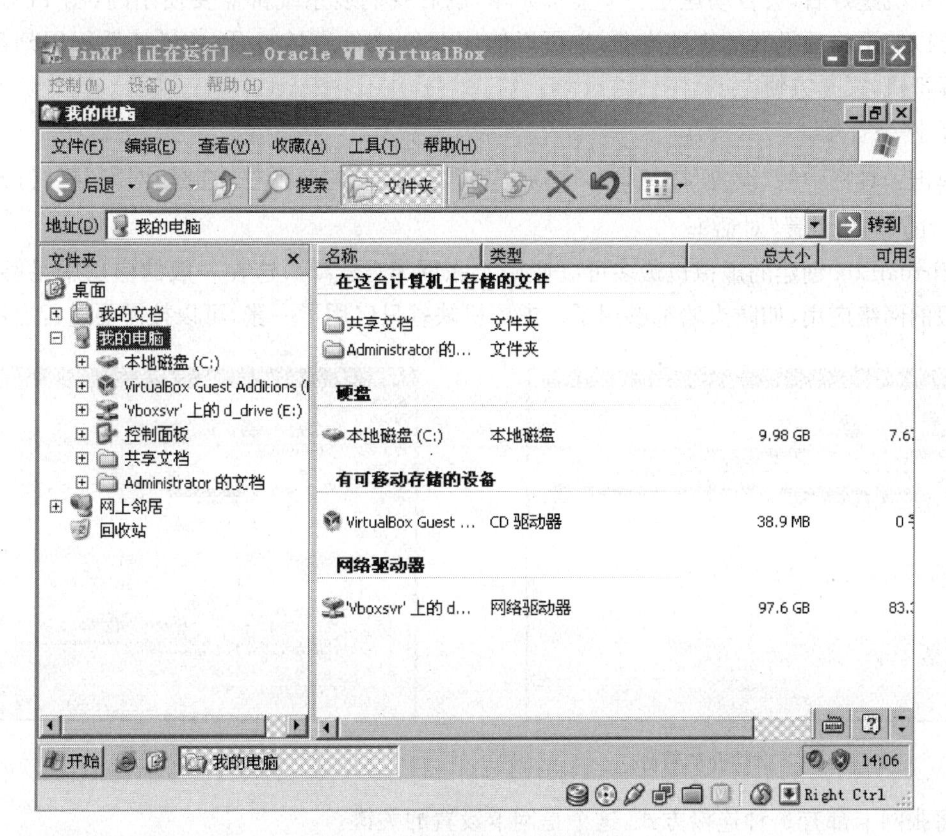

图 68　映射的网络驱动器列表

(4) 其他功能介绍。

① 介质管理。

介质管理主要包括虚拟硬盘的管理和虚拟光驱的管理。在建虚拟机的时候，就新建了虚拟硬盘，虚拟硬盘上存储的就是要安装的操作系统和应用软件了。当需要多个虚拟硬盘来进行扩容时，可以在介质管理界面上添加、删除、更换虚拟硬盘。在"Oracle VM VirtualBox Manager"窗口中单击"设置"图标，启动如图 69 所示的设置界面，选择"Storage"项，可以对虚拟硬盘和虚拟光驱管理操作了(图 70)。

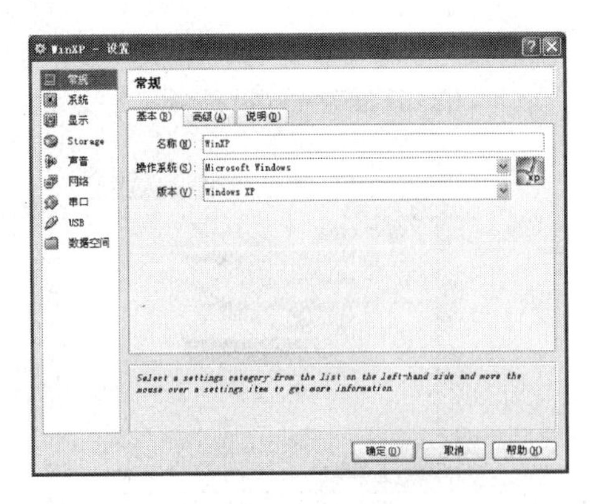

图 69　设置界面

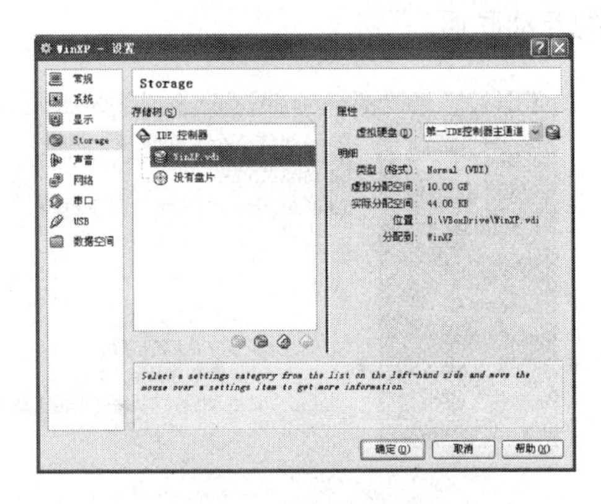

图 70　介质管理界面

虚拟机建好后，会自动建立一个虚拟光驱，以后我们装系统都需要使用的(图 71)。虚拟光驱可以使用物理机器的物理光驱，也可以使用 ISO 文件直接打开，这样的话不用刻盘也可以装虚拟机，很是方便。

② 网络管理。

单击工具栏中的“设置”按钮，出现“WinXP 设置”的对话框，选择“网络”栏，打开如图 72 所示的“网络设置”对话框。

VirtualBox 创建的虚拟机最多可以使用 4 张网卡(图 72)，这在一般的应用中足够了，即使一般的网络应用，如防火墙都够用了。虚拟机缺省只启用了一张，可以按需要进行启用。

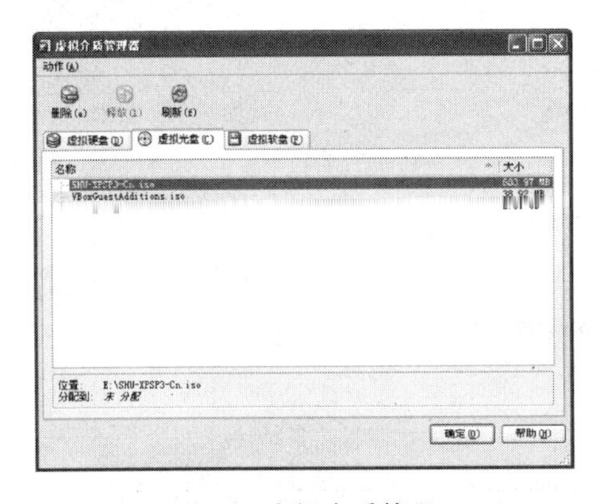

图 71　虚拟介质管理

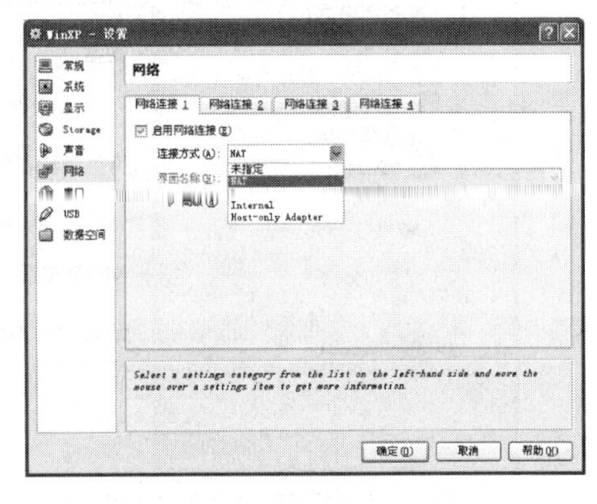

图 72　网络设置

每张网卡都有 4 种连接方式，这个是网卡设置的关键。

(a) NAT：NAT 的中文意思是“网络地址软换”，它的特点是和物理网卡使用不同的 IP 段，在虚拟机经过 NAT 软换，虚拟机上的操作系统可以访问到物理网卡所能访问的任意机器，甚至是互联网，但其他机器不能访问到虚拟机上的操作系统。NAT 网络环境见图 73。这样既实现了虚拟机系统与外部的沟通，又保护了虚拟机系统不被发现，比较安全，是 VirtualBox 缺省的连接方式。虚拟机系统采用 DHCP 时，一般得到的是 10.0.2 网段。VirtualBox 虚拟出一个路由器，为虚拟机中的网卡分配参数：

IP 地址 10.0.2.15

子网掩码 255.255.255.0

广播地址 10.0.2.255

默认网关 10.0.2.2

DNS 服务器与主机中的相同

DHCP 服务器 10.0.2.2

其中 10.0.2.2 分配给主机,也就是用主机作网关,利用主机的网络访问 Inertnet。虚拟机通过 10.0.2.2 能访问主机中搭建的网络服务,但是主机不能访问虚拟机中搭建的网络服务(需要用端口转接才能访问)。同时,使用 NAT 网络环境的各个虚拟机之间也不能相互访问,因为它们的 IP 地址都是 10.0.2.15,即使设置在 NAT 网络环境中的网卡为手动指定地址!

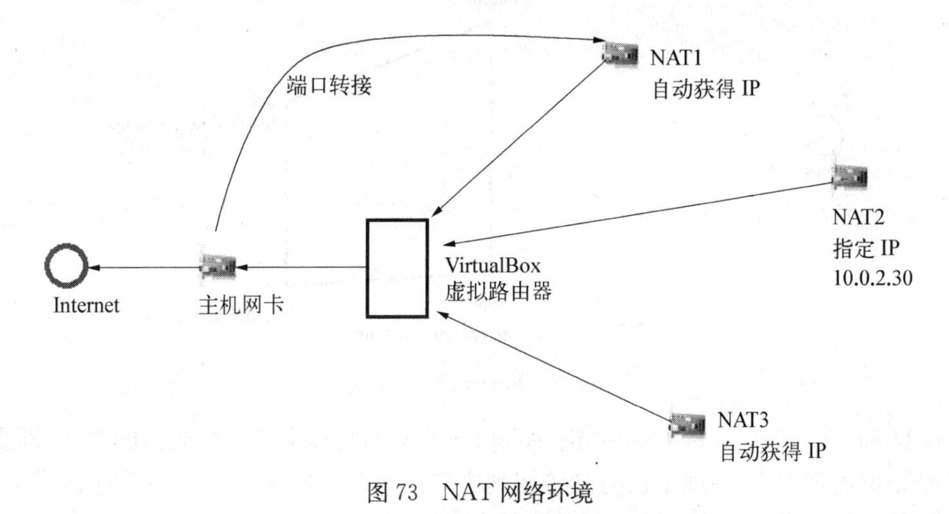

图 73 NAT 网络环境

NAT 方式虽然很好,但还是有个缺点,就是当物理主机或和物理主机同一网段的主机需要访问时,NAT 就无能为力了。这时可以使用下面的 Bridged Adapter 连接方式。

(b) Bridged Adapter: Bridged Adapter 是绑定适配器,即直接绑定到物理网卡上,在物理网卡再建一个 IP。这就相当于虚拟机系统和一台真的设备一样,虚拟机系统即能访问物理主机和物理主机在同一网段的机器(甚至互联网),又能被物理主机和物理主机在同一网段的机器(甚至互联网上的机器)访问到。Bridged 网络环境见图 74。

这种方式适合应用在企业的生产系统中,虚拟机系统对外发布服务。一些在局域网中使用的服务可以通过这种方式发布。

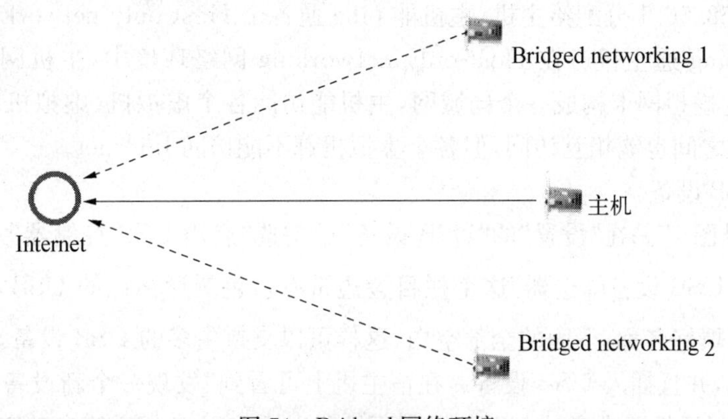

图 74 Bridged 网络环境

(c) Internal：Internal 即内部连接方式，这种方式只能在一台物理机上的各个虚拟机系统间进行通信，一般很少使用。Internal 网络环境见图 75。

Internal networking 网络环境为设置了 Internal networking 网路环境的各个虚拟网卡提供了一个与主机隔绝的虚拟局域网。在 Internal networking 中的网卡不能自动获得任何参数，除非手动设置或者在 Internal networking 网络环境中的另一台虚拟机中架设 DHCP 服务器。在 Internal networking 中，各个设置为 Internal networking 网络环境的虚拟机之间可以任意访问（虚拟机防火墙允许条件下），但不能访问主机的网络服务。

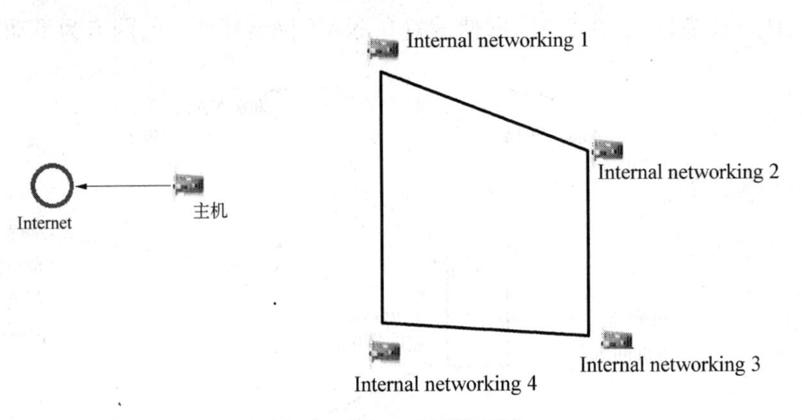

图 75　Internal 网络环境

(d) Host-only Adapter：Host-only Adapter 是只与物理主机进行通信的方式，即虚拟机系统只能访问物理主机，物理主机与能访问到虚拟机系统。Host-only 网络环境见图 76。这种方式适合单机版本的软件运行。

默认情况下 Host-only networking 网络环境利用 VirtualBox 虚拟出的 DHCP 服务器，为在 Host-only networking 中的虚拟网卡分配参数：

IP 地址 192.168.56.101 — 254

子网掩码 255.255.255.0

广播地址 192.168.56.255

默认网关 无

DNS 服务器 无

DHCP 服务器 192.168.56.100

其中 192.168.56.1 分配给主机，主机能 ping 通各个 Host-only networking 下的虚拟机，但虚拟机不能 ping 通主机。在 Host-only networking 网络环境中，主机网卡与各个 Host-only networking 虚拟网卡构成一个局域网，主机能访问各个虚拟机（虚拟机防火墙允许条件下），各个虚拟机之间也能相互访问，但各个虚拟机都不能访问 Internet。

③ 使用 USB 设备。

USB 设置见图 77。在“设置”的“USB 设备”中勾选“启用 USB 控制器”和“启用 USB2.0 控制器”。单击“USB 设备筛选器”这个栏目旁边带有蓝色圆形标记的 USB 接口图标，添加一个筛选器。填好名称，下面的全部空白，这样可以支持更多的 USB 设备。

启动虚拟机，并且插入 USB 设备。在宿主机上可看到“发现一个新设备”。接下来，宿主机的 XP 会弹出对话框要求安装 USB 设备（不像我们插入 U 盘那样能自动安装），在对话框中

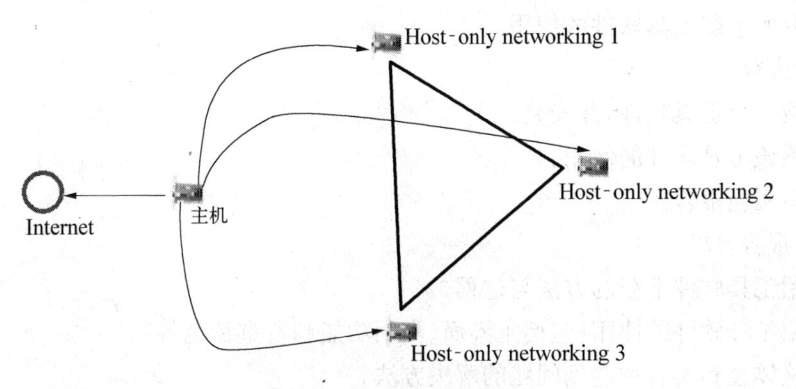

图 76 Host-only 网络环境

选择"不上网寻找"，则 XP 会安装 USB 设备驱动，该驱动没有通过签名（在这个步骤中，你的 USB 设备不会显示在宿主里）。安装结束后，右键点击 VirtualBox 右下角的 USB 接口图标，分配 USB 设备。如果出现"忙"，请重启虚拟机，拔出 USB 设备并再次接入（在虚拟机已经启动的情况下，插入的 USB 设备将直接出现在虚拟机中）。分配后，虚拟机找到新设备，并自动安装驱动程序，就可以像平常一样使用了。

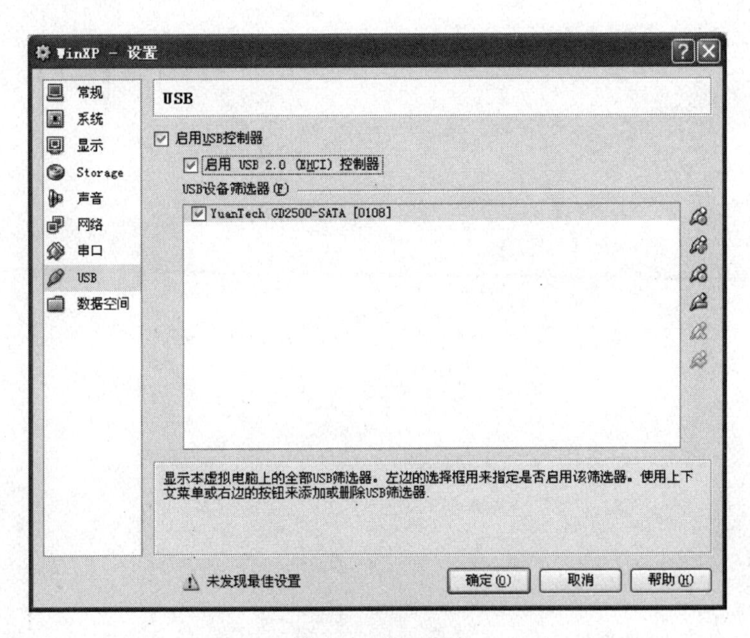

图 77 USB 设置

5. 思考题

(1) 什么是虚拟计算机？

(2) 简述虚拟计算机与物理计算机的关系。

实验 3 工具软件开放性实验

1. 实验目的

(1) 掌握利用 360 软件管家下载工具软件并安装的方法。

(2) 掌握所下载工具软件的使用。

2. 实验内容

(1) 下载一个工具软件,并安装。

(2) 熟悉该工具软件的使用。

(3) 书写实验报告。

3. 实验报告要求

(1) 介绍工具软件下载的方法与过程。

(2) 介绍工具软件的使用(包括主界面、常用功能和着重特色等)。

(3) 实验体会和实验中遇到问题的解决方法。

附录二 参考答案

第1章 计算机基础课程体系

略

第2章 数制与编码

一、单选题

1. C 2. A 3. B 4. A 5. D 6. C 7. A 8. D 9. A 10. A 11. B 12. A 13. B 14. A 15. B 16. D 17. A 18. C 19. B 20. A

二、多选题

1. ABCD 2. ABC 3. CD 4. ABD 5. ABC

三、填空题

1. 1000.111 2. 14341 3. 512 4. 机内码 5. 输入 6. 2 7. AA 8. 形

第3章 计算机硬件系统

一、单选题

1. B 2. D 3. A 4. D 5. B 6. A 7. B 8. C 9. D 10. D

二、多选题

1. CD 2. ABC 3. ABD 4. BC 5. ABC

三、填空题

1. ENIAC 2. 指令 3. 总线/BUS 4. 指令寄存器/IR 5. 地址 6. 1 024 7. CACHE 8. CMOS 9. SATA 10. 点距

第4章 计算机软件系统

一、单选题

1. C 2. B 3. B 4. D 5. B 6. C 7. B 8. C 9. A 10. A 11. D 12. A 13. C 14. B 15. C 16. B 17. A 18. A 19. D 20. A

二、多选题

1. ABD 2. CD 3. AC 4. ABD 5. ABCD 6. ABCD 7. BC 8. ABD 9. AD 10. BD

三、填空题

1. 软件系统 2. 图形界面 3. CPU管理 4. Symbian 5. BlackBerry OS 6. 语言处理程序 7. 应用软件包 8. Linux 9. 汇编 10. 解释 11. 应用软件 12. 操作系统 13. 多道程序系统 14. 信息处理 15. 网络 16. 智能卡 17. 进程 18. 内存扩充 19. 文件共享 20. 缓冲管理

第5章 计算思维

一、单选题

1. C 2. B 3. A 4. A 5. B 6. C 7. A 8. B 9. C 10. D 11. D 12. C

13. B 14. A 15. B

二、多选题

1. ABC 2. ABCD 3. AC 4. ABD 5. BCD

三、填空题

1. 计算机科学 2. 可解 3. 指令 4. 关键词 5. 死锁 6. 路由

第6章 数据统计与分析

一、单选题

1. A 2. B 3. C 4. B 5. B 6. A 7. C 8. B

二、多选题

1. ACD 2. ABCD 3. ABCDE 4. ABD 5. ABCDE

三、填空题

1. 推断统计 2. 相关强度 3. EXCEL 4. 散点图 5. 相关变量

第7章 工具软件

一、单选题

1. A 2. D 3. C 4. B 5. C

二、多选题

1. ABD 2. BC 3. ABCD

三、填空题

1. Adobe Reader 2. 光盘刻录 3. 本地目录 4. 360安全卫士

第8章 计算机系统安全

一、单选题

1. C 2. A 3. D 4. A 5. D 6. C 7. D 8. B 9. B 10. D 11. D 12. A 13. C 14. D 15. A

二、多选题

1. ABCD 2. AB 3. AB 4. ABC 5. ACD

三、填空题

1. 信息 2. 攻击 3. 实体硬件 4. 程序 5. 宏病毒 6. 访问控制 7. 内容控制 8. 安全 9. 系统漏洞 10. GHO

第9章 计算机新技术

一、单选题

1. D 2. C 3. B 4. C 5. D 6. B 7. A 8. A 9. C 10. D 11. B 12. C 13. C 14. A 15. D 16. C 17. C 18. B

二、多选题

1. ABCD 2. BC 3. ABC 4. AD 5. AC 6. ABC 7. AC 8. ABCD

三、填空题

1. C2C 2. 网上支付